深港澳金融科技师一级考试专用教材

大数据通识

主　编　巴曙松

副主编　谌　鹏

参　编　毛小兵　刘　炜　白海峰　黄文礼

刘　睿　刘振宇　李　科　洪吉通

康　蕾　杨　睿　王　震　郑怡欣

张　颖　王懿超　赵　茂　高　策

程玉伟　杨可桢　赵　越　金佳琛

王晓永

机械工业出版社

本书共九章，其中第一～四章为基础篇，主要介绍大数据技术的基本概念、关键技术以及大数据在实际业务场景中的应用状况。基础篇内容主要包括大数据处理架构、大数据存储与管理以及大数据处理与分析的主要原理和方法。该篇内容是学习后续内容的基础。第五～九章为应用篇，主要介绍大数据技术与金融业融合发展及其实际应用。首先从大数据金融的治理与创新入手，具体阐述大数据与金融机构转型、金融产品创新发展；其次介绍未来的大数据融合技术与新金融业态的发展趋势；最后分析论证大数据对大湾区金融融合发展的推动作用。

本书可作为深港澳金融科技师一级考试的复习指导用书，也可供从事或有志于从事金融科技的人员、金融机构相关业务部门工作者以及希望了解金融科技相关理论知识及实际应用的读者学习参考。

图书在版编目（CIP）数据

大数据通识/巴曙松主编．—北京：机械工业出版社，2020.6（2022.1重印）
深港澳金融科技师一级考试专用教材
ISBN 978-7-111-65854-2

Ⅰ．①大…　Ⅱ．①巴…　Ⅲ．①数据处理－资格考试－自学参考资料　Ⅳ．①TP274

中国版本图书馆CIP数据核字（2020）第100508号

机械工业出版社（北京市百万庄大街22号　邮政编码100037）
策划编辑：裴　泱　责任编辑：裴　泱
责任校对：潘　蕊　封面设计：鞠　杨
责任印制：郜　敏
北京富资园科技发展有限公司印刷
2022年1月第1版第3次印刷
169mm×239mm·14.5印张·266千字
标准书号：ISBN 978-7-111-65854-2
定价：49.00元

电话服务　　网络服务
客服电话：010-88361066　机　工　官　网：www.cmpbook.com
010-88379833　机　工　官　博：weibo.com/cmp1952
010-68326294　金　书　网：www.golden-book.com

机工教育服务网：www.cmpedu.com

编写说明

2019年2月，中共中央、国务院印发的《粤港澳大湾区发展规划纲要》明确提出，以香港、澳门、广州、深圳作为区域发展的核心引擎；支持深圳推进深港金融市场互联互通和深澳特色金融合作，开展科技金融试点，加强金融科技载体建设。金融科技是粤港澳大湾区跻身世界级湾区的引擎推动力，人才是推动金融创新的第一载体和核心要素。为响应国家发展大湾区金融科技战略部署，紧扣科技革命与金融市场发展的时代脉搏，持续增进大湾区金融科技领域的交流协作，助力大湾区建成具有国际影响力的金融科技"高地"，深圳市地方金融监督管理局经与香港金融管理局、澳门金融管理局充分协商，在借鉴特许金融分析师（CFA）和注册会计师（CPA）资格考试体系的基础上，依托行业协会、高等院校和科研院所，在三地推行"深港澳金融科技师"专才计划（以下简称专才计划），建立"考试、培训、认定"为一体的金融科技人才培养机制，并确定了政府支持，市场主导；国际化标准，复合型培养；海纳百川，开放共享；考培分离，与时俱进四项原则。

为了使专才计划更具科学性和现实性，由深圳市地方金融监督管理局牵头，深圳市金融科技协会、资本市场学院等相关单位参与，成立了金融科技师综合统筹工作小组。2019年4月，工作小组走访了平安集团、腾讯集团、招商银行、微众银行、金证科技等金融科技龙头企业，就金融科技的应用现状、岗位设置、人才招聘现状和培养需求等进行了深入的调研。调研结果显示：目前企业对金融科技人才的需求呈现爆炸式增长趋势，企业招聘到的金融科技有关人员不能满足岗位对人才的需求，人才供需矛盾非常突出。由于金融科技是一个新兴的交叉领域，对知识复合性的要求较高，而目前高等院校的金融科技人才培养又跟不上市场需求的增长，相关专业毕业生不熟悉国内金融科技的发展现状，不了解金融产品与技术的发展趋势，加入企业第一年基本无法进入角色，因此，各家企业十分注重内部培训，企业与高校合作成立研究院并共同开发培训课程，自主培养金融科技人才逐渐成为常态。但是，企业培养金融科技人才的成本高、周期长，已经成为制约行业发展的瓶颈。

工作小组本着解决实际问题的精神，在总结调研成果的基础上，组织专家对项目可行性和实施方案进行反复论证，最终达成以下共识。

专才计划分为金融科技师培训项目（简称培训项目）和金融科技师考试项目（简称考试项目）两个子项目。其中，培训项目根据当下金融场景需求和技术发展前沿设计课程和教材，不定期开展线下培训，并有计划地开展长期线上培训。考试项目则是培训项目的进一步延伸，目的是建立一套科学的人才选拔认定机制。考试共分为三级，考核难度和综合程度逐级加大：一级考试为通识性考核，区分单项考试科目，以掌握基本概念和理解简单场景应用为目标，大致为本科课程难度；二级考试为专业性考核，按技术类型和业务类型区分考试科目，重点考查金融科技技术原理、技术瓶颈和技术缺陷、金融业务逻辑、业务痛点、监管合规等专业问题，以达到本科或硕士学历且具备一定金融科技工作经验的水平为通过原则；三级考试为综合性考核，不区分考试科目，考查在全场景中综合应用金融科技的能力，考核标准对标资深金融科技产品经理或项目经理。考试项目重点体现权威性、稀缺性、实践性、综合性和持续性特点：①权威性。三地政府相关部门及行业协会定期或不定期组织权威专家进行培训指导。②稀缺性。控制每一级考试的通过率，使三级考试总通过率在10%以下，以确保培养人才的质量。③实践性。专才计划为二级考生提供相应场景和数据，以考查考生的实践操作能力。④综合性。作为职业考试，考查的不仅仅是知识学习，更侧重考查考生的自主学习能力、团队协作能力、职业操守与伦理道德、风险防控意识等综合素质。⑤持续性。专才计划将通过行业协会为学员提供终身学习的机会。

基于以上共识，工作小组成立了教材编写委员会（简称编委会）和考试命题委员会，分别开展教材编写工作和考试组织工作。编委会根据一级考试的要求，规划了这套“深港澳金融科技师一级考试专用教材”。在教材编写启动时，编委会组织专家、学者对本套教材的内容定位、编写思想、突出特色进行了深入研讨，力求本套教材在确保较高编写水平的基础上，适应深港澳金融科技师一级考试的要求，做到针对性强，适应面广，专业内容丰富。编委会组织了来自北京大学、哈尔滨工业大学（深圳）、南方科技大学、武汉大学、山东大学、中国信息通信研究院、全国金融标准化技术委员会、深圳市前海创新研究院、上海交通大学上海高级金融学院、深圳国家高技术产业创新中心等高校、行业组织和科研院所的二十几位专家带领的上百人的团队，进行教材的编撰工作。此外，平安集团、微众银行、微众税银、基石资本、招商金科等企业为本套教材的编写提供了资金支持和大量实践案例，深圳市地方金融监督管理局工作人员为编委会联系专家、汇总资料、协调场地等，承担了大部分组织协调工作。在此衷心地感谢以上单位、组织和个人为本套教材编写及专才计划顺利实施做出的贡献。

2019年8月18日，正值本套教材初稿完成之时，传来了中共中央、国务院发布《关于支持深圳建设中国特色社会主义先行示范区的意见》这一令人振奋的消息。该意见中明确指出“支持在深圳开展数字货币研究与移动支付等创新应用”，这为金融科技在深圳未来的发展指明了战略方向。

“长风破浪会有时，直挂云帆济沧海。”在此，我们衷心希望本套教材能够为粤港澳大湾区乃至全国有志于从事金融科技事业的人员提供帮助。

编委会

本书特邀指导专家

刘平生　深圳市地方金融监督管理局党委书记

赖智明　腾讯集团副总裁

陈昆德　招商银行首席信息官

陈煜波　清华大学经济管理学院党委书记、副院长

张　旗　深圳金融稳定研究院常务副院长

胡又文　安信证券研究所所长

前言

近年来，科技的快速发展为金融业带来了一系列深刻变化。人工智能、区块链、大数据、云计算等新兴科技在金融行业广泛运用并重塑传统金融产品、服务与组织，为整个金融行业的发展带来变革与机遇。

金融行业本身是一个自带大数据流量的行业，尤其是以银行与保险为代表的金融机构，大数据技术广泛地运用于客户营销、运营管理、产品设计与风险管理业务中。对大数据的把握、分析与应用能力已经成为金融企业的核心竞争力。

从过去20年中国银行业数字化管理进程来看，商业银行的信息化建设由分散走向了集中，由简单走向了智能，并且持续推进IT部门的基础架构的云端化，这一路径标志着金融行业已经迈进全面应用大数据技术的时代。而金融机构在此大数据技术的浪潮之巅，面临着适者生存、变则恒通的问题。

正如《大数据时代》的作者维克托·迈尔·舍恩伯格（Viktor Mayer-Schönberger）所言，“虽然数据还没有被列入企业的资产负债表，但这只是一个时间问题。”在传统的金融业态中，各种类型的金融机构运作相对独立，行业数据缺乏专业与统一的划分标准，金融数据孤岛与金融子行业内数据割裂问题明显。而现代金融业所倡导的大数据金融更为强调利用大数据技术赋能金融业管理与运营，实现金融资产数据化与数据资产化的数据治理结果。对于诸大类金融机构而言，大数据技术的广泛运用将使传统金融机构从金融业务展业、产品设计、运营管理到风险控制都面临一次深刻的流程重构，使得金融机构的组织结构趋于扁平，管理系统更为高效，产品矩阵更加多元，风控体系更加完善，等等。因此，作为时代变革中的金融科技从业者，深入理解与掌握大数据金融的发展动态、理论框架与应用场景都是极为重要的。

在这样的背景下，深圳市地方金融监督管理局会同香港金融管理局、澳门金融管理局在三地推行“深港澳金融科技师”专才计划，并将本书确定为该计划对应的考试用书之一。专才计划贯彻落实了《粤港澳大湾区发展规划纲要》中明确提出的“香港、澳门、广州、深圳作为区域发展的核心引擎，深圳要加强金融科技载体建设”的要求，有利于发挥粤港澳大湾区在金融科技领域的发展优势，也为未来在全国范围内培养金融科技人才提供了范本。北京大学汇丰商学院和汇丰金融研究院作为联合发起单位参与了这个项目，我也在指导委员会中担任委员，并承担组织编写本书的工作。

本书致力于让有志从事金融科技相关工作的人员了解大数据金融的技术框架、基础理论以及金融运用场景，同时有针对性地了解大数据在金融科技中的融合运用场景，以及大数据金融在粤港澳大湾区发展中的战略地位。此外，本书也适用于希望了解大数据与大数据金融的读者。在内容编排上，本书第一～四章主要是对大数据技术的一般性、理论化阐述，包括大数据概述、大数据处理架构、大数据存储与管理、大数据处理与分析；第五章主要介绍了大数据金融和大数据金融治理与创新的发展趋势；第六章和第七章分别从金融机构与金融产品两个维度分析大数据技术给金融业态带来的变革和机遇；第八章分析大数据与其他金融科技核心技术发展融合的新趋势；第九章从大湾区金融融合发展的角度来阐述大数据技术助力金融科技融合发展的战略价值。

本书在编写中，既注重突出大数据技术在金融行业运用这一主线，也配合金融科技师的培养需要，加入了大数据技术实现路径、金融科技技术应用场景、粤港澳大湾区金融融合发展等内容。同时，结合我本人和研究团队对于粤港澳大湾区金融融合发展的持续跟踪和研究，本书也对大湾区的金融科技发展定位与大湾区的金融科技发展战略进行了整体的介绍，使得全书逻辑更加完整，内容更加丰富，也更具特色和前沿性。

本书由巴曙松担任主编，谌鹏担任副主编，主编提出编写设想、编写要求和编写大纲，全书分为九章，具体写作分工如下：第一章由毛小兵、康蕾、杨睿编写；第二章由刘振宇、郑怡欣、刘炜编写；第三章由刘振宇、张颖、王震编写；第四章由刘炜、张颖、郑怡欣编写；第五章由黄文礼、白海峰、杨可桢编写；第六章由刘睿、赵茂、王晓永编写；第七由谌鹏、洪吉通、金佳琛编写；第八章由王懿超、程玉伟、高策编写；第九章由李科、赵越编写。研究生夏东、许南燕、杨苑、杨炳坤、田震、王诗琪做了大量的辅助工作。

本书最终能够付诸出版，应当感谢深圳市地方金融监督管理局、中国人民银行深圳市中心支行、中国银行保险监督管理委员会深圳监管局及中国证监会深圳监管局等相关部门。还要感谢深圳市地方金融监督管理局党委书记刘平生、腾讯集团副总裁赖智明、招商银行首席信息官陈昆德、清华大学经济管理学院党委书记陈煜波、深圳金融稳定研究院常务副院长张旗、安信证券研究所所长胡又文等对本书提出的宝贵意见。

由于专业水平有限，疏漏和不足之处在所难免，恳请各位读者指正，以期在今后研究中不断改进和深入。

巴曙松

学习大纲

学习目的

本门课程的学习目的在于让学员充分了解金融科技领域中大数据技术的基本原理、关键技术及技术创新发展前景，掌握大数据金融发展的基本模式与应用场景，充分了解大数据金融产品设计与创新理论，理解并掌握大数据金融在金融科技与区域金融创新与融合发展中的逻辑与趋势，从而培养学员对于大数据技术的理解与运用能力。

学习内容与学习目标

学习内容	学习目标
基础篇　大数据技术	
第一章 大数据概述	1. 了解大数据发展的历史进程 2. 掌握大数据的特征及分类 3. 熟悉大数据在企业中的应用状况以及大数据技术的产业链概况 4. 了解大数据技术与云计算和物联网的关系
第二章 大数据处理架构	1. 了解大数据处理架构的原理 2. 掌握大数据处理技术分类 3. 熟悉大数据处理框架的具体应用
第三章 大数据存储与管理	1. 了解分布式大数据概念 2. 了解大数据存储技术及大数据管理概念 3. 掌握大数据存储和管理的基本原理
第四章 大数据处理与分析	1. 了解大数据处理与分析关键技术 2. 了解大数据处理与分析关键技术的工作原理

（续）

学习内容	学习目标
应用篇　大数据金融	
第五章 大数据金融治理与创新	1. 了解大数据如何影响金融数据治理以及金融数据治理的发展趋势 2. 了解大数据如何影响金融产品创新与金融服务创新 3. 了解金融业应用大数据的优势与挑战 4. 了解金融业数据化发展呈现的趋势
第六章 大数据与金融机构转型	1. 了解和掌握大数据技术对银行的组织机构、渠道、技术、风险等的影响 2. 了解和掌握大数据技术对保险的营销、售后服务、风险、监管的影响 3. 了解和掌握大数据技术应用于证券市场的场景和监管情况 4. 了解和掌握大数据技术对信托的产品设计、营销、渠道、风险的影响 5. 了解和掌握大数据技术对基金的产品创新、资金配置、风险、投资的影响
第七章 大数据与金融产品创新	1. 了解大数据在银行贷款业务中的产品创新应用和难点 2. 了解大数据对供应链金融的影响和存在的风险 3. 了解大数据在票据业务中的创新应用和存在的问题 4. 了解大数据在征信行业中的应用发展和存在的问题 5. 了解大数据在保险领域中的产品创新应用 6. 了解大数据在金融交易投资领域中的创新应用
第八章 大数据融合技术的新金融业态	1. 了解新技术的技术特点 2. 熟悉大数据与新技术之间的联系 3. 掌握大数据与新技术结合在金融领域中的应用
第九章 大数据与大湾区金融融合发展	1. 了解粤港澳大湾区的金融科技发展方向 2. 掌握大数据技术对粤港澳大湾区金融发展的战略意义 3. 熟悉大数据技术目前在粤港澳大湾区金融发展中的应用进展

目　录

应用篇 大数据金融

基础篇　大数据技术

本篇主要介绍了大数据技术的基本概念、关键技术以及在实际业务场景中的应用状况。主要内容包括大数据处理架构，大数据存储与管理以及大数据处理与分析的主要原理和方法。本篇内容是学习后续内容的基础具体包括四章。

第一章，大数据概述。主要讲述了大数据发展的历史进程、大数据的种类和特征以及大数据在行业的应用状况，最后描述大数据和云计算、物联网之间的关系。

第二章，大数据处理架构。主要讲述了大数据处理技术的种类以及大数据处理架构的基本概念和具体应用，重点介绍了大数据的批处理框架、流处理框架以及混合处理框架。

第三章，大数据存储与管理。主要讲述了大数据存储和管理的概念、关键技术的架构和具体运作原理，重点介绍了 Hadoop 分布式文件系统（HDFS）、分布式数据库（HBase）、NoSQL 数据库和云数据库。

第四章，大数据处理与分析。主要讲述了大数据处理与分析关键技术及工作原理。详细介绍批处理框架的 Hadoop MapReduce、混合处理框架的 Apache Spark、流处理框架的 Apache Storm 以及图计算框架的 Pregel 系统。最后，介绍了数据可视化技术的概念、发展状况及相关工具。

第一章

大数据概述

【学习目标】

1. 了解大数据发展的历史进程；
2. 掌握大数据的特征及分类；
3. 熟悉大数据在企业中的应用状况以及大数据技术的产业链概况；
4. 了解大数据技术与云计算和物联网的关系。

【导入案例】

威海市商业银行的大数据之道

随着大数据时代的来临，利用“大数据”的能力将成为决定银行竞争力的关键因素。

威海市商业银行根据自身业务发展和变化的需要，不断对本行管理信息系统和数据服务的发展建设提出新的要求。在数据收集方面，银行不仅要收集来自网点、信贷等传统渠道的结构化数据，还要收集来自物联网、互联网、机构系统的各类非结构化数据，还要与历史数据对照。在数据处理方面，有的数据涉及上百个参数，难以用传统的方法描述与度量，处理的复杂度相当大，如客服录音数据等。威海市商业银行采用天云大数据的软件组件，在Hadoop生态体系之上构建了大数据系统，将资源消耗在80%以上的查询类业务迁移到Hadoop大数据平台上，实现了：①对历史数据建立长期存储机制，将不同系统的“结构化”历史数据导入到大数据平台，使得数据关联性分析成为可能；②把散布在行内各个系统的“非结构化”数据整合在一起，进而从逐渐积累的海量数据中及时识别和获取有价值的信息；③基于已经建设的结构化和非结构化数据存储平台，构建数据模型，建立相关的数据分析应用，为行内业务部门进行分析和决策提供坚实基础；④采用开放和易扩展的数据架构，统一规划、分步实施，降低了成本，提升了业务价值。

（资料来源：本案例整理于网络）

第一节　大数据时代的来临

以基础材料、电子通信为代表的科学技术为大数据时代的到来提供了技术支撑，以 Web2.0 为基础的网络应用推动了数据产生方式的变革，从而促进了数据爆炸式增长。

一、人类信息文明的发展

在漫长的人类历史进程中，文字起到了文明承载和传承的作用，文字的载体也随着文明的发展和人们的需求，而不断地变化发展。在 18 世纪的工业革命之后，人类社会又迎来了信息技术的革命，随着计算机的普及和互联网的广泛应用，人类社会全面进入信息时代，人们第一次可以通过文字、图表、影音、视频、虚拟现实等层出不穷的信息手段和技术方法全面地记录着人类文明的发展。

总体来看，人类的信息文明起源于计算机技术的产生，特别是电子采集、电子存储、电子处理以及展示技术的全面应用，推动了人类信息文明上升到更高层次。一般而言，IT 领域基本每隔 15 年都会迎来一轮重大的技术变革。迄今为止，人类技术变革共经历了三次信息化浪潮，如表 1-1 所示。1980 年前后，随着制造技术的完善以及销售价格的大幅降低，个人计算机开始普及，走入企业和千家万户，大大提高了社会生产力，也使人类迎来了第一次信息化浪潮，英特尔、IBM、苹果、微软、联想等企业成为这个时期的标杆。1995 年前后，人类开始全面进入互联网时代，实现了全球数字信息的互联互通，人类开启了第二次信息化浪潮，雅虎、谷歌、阿里巴巴、百度等互联网巨头成为这一时期的龙头企业。2010 年前后，以云计算、大数据、物联网以及人工智能等技术为核心的第三次信息化浪潮开始涌动，大数据应用也随之登场，一批新技术的弄潮儿也必将层出不穷。

表 1-1　三次信息化浪潮

阶　段	时　间	关键技术	任务目标	典型企业
第一次浪潮	1980 年前后	个人计算机	信息处理	英特尔、AMD、IBM、苹果、微软、戴尔、联想等
第二次浪潮	1995 年前后	互联网	信息传输	雅虎、谷歌、阿里巴巴、百度、腾讯等
第三次浪潮	2010 年前后	物联网、云计算和大数据	信息挖掘	亚马逊、IBM、谷歌、阿里云等

可以看出，信息技术的快速革新造就了数据量快速增长，为大数据时代的来临奠定了技术基础。

二、基础技术得到长足发展

信息存储、信息传输和信息处理等技术及基础材料的发展，为大数据时代的到来提供了技术上的支撑。

1. 数据存储介质和存储模式不断发展

基础材料和电子技术的进步，促进了数据存储设备技术的发展，从磁介质到电子存储，数据存储设备的容量大幅增加，运行速度不断加快，价格却在不断下降，也产生了基于网络的新存储模式，例如分布式存储模式为海量数据的高效存储和处理提供了新的方法。存储介质和模式的发展进一步加快了数据量增长的速度，进而更多的数据被保存起来用于分析和价值挖掘。

2. CPU 处理能力大幅提升

20 世纪 80 年代以来，CPU 的制造工艺不断提升，内核数量不断增加，数据处理能力呈几何级数增长。CPU 的性能不断提升，大大提高了数据处理的能力，使得人们可以更快地处理海量数据。

3. 网络宽带不断增加

自 20 世纪 90 年代开始，各国都把加大网络建设作为国家信息化战略的重要内容，网络的覆盖范围和数据传输的速度都得到了快速的提升。近年来，移动通信技术得到迅速发展，4G 网络基本普及，5G 网络建设如火如荼。网络宽带不断增加为数据的传输和应用提供了重要的支撑。

三、数据产生方式重大变革

在人类社会，数据产生方式经历了运营式系统阶段、用户原创内容阶段和感知式系统阶段三个阶段。

1. 运营式系统阶段

在运营式系统阶段，企业生产经营活动所产生的数据占据了整个社会数据的绝大部分。20 世纪六七十年代，随着数据库技术的不断发展和成熟，人们开始可以系统地管理和使用数据，辅助企业的运营和决策。各领域的企业业务运营系统，如超市销售系统、企业库存和客户关系管理系统、银行交易系统等都是以数据库为核心的，这些被保存在数据库中的数据大多数是结构化数据。

2. 用户原创内容阶段

计算机技术的成熟和普及，使数据产生的方式更加多样化，传播的速度更加快捷，而且不再必须依靠传统的物理存储介质和传播途径来存储数据和进行传输。20 世纪 90 年代，随着 Web 技术的出现，特别是基于 Web2.0 的网络应用快速发展，使个体从数据的使用者，变成了数据的制造者，每个个体每时每刻都在产生着大量的新数据，数据规模不断地扩张。随后，移动互联网和智能手机终端的普及，人们更是可以随时随地使用移动终端创造文字、图片及短视频等数据内容，人类社会数据量开始呈现爆发式增长。

3. 感知式系统阶段

进入 21 世纪，以各种传感器和视频监控摄像头为主要技术的物联网得到快速发展和广泛应用。物联网中的传感器和数据采集设备每时每刻都在自动获取和积累大量的数据。

四、大数据的发展历程

大数据的发展经历了萌芽、突破、成熟和大规模应用四个阶段，如表 1-2 所示。

表 1-2　大数据发展的四个阶段

阶　段	时　间	内　容
萌芽	20 世纪 90 年代至 21 世纪初	关系型数据库技术广泛应用，数据仓库技术以及数据挖掘相关理论日趋成熟，商务智能工具被重视并开始在大型企业业务应用中出现
突破	2000—2005 年	互联网应用普及，特别是基于 Web2.0 技术的社交网络应用迅猛发展，非结构化数据大量产生，传统的数据库以及数据处理技术难以应对，富媒体技术、分布式计算等大数据理论和技术快速涌现
成熟	2006—2009 年	谷歌发表的关于分布式文件系统 GFS，分布式计算系统框架 MapReduce 以及分布式数据库 BigTable 等相关论文，标志着大数据技术开始突破，随后云计算，大规模数据并行运算算法以及开源分布式架构（Hadoop）成为学界和业界研究的重点，并逐渐成熟
大规模应用	2010 年前后至今	大数据技术开始转向应用研究，并且与云计算、物联网及人工智能等新技术交相呼应。大数据技术开始在商业、科技、医疗、政府、教育、经济及交通等社会各个领域大规模应用，因此 2013 年也被称为大数据元年

以下简要回顾大数据发展过程中的一些标志性事件。

2008 年，《自然》杂志推出大数据专刊。

2011 年 2 月，《科学》杂志推出专刊《处理数据》，讨论了科学研究中的大数据问题。同年，维克托·迈尔·舍恩伯格出版著作《大数据时代：生活、工作与思维的大变革》。

2011 年 5 月，麦肯锡研究院发布《大数据：创新、竞争和生产力的下一个新领域》的研究报告，对大数据进行了全方位介绍，并对未来的发展进行了展望。

2012 年 3 月，美国政府发布《大数据研究和发展倡议》，启动“大数据发展计划”。大数据发展计划被视为信息高速公路计划之后，美国在信息科学领域的又一重大国家发展战略。

2013 年 5 月，麦肯锡研究院发布《颠覆性技术：技术改变生活、商业和全球经济》的研究报告，认为大数据技术是未来新兴技术发展的基石。

2015 年 8 月，中国国务院印发《促进大数据发展行动纲要》，全面推进大数据发展和应用。

2015 年 10 月，中国将“实施国家大数据战略，推进数据资源开放共享”写入第十三个五年规划。

五、全球政府大数据相关政策

毫无疑问，大数据已经引起国际社会的高度重视，世界各国都在加快推进大数据战略布局，大力发展大数据产业，以抢占新一轮科技革命的制高点。以下对美国、欧盟、澳大利亚、日本、韩国及中国的大数据相关政策做简单介绍。

1. 美国大数据相关政策

美国是最早制定大数据发展规划的国家，联邦和各州政府高度重视大数据建设、研究及应用推广工作，因此，美国的大数据发展一直走在世界前列，

2009 年，美国总统奥巴马签发“开放政府”备忘录，指导政府开放数据源，推动政府管理变革，建立更加开放、透明、参与、合作的政府。随后，美国政府推出 Data. gov 开放数据平台，方便公众使用和分析各种数据。

美国政府设立大数据研究项目，推进大数据关键技术及应用研究。2012 年，美国政府发布《大数据研究和发展倡议》，成立“大数据高级指导小组”，计划投资 2 亿美元发展大数据。

2. 欧盟大数据相关政策

欧盟也是全球大数据的领跑者。欧盟各国积极采取各种措施大力推进开放

数据战略、资助大数据领域的研究和创新活动、支持大数据技术发展。

2011 年 12 月，欧盟公开颁布《开放数据战略》，加强在数据处理技术、数据门户网站和科研数据基础设施方面的投入，欧盟会员国积极响应该政策，纷纷启动了各国开放数据战略。2013 年 1 月，英国启动数据开放计划，建成数据英国网站（data. gov. uk），以公开政府数据。同年法国发布《法国政府大数据五项支持计划》，旨在促进本国大数据产业的发展和应用。

在大数据研究和创新方面。2011 年 7 月，法国启动“Open DataProxima Mobile”项目，推动人们通过移动终端使用法国的公共数据。2011 年 11 月，英国成立首个开放式数据研究所（The Open Data Institute，ODI），为国家大数据发展政策提供咨询服务。2014 年 8 月，德国政府出台《数字议程（2014—2017）》，旨在通过数字创新驱动发展，打造未来数字强国。2014 年 9 月，欧盟正式将大数据技术列入 FET 行动计划，未来会继续加大对大数据技术研发创新的资助力度。

3. 澳大利亚大数据相关政策

澳大利亚是全球开放数据运动的积极推动者和践行者之一。2013 年 8 月发布了《公共服务大数据战略》，旨在增强政府机构的数据分析能力，推动大数据的应用。2011 年 3 月澳大利亚政府启用 Data. gov. au 政府信息开放数据平台。2014 年 1 月，澳大利亚政府又推出数据分析平台 Odysseus。该平台主要借助一批微软数据提取工具和数据分析工具，对各类开放数据进行创新的分析与应用。

4. 日本大数据相关政策

日本大数据的发展主要以 ICT 战略为依托，积极制定开放数据战略、启动科学研究计划、规范数据使用与管理、加强专门人才培养。

2012 年 6 月，日本发布《电子政务开放数据战略草案》。2013 年 12 月，推出了 data. go. jp 网站，这些举措推动了日本政府数据公开。2014 年 6 月，日本首相提出修改“个人信息保护法”，制定新的个人数据使用方案，推动并规范“大数据”的利用。

5. 韩国大数据相关政策

2013 年 8 月，韩国成立大数据中心，促进政府开放数据，并为大数据研发和人才培养提供支持。2014 年 12 月，韩国提出“数据产业发展战略”，旨在进一步推动大数据产业的发展和创新。

6. 中国大数据相关政策

2015 年 7 月，国务院印发《关于运用大数据加强对市场主体服务和监管的若干意见》，提出推进政府和社会信息资源开放共享，提高政府运用大数据的能力。2015 年 8 月，国务院发布《促进大数据发展行动纲要》，该文件成为我国发展大数据产业的战略性指导文件。2016 年年底，工业和信息化部正式发布《大数据产业发展规划（2016—2020 年）》，明确了“十三五”时期大数据产业发展的各项内容，成为大数据产业发展的行动纲领。

综合上述分析，可以看出各国政府高度重视大数据产业发展，把大数据作为国家重要的战略资源，把大数据技术作为战略性技术。近年来，各国都出台了多项大数据相关的政策、法律和法规予以支持。从各国的关注点来看，主要集中在三个方面：其一是以开放政府资源为切入点，带动高质量数据资源的全面开放和共享；其二是加大对大数据相关技术，特别是前沿及基础性技术的研发投入；其三是积极推动和鼓励政府、医疗、教育以及交通等公共部门应用大数据技术，从而带动全行业使用大数据技术。

第二节　大数据的概念

当前各种数据呈爆发式增长。每一秒，全球会产生 10000 笔银行卡交易；每小时，阿里巴巴要处理近 100 万单交易；每天，社交媒体要产生上亿条推文。毫无疑问，人们已身处“大数据”时代。大数据是一个较为抽象的概念，尚无明确和统一的定义。维基百科认为，“大数据指的是在传统数据处理应用软件不足以处理的大或复杂的数据集。”本书认为大数据的概念跟其应用领域有很强的相关性，不同的领域对大数据的定义都会有所不同。

一、大数据的特征

业界对大数据的特征是最早达成共识的。普遍认为大数据具有 4V 特征，如图 1-1 所示，即数据量大（Volume）、数据类型繁多（Variety）、处理速度快（Velocity）和价值密度低（Value）。

1. 数据量大

数据量巨大是大数据的基本特征，是最早被人们所公认的，也是随着人类信息技术不断发展的必然结果。数据的爆发式增长主要出现在 20 世纪的信息化革命之后，特别是随着 Web2.0 和移动互联网的快速发展，每个个体都成为数据的制造者，而物联网的广泛应用，使各种传感器和摄像头每时每刻都在自动产生大量数据。近 20 多年来，全球数据总量的增长速度越来越快，数据量也从 TB 级到 PB 级并接近 EB 级别，人们已然身处“数据爆炸”的时代。

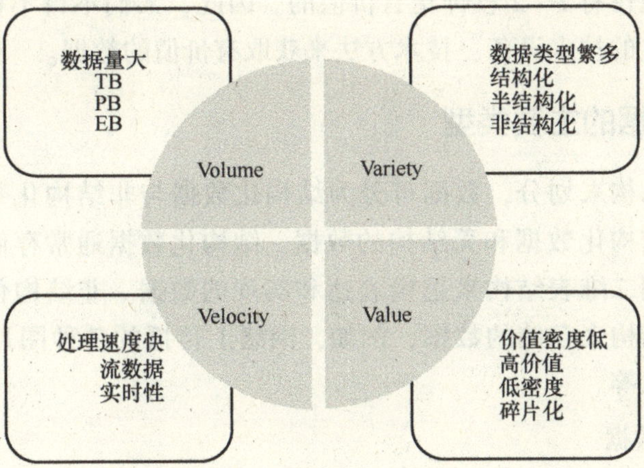

图 1-1 大数据的 4V 特征

2. 数据类型繁多

众所周知，传统数据大多是结构化数据，而且数据来源和数据类型都比较单一，存储和管理相对容易。而大数据时代，这种状况发生了根本性的改变。数据来源众多，从企业应用、学术研究、政府治理到个人的生活消费、休闲娱乐等都在源源不断地产生大量数据。数据类型包罗万象，有传统的结构化数据，但更多的是未加工的半结构化和非结构化数据，如网页、邮件、音频视频、图片等。类型繁多的异构数据，对传统的数据存储和分析处理技术都提出了新的挑战。

3. 处理速度快

大数据的处理速度远快于传统数据的处理速度，这也是其典型特征。大数据时代，数据处理的效率往往是数据价值体现的重要因素。许多业务都需要对数据，特别是流数据进行快速处理并给出分析结果，然后用于各种决策，例如，谷歌能在几秒钟内完成数万亿张请求表的查询业务，可以在 2 ~ 3 秒完成 PB 级别数据的查询。此外，大数据产生和更新的频率之快也是传统数据无法相比的，例如，微博、短视频、图片等数据每时每刻都在快速产生、更新和传播。

4. 价值密度低

大数据的数据量虽然大，但有用的信息却并不容易被人们所发现，其价值密度远远低于传统关系数据库中存储的数据。在大数据时代，高价值的信息往往都分散在海量数据中，呈现碎片化的特征。例如，物联网中的监控设备可以对所监控区域进行持续的视频记录，从而产生大量视频数据，但是在海量的视频数据中，可能仅有1~2秒钟是有价值的。因此，人们不得不根据自身行业的需求，通过特定的技术设备、技术方法来获取有价值的数据。

二、大数据的主要类型

按照数据结构来划分，数据可分为结构化数据与非结构化数据。非结构化数据又包括半结构化数据和无结构的数据。结构化数据通常存储在关系型数据库中，是可以用二维表结构来逻辑表达和实现的数据。非结构化数据是指不能用传统二维表结构来存储的数据，例如，网络上传播的各种图片、HTML文档、音频和视频信息等。

1. 结构化数据

结构化数据也称作行数据，是由二维表结构来逻辑表达和实现的数据，严格地遵循数据格式与长度规范，主要通过关系型数据库进行存储和管理。主流的SQL Server、Oracle、MySQL、DB2等数据库都是关系型数据库。

2. 半结构化数据

半结构化数据是结构化数据的一种形式。半结构化数据格式一般较为规范，都是纯文本数据，可以通过某种特定的方式解析得到每项数据。最常见的半结构化数据是日志数据、采用XML与JSON等格式的数据。

3. 非结构化数据

非结构化数据是数据结构不规则或不完整，没有预定义的数据模型，不方便用数据库二维逻辑表来表现的数据。常见的非结构化数据有网页、文本文档、多媒体（声音、图像与视频等）。

第三节　大数据的影响

大数据的作用不仅仅体现在对企业生产经营和人们的生活学习方面的影响，更为重要的是大数据对人类科学研究、思维方式和社会发展都将产生重要而深远的影响。

一、大数据对科学研究方法的影响

2007年，图灵奖得主吉姆·格雷博士发表了“科学方法的革命”，提出将科学研究分为四类范式（Paradigm，某种必须遵循的规范或公认的规则），依次为实验归纳，模型推演，仿真模拟和数据密集型科学发现。其中，“数据密集型科学发现”，也就是现在人们所称的“科学大数据”。

1. 第一范式：实验归纳

“实验归纳”主要以记录和描述自然现象为特征，难以精确地解释自然现象。

2. 第二范式：模型推演

随着科学不断进步，科学家们开始尝试用数学、物理的基础科学理论构建模型，并尽量简化模型，通过模型推演进行归纳总结，这就是第二范式。这种研究范式一直持续到19世纪末，成果斐然，如牛顿三大定律成功诠释并构建了经典力学体系等。

3. 第三范式：仿真模拟

20世纪中叶，冯·诺依曼提出了现代电子计算机架构，人类社会开始步入计算机时代。借助于计算机的高速运算和存储能力，人们可以对复杂现象进行模拟仿真，如模拟天气变化、模拟航空航天飞行等。计算机仿真逐渐成为科学研究的常规方法，即第三范式。

4. 第四范式：数据密集型科学发现

随着互联网、物联网和云计算等技术的出现，各种业务计算已不再局限于单台机器，而是运行在大规模的计算机集群上，数据存储和处理能力非昔日可比，这些超级计算机集群不仅能进行模拟仿真，还能进行分析研判，甚至可取代人脑的某些思维功能。从海量数据中挖掘未知模式，获取有价值的信息的活动，已经成为人们科学研究越来越倚重的方法，这就是第四范式。

虽然第三范式和第四范式都是利用计算机来进行科学研究，但是二者存在本质区别：第三范式的研究方法是先提出理论假设，然后搜集相关数据，最后通过计算来验证。而第四范式则是在掌握了大量数据的基础上，利用计算机进行分析得出未知的理论。

二、大数据对思维方式的影响

舍恩伯格指出，“大数据带来的信息风暴正在变革我们的生活、工作和思维，而且我们对待信息的思维发生了三个转变”。

1. 样本思维向总体思维转变

由于受到传统数据收集、存储和处理能力等条件的限制，人们难以获得研究对象总体的特征和信息。因此，在数据分析的方法中，普遍采用的是数据抽样分析方法，即从研究对象的全体数据中抽取样本数据，然后通过对样本数据的分析来推断全体对象的总体特征。一般情况下，样本数据规模要远小于全体数据。样本的容量、样本选取规则和统计分析方法等是抽样分析方法必须要考虑的重要因素。而现在，海量数据的存储管理和分析处理技术日趋成熟，人们获得研究对象的所有数据已成为可能，对这些数据进行全面分析也成为可能。因此，科学研究和分析完全可以直接针对全体数据，人们对数据的思维方式也应从样本思维转向总体思维。

2. 追求精准性向追求效率转变

在采用抽样分析方法时，用于收集的样本数据应尽量多，以确保收集整理的数据精确性，否则样本数据的误差会影响全体数据的分析结果。同时，也要确保抽样分析方法的合理性。因此，传统的数据分析方法更加注重算法的精确性，其次才是算法的效率。大数据时代，在拥有海量即时数据的基础上，绝对的精准已不再是数据分析所要考虑的主要目标，而数据处理的“秒级响应”，即数据分析处理的效率成为主要目标，也就是要求对海量数据进行实时分析并给出结果，否则数据的价值就会丧失。

3. 追求因果关系向追求相关关系转变

在对传统的小样本数据进行分析时，人们更多地关注现象背后的因果分析。例如企业某产品销量下滑，人们就会通过样本数据分析销量下滑背后的原因。但样本分析方法的缺陷在于少量的样本数据无法反映出事物之间的真实相关关系。大数据时代，在获得全体数据的基础上，可以通过相关分析技术挖掘出事物之间隐藏的相关关系，获得更多的超越人们认知的结果，从而帮助人们捕捉现在，并更好地预测未来。

三、大数据对社会发展的影响

大数据对社会发展产生的影响也是重大而深远的，主要体现在以下几个方面。

1. 基于大数据的决策成为一种新的决策方式

在信息化时代来临之前，各个领域的决策主要是靠管理层或领导者的教育背景、工作经验和胆识来制定决策的。众所周知，历史经验并不能很好地反映未来的发展，因此，这种主观决策往往受制因素较多，且不可控、不准确。从20世纪90年代开始，随着计算机和数据库技术的广泛应用，特别是数据仓库和商务智能工具出现并开始大量用于企业决策，基于数据来制定决策的方法开始被越来越多的企业所采用，企业可以通过分析历史数据和实时数据来制定战略和策略。大数据时代，无论是数据量还是数据类型都不是传统关系型数据库或数据仓库所能比拟的。基于大数据的决策可以通过处理更多类型复杂的、非结构化的海量数据来进行决策分析，它所揭示的是事物之间的相关关系，是超越人们普通思维的事实。因此，基于大数据的决策已经成为各领域全面追捧的新决策方式。例如，政府部门利用大数据技术进行舆情分析，有效应对各种突发事件。

2. 大数据促进信息技术与各行业的深度融合

通过近几年的发展可以看到，大数据对各行各业的渗透是相当迅速的，有专家指出未来十年几乎每一个行业的业务功能都会因大数据而改变。例如，大数据可以帮助银行等金融机构确定客户的信用等级，识别欺诈交易并及时制止；大数据还可以帮助服务行业精准营销，有效定位目标客户群体。

3. 基于大数据的应用，推动新技术和新模式的不断涌现

应用需求往往是技术发展的动力和源泉，大数据技术亦是如此。伴随着大数据技术的广泛使用，以及它为各行各业所带来的前所未有的改变，越来越多的企业都希望通过基于大数据技术的应用来改变传统的经营模式，提高企业的决策能力。因此，在各种实际应用需求的驱动下，创新型的大数据技术将不断出现，而基于这些大数据应用技术之上的企业经营新模式也将不断涌现。

第四节 大数据技术

大数据技术是指面向类型复杂的海量数据，使用非传统的工具进行数据采集、存储、计算、分析和展示，从而获得分析和预测结果的一系列技术。

一、大数据技术框架

从生命周期的视角来看，大数据的技术框架包括数据预处理、数据存储、计算处理、数据分析和数据呈现五个主要环节，如图 1-2 所示。

1. 数据预处理

大数据通常来自多个数据源，如云计算、物联网、社交网络、电子商务以及企业数据等，这些数据源包括同构或异构的数据库和文件系统，而且数据类型复杂，因此在进行数据存储和处理之前，首先要对采集的大数据集进行预处理，主要包括数据清理、数据集成、数据归约与数据转换等内容。

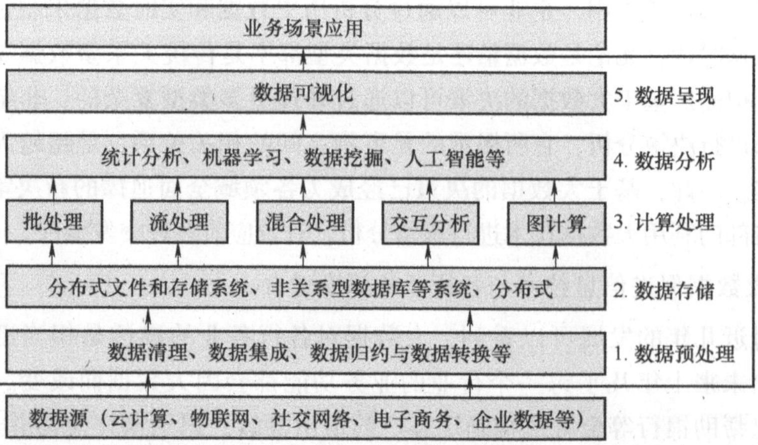

图 1-2　大数据技术框架

2. 数据存储

传统的存储能力提升往往是通过硬件性能升级来实现的，然而硬件性能升级的速度往往跟不上数据存储需求的增长速度，而且升级成本较高。此外，传统的关系型数据库难以处理复杂的半结构化和非结构化数据，传统的存储和管理技术在性能和运营成本方面都难以胜任大数据的存储和管理工作。大数据存储系统不仅需要兼容廉价硬件，还需要能够处理多样化的非结构化数据。目前分布式文件系统、分布式存储系统以及非关系型数据库等都是大数据存储的主要解决方案。

3. 计算处理

所谓的计算处理就是要根据具体的业务目标和数据类型，采用适当的计算模型和方法对海量数据进行运算。高效的算法和先进的计算架构是大数据计算处理环节的关键所在。与数据存储一样，随着数据量的不断膨胀，计算处理所需的资源也会越来越多。大数据的计算处理包括针对静态数据计算的批处理，针对流数据计算的流处理以及结合两种计算模式的混合处理。此外，大数据计算处理还有交互分析和图计算。

4. 数据分析

数据分析是大数据技术框架的核心环节。数据分析就是从海量、繁杂的数据中发现规律并获取知识的过程。传统的数据分析方法是通过先验知识构建模型再进行分析。然而，面对非结构化、多源异构的大数据集，传统的方法难以胜任。因此，需要更加智能的数据分析技术，包括统计分析、机器学习、数据挖掘和人工智能等技术。

5. 数据呈现

数据呈现环节的关键是数据可视化技术。数据可视化是指将大数据分析结果以图表、图像等方式展示给用户的过程。该技术可以帮助人们更好地理解和发现业务数据中隐含的规律性信息，从而辅助管理决策。数据可视化在一定程度上影响人们对大数据分析结果的理解和具体应用。

需要指出的是，大数据技术是许多技术的集合体，其中包括已经经过多年发展的技术，例如关系型数据库、数据仓库、ETL（Extration-Trans formation-Loading，数据抽取、转换和加载）、OLAP（On-line Analytical Processing，联机分析处理）、数据挖掘、数据隐私和安全、数据可视化等技术。在大数据时代，这些传统的技术得到不断完善，使之能够适应大数据分析和处理的需求，因此，也可以视为大数据技术的组成部分。

二、大数据存储管理技术

面对海量、复杂数据以及各种数据密集型的业务需求，传统的数据存储管理技术面临越来越多的问题。大数据存储管理技术首先要应对的就是海量数据的存储问题。数据量呈指数级增长对传统存储能力带来了极大的挑战，廉价设备、低成本运营及存储容量快速动态扩展成为首要需求。同时，数据密集型的业务对实时分析海量数据能力也提出了更高要求。因此，大数据的存储技术要求底层硬件架构和文件系统在性价比上要远远高于传统的存储技术，亦即要求能够在大量廉价的硬件设备上部署，并能够弹性扩展存储容量。

谷歌文件系统（GFS）的提出以及 Hadoop 分布式文件系统 HDFS（Hadoop Distributed File System）开源并广泛应用是大数据存储技术发展的里程碑，它们奠定了大数据存储技术的基础。与传统系统相比，分布式文件系统能够在廉价设备上实现存储容量的快速扩展，而且分布式架构能够大大提高并发访问能力。

大数据类型的多样化使大数据存储管理系统必须具有处理多种数据类型的能力，特别是对半结构化和非结构化数据进行高效管理的能力。而传统的数据库都是采用关系模型，适于处理结构化数据。因此，近年来，面向大数据存储和管理的非关系型数据库（Not only SQL，NoSQL）不断涌现，如谷歌 BigTable 和 Hadoop HBase 等。非关系型数据库采用不同于关系模型的键 - 值、列族等文件存储模型，具有很好的包容性，适用于非结构化数据的处理。

三、大数据的分布式和并行计算技术

传统的计算模型处理的是相对简单的数据，数据量较小，而大数据的分析处理是数据密集型计算，面对的是不断快速增长的海量数据，对计算资源的性能和数据吞吐量要求极高。传统的计算模式是通过提升单机 CPU 性能、增加内存、扩展磁盘等方法来提高系统整体性能，但这种方法不仅成本高，而且扩展能力难以满足快速动态扩容和计算资源优化的需求。

2004 年，谷歌发表了关于分布式计算系统 MapReduce 论文，公开了谷歌分布式计算技术的部分细节，从而促进了面向大数据的新型分布式计算技术的发展。Hadoop MapReduce 就是参照了 Google MapReduce 的论文，并对其实现开源。Hadoop MapReduce 系统可以部署在廉价的通用服务器上，因此只要通过增加普通服务器节点就可以实现整个系统资源的动态扩展，从而提高系统的总体处理能力，这种分布式计算框架在成本和扩展性上都有着巨大的优势。

在实践应用中，根据不同的应用情景，业务数据可分为静态数据和动态数据，而对应的有批处理、流数据处理以及混合处理等分布式计算框架。Hadoop MapReduce 处理框架最适合处理对时间要求不高的大规模数据集，但在处理流数据时就无能为力了，因此，针对不同应用场景的大数据计算框架不断涌现，如基于内存的分布式混合计算框架 Spark，适合处理动态数据和进行微批处理；低延迟、可扩展、高可靠性流数据处理框架 Storm，则可以解决动态数据的实时计算问题。此外，还有用于处理图的计算框架，最具代表性的是谷歌公司的 Pregel系统。

四、大数据分析技术

所谓的数据分析就是利用计算机技术、数学模型以及统计学知识对数据进行分析，从而发现价值和知识的过程，包含业务层和技术层。数据仓库、数据挖掘以及在线分析等都是发展了多年的传统数据分析技术，大数据的海量化和非结构化的数据类型使得传统数据分析方法难以进行有效的数据分析，如海量复杂多源的语音、图像和视频数据如何分析的问题。为满足大数据分析的需求，大数据分析技术在传统数据分析技术之上不断发展演变，应运而生。

面向大数据的分析技术主要包括：可视化分析技术、数据挖掘算法、语义引擎等。近年来，人工智能、机器学习以及深度神经网络等成为研究和应用的热点，随着这些技术的不断发展和成熟，其在大数据分析处理领域具有较广阔的应用前景。

第五节 大数据产业链及应用

一、大数据产业链

随着大数据技术不断发展，大数据技术也与各领域的业务应用进一步融合，以数据为核心的大数据产业链正在加速构建。大数据产业链主要包括：基础设施提供商、数据资源提供商、分析技术提供商、业务应用提供商。

1. 基础设施提供商

基础设施提供商提供大数据技术相关的基础设施和服务，主要包括分布式计算机集群中的服务器、网络等硬件设备、面向大数据存储的 NoSQL 数据库和资源管理等软件服务以及大数据解决方案、运维支持等方面的服务。目前，大数据基础设施提供商中有传统 IT 服务商，如 IBM、惠普和甲骨文等，还有新兴的大数据创新企业，如 Redis、MongoDB、Cloudera 和 Hortonworks 等。此外，基础设施提供商还包括提供云计算基础构架服务的企业，如亚马逊，阿里巴巴等。

2. 数据资源提供商

对企业而言，大数据已成为重要的生产资源和要素。因此，与传统生产资源和生产要素一样，大数据同样具有完整的产业链。大数据资源提供商往往都是掌握或参与管理海量数据的企业，它们为企事业单位或个体提供各种数据资源服务，如行业数据查询、基础数据融合以及业务数据分析等。例如阿里巴巴拥有淘宝、天猫等电商平台掌握着海量在线交易数据，为淘宝卖家提供经营和营销方面的数据服务。数据资源服务的提供商主要包括 SAP、亚马逊、谷歌、阿里巴巴、百度以及腾讯等公司。

还有一类数据资源服务提供商是具有云计算服务能力的公司，它们通过云服务形式为用户提供在线数据分析服务。例如，谷歌提供的大数据分析工具 Big Query、亚马逊提供的云数据仓库服务 RedShift、微软提供的商业智能服务 Azure HD Insigh 等。

3. 分析技术提供商

大数据分析技术提供商主要提供大数据快速搜索、数据管理、非结构化数据处理、数据可视化等服务。数据分析技术提供商主要包括新兴企业 Splunk，擅长机器数据的搜索和分析、统计分析领域的 Matlab、SAS 以及数据可视化领域的 Visually、Zoomdata 等。

4. 业务应用提供商

大数据业务应用提供商是为用户提供基于大数据的行业应用，例如广告优化、精准营销和个性化推荐等服务。随着大数据技术不断发展成熟，与各行业领域的融合也越来越深入，特别是在金融、电信、医疗、交通以及媒体等行业应用最为活跃。大数据业务应用提供商包括传统的互联网企业，如谷歌；还有数据资源拥有企业，如亚马逊、阿里巴巴、腾讯等。此外，在很多细分领域，也有许多创新型企业。

二、大数据的具体应用

大数据正以前所未有的速度爆发式增长，并已经深入融合到社会各个领域和各个层面，其渗透的深度、广度以及带来的价值已远超出我们的想象，在人类社会实践中发挥着越来越大的作用。以下介绍大数据在某些领域的应用情况，如表 1-3 所示。

表 1-3 大数据在某些领域的应用情况

领　域	大数据应用场景举例
制造业	基于工业大数据产品故障诊断与预测、工艺流程分析、生产工艺改进、生产过程优化、工业供应链分析与优化等；基于大数据的飞机和汽车的预测性维护；基于大数据分析和物联网技术的无人驾驶
金融行业	通过大数据分析进行高频交易、社会化网络情绪分析和信贷风险分析等，如进行合规性和监管报告、风险分析和管理、欺诈检测和安全分析、客户忠诚度分析、信用风险评估和分析、高速套利交易、交易监管以及异常交易模式分析
互联网及数字媒体行业	借助于大数据技术，可以分析客户行为，开展数字营销。如进行用户点击流分析、精准广告投放、社交图谱分析、商品个性化推荐以及营销活动管理和忠诚度分析等
电信行业	通过用户接入数据以及活动数据，可以进行用户收入保障和价格优化、客户流失预防、营销活动管理和客户忠诚度分析、呼叫记录分析、网络性能优化以及移动用户位置分析
餐饮行业	餐饮行业的 O2O 模式可利用大数据分析用户点评数据，改善经营状况
城市管理	可以利用大数据实现智能交通、环保监测、城市规划和智能安防
生物医学	基于大数据技术的 DNA 测序和疾病诊断，促进了医疗技术的不断创新和快速发展
体育和娱乐	利用大数据对专业运动员进行训练；利用社交网络评论数据，决定影视作品投拍类型和剧情走向；通过比赛的历史大数据预测比赛结果
公共安全领域	政府可以利用大数据技术进行舆情分析，预测并制止恶性事件发生；借助大数据获取犯罪证据，并有效预防犯罪

三、大数据与云计算、 物联网的关系

云计算、物联网和大数据代表了信息技术领域最新的技术发展趋势，三者相辅相成，既有联系又有区别。

（一）云计算

1. 云计算的概念

云计算（Cloud Computing）是一种基于互联网的计算模式，通过这种模式，可以实现资源共享，并且按需求提供计算机终端和其他设备。

云计算是继20世纪80年代大型计算机到客户端/服务器（C/S）计算模式大转变之后的又一次计算模式的巨变。云计算提供了可伸缩的、廉价的基于网络的分布式计算能力，用户不必具有相关专业知识，只需要接入网络就可以随时随地获得所需的各种IT资源。

云计算包括基础设施即服务（IaaS）、平台即服务（PaaS）和软件即服务（SaaS）3种典型的服务模式。IaaS是将基础设施（如计算资源或存储资源）作为一种服务出租给用户，PaaS是把计算平台作为一种服务出租给用户，而SaaS则是把平台上的应用软件作为服务出租用户。

云计算服务包括公有云、私有云和混合云三种类型。公有云是面向所有用户提供服务，用户通过注册付费就可以使用，如亚马逊AWS和阿里云；私有云只为特定用户提供服务，例如大型企业出于安全考虑自建的云环境，只有企业内部才能使用；混合云是综合了公有云和私有云的特点，把公有云和私有云进行混合搭配使用的一种服务。

2. 云计算的关键技术

云计算平台的构建包括很多相关技术，以下对其中的虚拟化、分布式文件系统等关键技术作简单介绍。

（1）虚拟化

所谓的虚拟化技术是指在一台计算机上通过虚拟技术构建多台逻辑计算机，简而言之，就是在一台计算机上同时运行多个相同的或不同的操作系统或其他的物理资源（如服务器、磁盘和网络），程序可以在相互独立的空间内运行且互不影响，因此计算机的工作效率得到显著提高。

传统的虚拟化技术相对较成熟，如VMware是虚拟化解决方案的龙头企业，其他还有Hyper-V、KVM和Virtualbox等也都是目前非常典型的虚拟化技术。此外，近年来发展起来的一种容器型虚拟化技术，因具有启动速度快、资源利用

率高、资源开销小等优点，得到了越来越广泛的应用。

（2）分布式存储技术

分布式数据存储采用冗余存储的方法为同一份数据存储多个副本，从而确保具有较高的可用性、可靠性和经济性。云计算平台通常会同时处理大量不同用户的需求，提供不同的服务，因此云计算的数据存储技术必须能够实现高吞吐率和高传输率。此外，云计算的数据存储技术还面临着数据加密、数据安全保障以及超大规模数据存储的问题。目前，云计算的分布式数据存储技术代表主要有谷歌采用的GFS（Google File System），它是众多分布式文件系统的基础。

（3）海量数据管理技术

由于云计算处理的数据类型复杂，传统的关系型数据管理方式无法胜任云计算的海量数据管理需求。目前，主流的云计算数据管理技术包括谷歌的BigTable数据管理技术和Hadoop团队开发的基于BigTable的开源数据管理模块HBase。当然，云计算数据管理技术依然面临许多必须解决的问题，如云数据的安全性和数据高效访问等问题。

（4）云安全

与传统信息系统类似，云计算在提供各种服务的时候不可避免地会出现类似安全漏洞、信息泄露、恶意攻击以及病毒入侵等安全问题。

大多云计算平台都会提供各种安全防御措施，例如基于“云安全”的网络协作模式，能够让每一台客户的计算机都变成安全机构的智能恶意软件监测站，利用其主动防御技术及时发现和提交“可疑的恶意软件”，从而组成一个遍及全球和各领域的庞大恶意软件监测网络，大幅度提高安全机构的安全信息总量和反应速度，使其基于“特征码比对”或基于“行为模式分析”的解决方案的精确度能够得到大幅度提高。

（二）物联网

1. 物联网概念

物联网，即“万物互联”实现智能化识别和管理。从某种意义上讲，物联网就是互联网的应用拓展。物联网体系架构包括感知层、网络层、处理层和应用层，如图1-3所示。

（1）感知层主要由RFID网络和传感器网络构成。主要的设备包括芯片、各类传感器、二维码标签、RFID标签和读写器、摄像头、GPS等。

（2）网络层也叫传输层，由电信网络、互联网、电网以及专用网等各种网络组成，其主要功能是传递和处理感知层获取的数据。

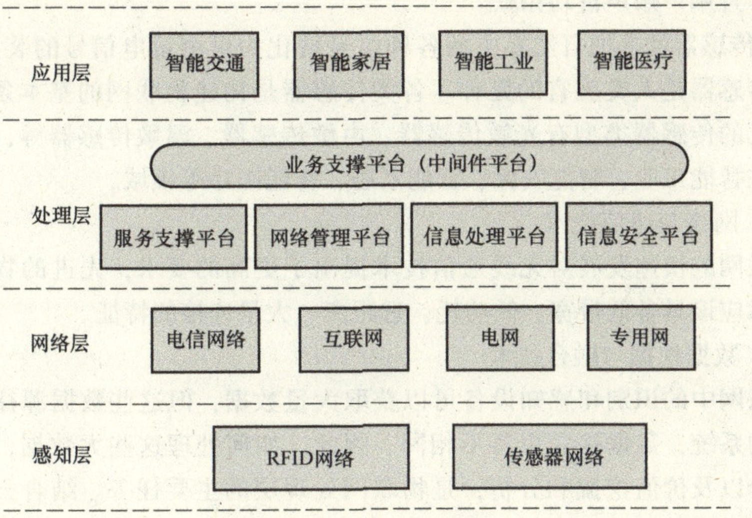

图 1-3 物联网体系架构

（3）处理层主要用于各业务支撑平台之间的信息协同、共享和互通。主要的业务支撑平台包括服务支撑平台、网络管理平台、信息处理平台和信息安全平台等。

（4）应用层直接面向用户，满足各种实际的业务应用需求。目前，物联网在智能交通、智能家居、智能工业和智能医疗等行业都有广泛应用。

2. 物联网关键技术

物联网中的关键技术包括识别和感知技术、网络与通信技术、数据挖掘与融合技术等。

（1）识别和感知技术

物联网中的识别和感知技术主要包括条码技术、射频技术和传感器等。

1）条码技术包括一维码和二维码，二维码主要包括行排式二维码和矩阵式二维码，后者较为常见。二维码技术具有信息容量大、容错能力强、可靠性高、成本低等特性，因此，在物联网具体业务应用中使用非常普遍。

2）射频技术，即 RFID，是一种简单的无线通信系统，由读写器和标签两个部分组成。RFID 读写器是由天线、耦合元件、芯片组成的，用来读写 RFID 标签中信息的电子模块。RFID 标签也是由天线、耦合元件、芯片组成的，能够传输信息、反馈信息的电子模块。例如汽车上安装的 ETC 卡就是一个 RFID 标签，高速公路收费站安装的读卡设备就是 RFID 读写器，当汽车通过收费站时，RFID 读写器与 RFID 标签之间进行非接触式通信和数据交换，从而实现汽车自动通行，且用户账户自动扣款。

3）传感器就是把自然界中的各种信号转化为可测量电信号的装置与元件。物联网传感器是人类五官的延伸。各类传感器是构建物联网的基本条件。物联网中常见的传感器类型有光敏传感器、声敏传感器、温敏传感器等，传感器广泛应用在智能工业、智能安保、智能家居、智能医疗等领域。

（2）网络与通信技术

物联网的快速发展对无线通信技术提出了更高的要求，先进的物联网无线通信技术应该具备低带宽、低功耗、远距离、大量连接的特征。

（3）数据挖掘与融合技术

物联网中的识别和感知设备可以获取大量数据，但这些数据源往往来自不同类型的系统，数据格式也各不相同，因此，如何处理这些大数据，实现数据有效整合以及价值挖掘和分析，是物联网处理层的主要任务。结合云计算和大数据技术，物联网系统可以构建在廉价的设备之上，并实现海量数据快速分析处理，满足各种业务应用的需求。

3. 物联网的应用

物联网已经广泛应用于社会生活，企业生产经营等各个领域，对国民经济与社会发展起到了重要的推动作用，举例如下。

（1）物联网在农业中的应用。采集农业生产活动过程中最关键的温度、湿度和土壤状况等数据，可以对农业生产过程进行监测；可以对动植物养殖过程的各环节实现全程监控，通过动植物的标识设备进行追踪管理等。

（2）物联网在企业中的应用。采用 RFID-SIM 卡技术，将大中小型企事业单位的门禁、考勤及消费管理系统数据进行融合，实现企业一卡通。

（3）物联网在服务产业中的应用。通过智能穿戴设备或安装不同的人体传感器，实现个人健康保健以及身体异常报警；实现家电控制和家庭安防等功能，构建智能家居环境；实现远程车辆调度、自动化货仓管理等智能物流运营管理；通过射频和条形码技术，实现手机支付、移动票务、自动售货等移动支付功能；通过铺设覆盖地面、栅栏的传感器和安装低空探测器，防止人员翻越、偷渡等侵入性行为，改善机场安防系统。

（4）物联网在公共事业中的应用。通过 GPS 定位系统和监控系统，获取车辆运行数据，实现智能交通；公共场所的监控摄像头与 110、119、112 等指挥中心互联，对关键场所和路段进行实时监控；环保监控中心利用传感器获取的各种环境监测信息进行实时环保监控和快速反应；通过物联网进行远程医疗、药品查询、卫生监督、急救及探视视频监控，实现智能医疗服务。

(三)大数据与云计算、物联网的关系

大数据、云计算和物联网是信息技术领域的重要应用,三者无论在技术层面还是在应用层面都既有联系又有区别。大数据、云计算和物联网三者之间的关系如图 1-4 所示。

从技术层面看,云计算主要采用大规模分布式并行计算技术以及分布式数据存储和管理系统。这些技术能够进行海量数据的存储和分析,这也正是大数据产业的核心技术。因此,大数据和云计算有着紧密的联系。物联网的数据采集和识别层是产生和汇集海量数据的关键技术,而物联网的数据处理层和应用层往往又是基于云计算平台来构建的,因此,大数据、云计算和物联网相伴相生。

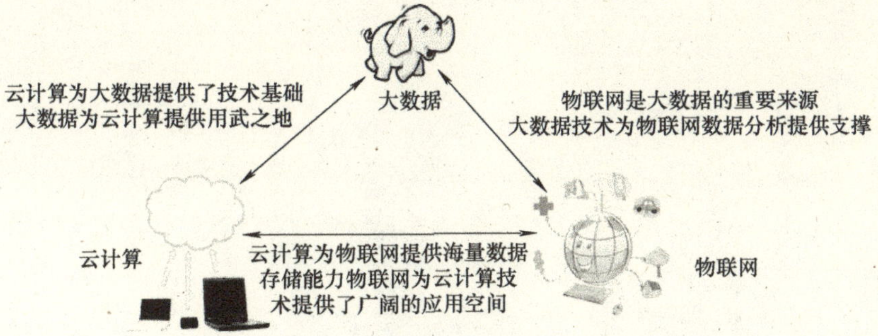

图 1-4 大数据、云计算和物联网三者之间的关系

但大数据、云计算和物联网之间也存在着差别。从应用层来看,云计算则是一种"按需租用"存储资源和计算资源的商业模式,而大数据技术更侧重于对海量数据的存储、处理与分析,并从海量数据中发现价值,服务于生产和生活。云计算虽然采用了很多大数据技术,但本质上旨在整合和优化各种 IT 资源,并以一种特定的商业模式为有需求的用户提供各种存储和计算资源。物联网的发展目标是实现物物相连,侧重的是获取数据和信息的技术,以及这些信息识别及物物互联技术在实际应用中的创新。

【本章小结】

本章介绍了大数据时代的来临、大数据的概念、大数据的影响、大数据技术以及大数据产业链及应用。大数据具有数据量大、数据类型繁多、处理速度快、价值密度低等特点,对科学研究、思维方式、社会发展等方面都产生了重要的影响,在金融、汽车、零售、餐饮以及电信等领域也得到了日益广泛的应

用，深刻地改变着人们的社会生产和日常生活。深刻理解大数据的基本特征，有助于人们更好地学习和理解大数据在具体业务领域的应用。本章最后介绍了大数据与云计算和物联网之间的区别与联系。

【复习题】

1. 结合案例，分析大数据技术在金融领域有哪些具体应用。
2. 简述大数据的特征。
3. 简述大数据对科学研究方法产生了哪些影响。
4. 简述大数据对思维方式产生了哪些影响。
5. 简述大数据产业链及关键技术。

第二章

大数据处理架构

【学习目标】

1. 了解大数据处理架构的原理；
2. 掌握大数据处理技术分类；
3. 熟悉大数据处理框架的具体应用。

【导入案例】

大数据倍增交通银行实时决策能力

银行核心业务系统需要高并发、高性能、实时性、安全和稳定等性能。由于银行业务的数据量和业务量以空前的速度快速发展，传统的IOE技术已很难承载银行核心业务的需求。

交通银行构建了基于Hadoop生态系统的大数据计算框架，实时接收电子渠道交易数据、客户信息、设备状态、位置信息、交易日志以及浏览记录等数据，整合行内各系统业务数据，并实现快速建模、实时告警和在线智能监控。

该大数据系统帮助拥有海量历史数据，日均增长超过两千万条日志流水的银行信用卡中心构建了反作弊模型以及实时计算和实时决策子系统，利用分布式实时数据采集技术和实时决策引擎，帮助信用卡中心高效整合多系统业务数据，处理海量高并发线上行为数据，识别恶意用户和欺诈行为，并实时预警和处置；通过引入机器学习框架，对少量数据进行分析、构建并周期性更新反欺诈规则和反欺诈模型。大数据系统使该行信用卡中心具备了电子渠道实时反欺诈交易监控的能力，能够迅速监控电子渠道产生的虚假账号、伪装账号、异常登录、频繁登录等新型风险和欺诈行为；日均处理逾两千万条日志流水、实时识别出近万笔风险行为并进行预警。数据接入、计算报警、案件调查的整体处理时间从数小时降低至秒级，监测时效提升近3000倍，上线3个月已帮助该行信用卡中心挽回数百万元的风险损失。

（资料来源：本案例整理于网络）

第一节　批处理框架

一、批处理简介

大数据处理架构是指根据不同的数据特征和数据计算特点，对多样性的大数据计算问题和业务需求进行提炼并建立的各种高层抽象和模型。在具体的大数据应用场景中，不同的应用场景，对数据处理的要求也不尽相同。随着大数据技术在学术界和工业界研究与应用，多种不同的大数据计算模式被研发出来。大数据计算模式及其对应的典型系统和工具如表2-1所示。

表2-1　大数据计算模式及其对应的典型系统和工具

大数据计算模式	典型系统或工具
批处理计算框架	MapReduce，Spark等
流处理计算框架	Storm，S4，Spark Steaming，Flume等
混合处理计算框架	Spark，iMapReduce，Twister等
图计算框架	Pregel，GraphX，PowerGraph等
大数据查询分析计算	HBase，Hive，Cassandra，Premel，Shark，Redis等
内存计算	Dremel，Hana，Redis等

批处理、流处理和混合处理计算框架是目前较成熟以及应用较广泛的大数据计算模式，其他的计算模式大多是在它们的基础上构建的或者是其中的一个计算组件。Hadoop，Storm和Spark是批处理、流处理和混合处理计算框架的主要实时系统。

传统数据大多是存储在数据存储系统中的静态数据，企业可以根据自己的业务需求将这些大量的历史数据加载到企业的数据仓库系统，然后利用数据挖掘和OLAP（On-Line Analytical Processing）分析工具从这些静态数据中找到对企业有价值的信息。与传统静态数据类似，大数据中的静态数据对时效性要求也不高，数据在一定时间周期内是有界的。因此，静态数据主要应用于数据量大的离线场景，采用批处理技术。

大数据批处理技术主要针对静态数据集，以数据吞吐量大为显著特征。在实践应用中，该技术多用于对历史数据的处理和分析。符合批处理的数据集有如下特征。

1）有界：数据量级有限；

2）持久：数据始终存储在存储介质中；

3）大量：批处理计算的对象通常是海量数据。

Hadoop 就是典型的批处理框架，由 HDFS 和 HBase 存放大量的静态数据，由 MapReduce 负责执行批量计算。

二、Hadoop 简介

1. Hadoop 的发展历程

Hadoop 是开源分布式计算平台，具有高可靠性和高扩展性的特点。Hadoop 是由 Yahoo 工程师 Doug Cutting 和 Mike Cafarella 于 2005 年合作开发的，后来成为 Apache 基金会开源项目。开源特性使得 Hadoop 成为分布式计算系统的国际标准，雅虎、脸书等众多公司都以 Hadoop 为基础搭建自己的分布式计算系统。Hadoop 的标志如图 2-1 所示。

图 2-1 Hadoop 的标志（图片来源于网络）

从发展历程上看，2008 年是 Hadoop 发展的巅峰，该系统逐步成为市场的主要选择，同时期出现了大量的相关项目，如 2008 年的 HBase、ZooKeeper 和 Mahout，2009 年的 Pig、Hive 等。由于 Hadoop 的爆发增长，也产生了像 Cloudera（成立于 2008 年）和 Hortonworks 等专注于 Hadoop 开发的公司。Hadoop 发展过程中经历了以下主要里程碑事件。

1）Hadoop 开始时是 Nutch 的一个子项目，而 Nutch 又是 Apache Lucene 的子项目。这三个项目都是由 Doug Cutting 创立的，每个项目存在相互的承接发展关系。

2）Nutch 项目设立于 2002 年，是以 Lucene 为基础实现的搜索引擎应用。但该搜索引擎对于网络的扩展非常困难。2003 年，谷歌的研究人员在 ACM SOSP（Symposium on Operating Systems Principles）会议上发表了描述谷歌分布式文件系统（GFS）的论文。Nutch 项目模仿 GFS 开发了自己的分布式文件系统（Nutch Distributed File System，NDFS），这就是 HDFS 的前身，用于解决网络抓取和索引过程中的文件存储需求。

3）2006 年 2 月，Nutch 中的 NDFS 和 MapReduce 剥离出来，成为 Lucene 项目的一个子项目，称为 Hadoop，并将所有主要的 Nutch 算法迁移到 MapReduce 和 NDFS 上。

4）2008 年 2 月，雅虎宣布其索引网页的生产系统突破性地采用了在 10000 多个核的集群上运行 Hadoop。Hadoop 真正达到了万维网的规模。

经过多年的发展，Hadoop 已经成为行业巨人，是最具影响力的开源分布式开发平台，被公认为行业大数据标准开源软件。目前 Hadoop 所提供的开发工具、开源软件、商业化工具和技术服务被许多主流厂商采用。

2. Hadoop 版本衍化历史

Apache Hadoop 分为 1.0 和 2.0 两个版本。第一代 Hadoop 称为 Hadoop1.0，第二代 Hadoop 称为 Hadoop 2.0。

第一代 Hadoop 包含三个版本，分别是 0.20.x，0.21.x 和 0.22.x，其中，0.20.x 最后演化成 1.0.x，变成了稳定版。第二代 Hadoop 包含两个版本，分别是 0.23.x 和 2.x，这两个版本与 Hadoop1.0 完全不同，是一套全新的架构，两个版本都包含 HDFS Federation 和 YARN 两个系统，相较于 0.23.x，2.x 增加了 NameNode HA 和 Wire-compatibility 两个重大特性。

Hadoop 采用 Apache 开源协议，用户可以免费任意使用和修改 Hadoop，所以除了免费开源的 Apache Hadoop 版本以外，市面上出现了很多其他公司的 Hadoop 版本。Cloudera 公司 2009 年推出第一个 Hadoop 发行版，该版本称为 CDH（Cloudera Distribution Hadoop）。此后，很多大公司也加入了做 Hadoop 产品化的行列，例如 MapR、Hortonworks 等。Hadoop 商业发行版大多是以 Apache Hadoop 为基础。

三、Hadoop 的特性

Hadoop 是基于 Java 语言开发，因此具有较好的跨平台特性，并且可以部署在廉价的计算机集群中，具有以下几个方面的特性。

1）高健壮和可靠性。Hadoop 采用冗余数据存储方式，自动保存数据的多个副本，并且能够自动将失败的任务进行重新分配，具有较高的容错性。

2）高弹性和高效性。Hadoop 采用分布式存储和分布式处理两大核心技术，可以稳定地运行在廉价的计算机集群上，并通过增加计算机集群节点进行线性扩展，从而能够高效地处理 PB 级以上数据，具有高可扩展性。

3）便利及低成本。Hadoop 可以部署在廉价的计算机集群、一般商业机器集群或者亚马逊弹性计算云（Amazon EC2）等云计算平台上。因此，构建成本比较低。Hadoop 是基于 Java 语言开发的，其应用程序开发可以支持 C++ 等多种编程语言，用户可以快速编写高效应用程序代码。

Hadoop 的上述优势，使得它在学术界和工业界都大受欢迎，成为大数据处理的行业标准，也成为许多公司和研究机构基础计算平台的一部分。

四、Hadoop 生态系统

Hadoop 核心是分布式文件系统 HDFS 和 MapReduce，还包括 YARN、HBase 等功能组件。这些组件互相协同，共同构建了 Hadoop 的生态系统，如图 2-2 所示。在 Hadoop 的这些组件之上，企业可以构建面向具体领域和应用的外围支撑系统。

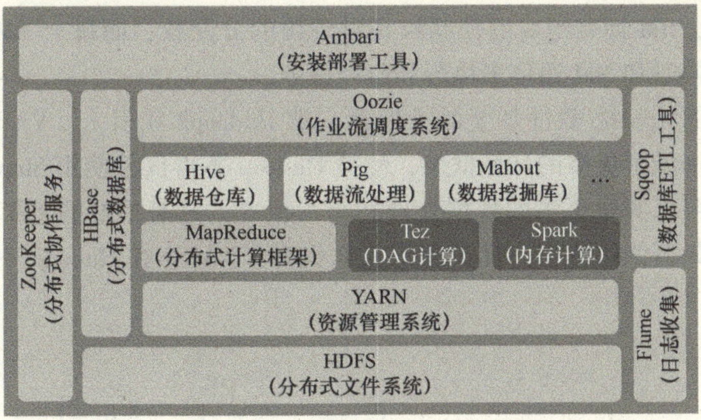

图 2-2 Hadoop 的生态系统（图片来源于网络）

1. HDFS

HDFS 是 Hadoop 生态系统中数据存储管理的基础，它源自于谷歌的分布式文件系统（Google File System，GFS）。

HDFS 是一种分布式文件系统，可以运行在廉价的大型服务器集群上。HDFS 通过协调集群节点间数据的存储和复制，保证文件系统的整体可用性和可靠性。

HDFS 放宽了一部分 POSIX（Portable Operating System Interface，可移植操作系统接口）约束，简化了文件的一致性模型，从而实现流式读取文件系统数据，提供高吞吐量应用程序数据访问。

2. MapReduce

MapReduce（分布式计算框架）是 Hadoop 的原生批处理引擎，和 Common、HDFS 构成了 Hadoop 发展初期的三个重要组件。Hadoop MapReduce 源自于谷歌的 MapReduce 论文，是针对谷歌 MapReduce 的开源实现。MapReduce 的核心思想就是将输入的数据集切分为若干独立的数据块，并分发给主节点管理下的各个分节点来共同并行完成，然后整合各个节点的结果得到最终结果。

3. YARN

Apache Hadoop YARN 是一个资源管理、任务调度的框架，主要包含三大模块：ResourceManager（RM）、NodeManager（NM）、ApplicationMaster（AM）。其中，ResourceManager 负责所有资源的监控、分配和管理；ApplicationMaster 负责每一个具体应用程序的调度和协调；NodeManager 负责每一个节点的维护。对于所有的应用，RM 拥有绝对的控制权和对资源的分配权，而每个 AM 则会和 RM 协商资源，同时和 NM 通信来执行和监控任务。

YARN 是 Apache 软件基金的子项目，被 Hadoop2. 0 引入。YARN 架构的重要功能就是提供了更多的计算框架，使得 Hadoop 不再仅仅使用 MapReduce 计算框架，而是可以实现更多的数据处理和交互模式，具有更好的可扩展性和灵活性、更高的集群使用率度，计算能力大大提升。YARN 在 Hadoop 中的角色，如图 2-3 所示。

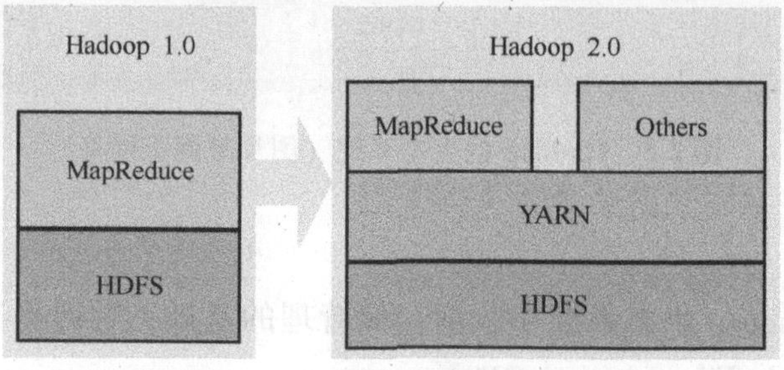

图 2-3 YARN 在 Hadoop 中的角色

4. Pig

Pig 是一种轻量级脚本语言，由雅虎公司推出，是基于 Hadoop 的大规模数据分析工具，提供了一个高层次的、面向领域的类 SQL 语言 Pig Latin。Pig 能够对 HDFS 和 HBase 的数据进行便捷处理，与 Hive 类似，Pig 可以实现高效工作，降低了对大型数据集进行分析和评估的门槛。

5. Mahout

Mahout 是 Apache 基金会旗下的一个开源的顶级项目。Mahout 的目的是推动开发人员在创建智能应用程序时更加快捷化、便利化。目前聚类、分类、推荐引擎（协同过滤）和频繁集挖掘等广泛使用的数据挖掘方法都已经包含在 Mahout 中。除算法外，Mahout 与其他存储系统（如 MongoDB 或 Cassandra）集成等数据挖掘支持架构，通过使用 Apache Hadoop 库，Mahout 可以有效地扩展到云平台中。

6. Ambari

ApacheAmbari 是一种基于 web 的工具，支持 Apache Hadoop 集群的安装、部署、配置、管理和监控。Ambari 目前已支持大多数 Hadoop 组件，包括 HDFS、MapReduce、Hive、Pig、HBase、Zookeeper、Sqoop 等。总而言之，Ambari 就是为了让 Hadoop 以及相关的大数据软件更容易使用的一个工具。

7. Oozie

Apache Oozie 是用于 Hadoop 平台的一种工作流调度引擎，用于管理和协调多个运行在 Hadoop 平台上的作业。在 Oozie 中，计算作业被抽象为动作，控制流节点则用于构建动作间的依赖关系，它们一起组成一个有向无环的工作流，描述了一项完整的数据处理工作。

五、批处理框架的应用

大数据时代的到来，对很多传统企业而言既是机遇也是挑战。大数据对传统商业模式带来的冲击是显而易见的，但海量数据给企业带来的商业价值也得到了实践证明。因此，许多数据密集型企业都纷纷拥抱大数据技术。

跨国电子商务巨头 Ebay 用 Hadoop 拆解非结构性海量数据，降低数据仓储负载；信用卡发行商 Visa 公司利用 Hadoop 实现快速发现可疑交易，对银行提出预警，甚至能及时阻止诈骗交易。

在国内，也有众多公司在使用 Hadoop。据悉，阿里巴巴公司的 Hadoop 集群拥有庞大的节点，处理各部门产品的线上数据库备份、系统日志以及爬虫数据，运行数据魔方、量子统计、推荐系统、排行榜等各种 MapReduce 任务。

早在 2012 年，Cloudera 公司的 COO Kirk Dunn 就指出了 Hadoop 主要应用的 10 个领域，包括在线旅游、移动数据处理、电子商务、节能预测分析等。

经过多年的发展，Hadoop 生态系统也在不断地扩大，能适应更多的应用场景，处理更多的数据模型。越来越多的企业构建了基于 Hadoop 计算框架，符合自己业务需求的大数据管理和分析系统。

第二节 流处理框架

一、流处理简介

流数据（Data Stream）是大数据环境下的一种重要数据形态，其理论诞生于20世纪末，并随着互联网的普及和云计算、物联网的不断发展，逐渐成为研究和应用的热点。

流数据是一组大量、快速、连续到达的数据序列，其在Web应用、网络监控、传感监测、电信金融、气象、航空航天和交通等领域广泛存在。流数据的特征是数据实时到达、到达次序独立。流数据一经处理，如果不进行特意保存，将不能把它再次取出，或者要耗费巨大的代价再次提取数据。因此，流数据不适合采用批处理模式，而必须采用能够进行实时计算的数据处理模式，也就是我们现在常说的流计算框架。

二、流处理框架概述

目前业内已涌现出许多流处理框架与平台，如Apache Storm，Samza和Apache Flink等。其中，Apache Storm是目前较流行的流计算框架。

1. Apache Storm

Apache Storm是由NathanMarz和他的团队于2010年开发的，由推特公司开源，并在2014年成为Apache顶级项目。Storm是一个分布式的、容错的实时流计算系统，可简单、高效、可靠地处理大量的流数据，是最早的实时流计算框架。目前，Storm已成为大规模流数据处理的工业标准。由于自身的业务特性，推特公司在流计算上投入了大量的资源进行开发，2016年，推特公司又开发了第二代流处理系统Heron，并将其开源。

2. Spark Streaming

Spark Streaming是建立在Spark上的实时计算框架，通过它提供的API和基于内存的高速执行引擎，用户可以结合流式、批处理和交互式进行查询和实时计算，并具有可拓展、高吞吐、容错的流计算能力。但Spark streaming的数据延时不如Storm，Spark streaming是秒级返回结果，而Storm则是毫秒级。Stream可完成多种输入数据源的整合，如Kaka、Fume、HDFS，甚至是普通的TCP套接字，经过流处理后的数据可以存储至文件系统、数据库中，也可以用仪表盘进行显示。Spark Streaming 还支持 Scala、Java 和 Python 等开发语言。

3. Apache Kafka

Kafka 采用 Kafka API 对输入数据进行读取并处理从而产生输出数据流，这是实现流处理的最基本方法。这个过程可以用任何编程语言实现。该方法较为简单，操作起来比较容易，在有 Kafka 客户端的任何语言中都适用。

4. Apache Samza

Samza 是专为领英公司开发的流处理解决方案，并和领英的 Kafka 一起贡献给社区，现已成为基础设施的关键部分。Samza 是基于 Kafka 构建的。Samza 把数据流进行切分，各部分仅由一组只读消息的有序数列组成，且每条消息都有特定 ID。另外 Samza 也可以实现批处理，即逐次处理同一个数据流分区的多条消息。

5. Apache Flink

Flink 始于 2008 年，近些年受到广泛关注。Flink 是原生的流处理系统。Flink 与 Spark 类似，支持 API 接口进行批处理，但两者处理的基础有巨大差异。批处理在 Flink 中被视为是流处理中的一种特殊情况。在 Flink 中，所有的数据都可以抽象地看作为流，因为这更切合实际。

6. Apache S4

Apache S4（Simple Scalable Streaming System）是雅虎开发的平台，其最初的目的是为提升搜索广告的有效点击率，通过收集用户点击广告的相关数据，计算分析各类广告的点击率，将相关度不高的广告排除，从而提升点击率。S4 提供一种简单的编程接口来处理数据流，实现在普通硬件上可扩展，每个处理节点使用本地内存，充分利用资源，避免磁盘了 I/O 瓶颈，从而达到最小化延迟、使用一个去中心的对等架构，大大简化了部署和维护。因此，S4 是一种通用的、分布式的、可扩展的、分区容错的、可插拔的流式系统。S4 已经在雅虎系统中大规模使用。但相对于 Storm，S4 在可靠性和容错性上要差一些，用户活跃度也要差一些。

此外，还有一些商业化的流计算系统，例如 IBM InfoSphere Streams、IBM StreamBase、谷歌 MillWheel 等，以及一些公司为支持自身业务开发的流计算框架，如脸书的 Puma、百度公司的 DStream、阿里巴巴的银河流数据处理平台等。

三、流处理流程

流计算的处理流程可分为数据的实时采集、实时计算和实时查询三个阶段，如图 2-4 所示。

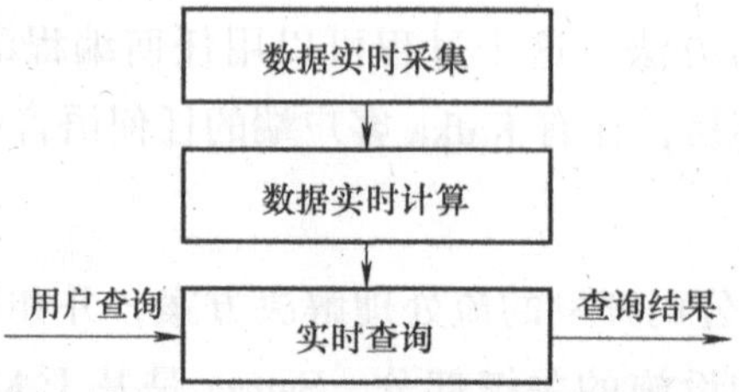

图 2-4 流计算的处理流程

1. 数据实时采集

数据的实时采集需要涵盖多个数据源的海量数据，同时要确保低延迟、实时性与可靠性。例如日志数据的采集过程中，分布式集群架构会使日志数据较为分散，存储于不同的设备中，因而要对不同设备的日志数据进行实时汇总。

目前有许多互联网公司发布的开源分布式日志采集系统均可满足每秒数百兆的数据采集和传输需求，如脸书的 Scribe、领英的 Kafka、阿里巴巴的 Time Tunnel 以及基于 Hadoop 的 Chukwa 和 Flume 等。

数据采集系统基本架构一般包括三个部分，如图 2-5 所示。

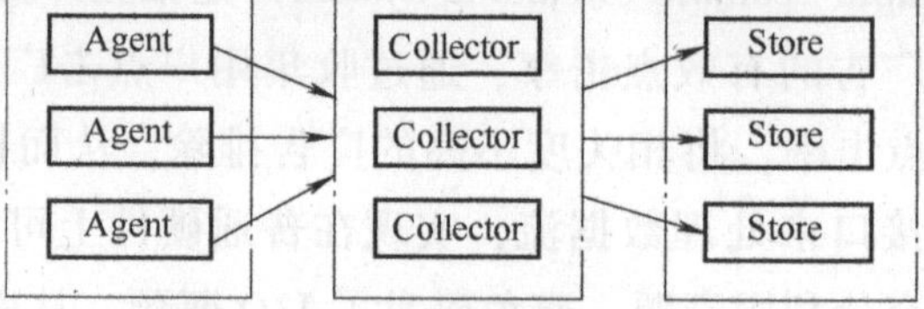

图 2-5 数据采集系统基本架构

注：1. Agent：主动采集数据，并把数据推送到 Collector 部分。
2. Collector：接收多个 Agent 的数据，并实现有序、可靠、高性能的转发。
3. Store：存储 Collector 转发过来的数据。

2. 数据实时计算

数据实时计算是将实时采集到的数据进行实时分析和计算。数据实时计算的流程如图 2-6 所示。流处理系统从数据采集系统接收实时数据，实时地进行分析计算，并反馈实时结果。经过流处理系统运算后的数据，可根据不同的情况进行相应的处理，如果时效性要求较高，可直接丢弃，反之可进行存储以便于后续计算与分析。

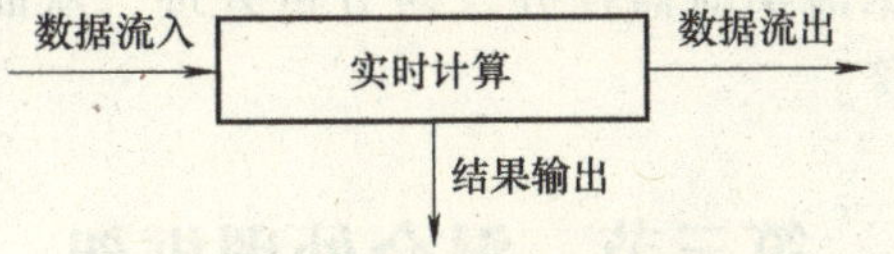

图 2-6 数据实时计算的流程

3. 实时查询服务

流计算的第三个流程是实现实时查询，用户可对由流系统运算后的结果进行实时查询或存储。在传统的数据处理流程中，用户要获得目标结果就必须进行主动查询，而流处理流程可以实时更新数据分析结果，并实时推送给用户。尽管用户可以在传统的数据处理系统中设置定时查询以不断获取更新，但这种方式也只能获得过去某一时刻的数据结果，与实时结果有着本质的区别。

四、流处理的应用

随着移动互联网、Web2.0、云计算和互联网技术的广泛普及，针对动态数据进行流计算已经成为大数据技术的重要发展方向。门户网站、电商平台以及搜索引擎等基于 Web 服务的应用更是会产生大量流数据。而企业采用流计算对这些应用场景的实时数据进行分析，时刻把握流量变化情况，监控用户实时行为，为实时决策的进行提供参考。下面介绍几种典型的流计算应用场景。

1）物联网应用。物联网是通过安装在不同场景或设备上的传感器，不间断地采集各种数据，然后通过网络传输，实现相关设备之间的交互。这些实时采集的数据往往必须被及时处理，并得到及时的响应，从而做出正确的判断和决策。

2）在线金融交易系统。实时金融交易是金融行业最为关键的应用，用户在线上或线下购买股票、债券及衍生品等金融产品或服务时，金融交易系统需要实时监控和处理用户的操作行为数据，从中发现可能的欺诈行为，或帮助用户实现高频交易或高速套利等活动。

3）互联网应用。基于 Web 2.0 的应用服务大多是产生流数据，大数据分析系统通过实时处理用户在网站的行为数据，可以开展数字营销、精准广告投放、商品个性化推荐以及营销活动管理和忠诚度分析等活动。

4）工业生产线。工业生产线上安放的各种传感器不间断地采集并传输各类设备运行数据，调度和监控中心通过实时处理这些源源不断而来的流数据。

5）医疗护理。重症病房的监测设备时刻都会产生大量的病患数据，医疗小组能够通过对这些数据流实时监控并及时分析处理，从而能够更早的发现病情发展迹象及时做出预警。

第三节　混合处理框架

一、混合处理框架简介

大数据环境下，大多数企业最为关注的是分析和处理来自不同数据源的数据，如传统企业需要综合处理来自 CRM、财务部门和企业门户网站的数据，而电子商务企业一方面需要对用户的历史消费数据进行分析，同时还需要实时地对用户的在线消费行为进行分析。这些来自不同渠道的数据类型多样，而且数据处理的时效性也各不相同。因此，许多企业应用需要同时完成大数据批处理和流数据处理工作，这样就需要有一种框架可以同时完成这两项工作。

目前较流行的 Aparche Hadoop 或 Storm 等计算框架可用于设计强大的批处理和流处理系统。但这两个系统的编程范式截然不同，对开发人员而言是个巨大的挑战，开发人员需要同时掌握两种不同的体系结构，一种用于部署在 Hadoop 进行批处理，另一种用于 Storm 进行流处理。

目前最具有应用前景的一种混合式计算框架是 Apache Spark，它不仅自带实时流处理功能，同时也是 MapReduce 的替代方案，而且兼容 HDFS、Hive，可融入 Hadoop 的生态系统，以弥补 MapReduce 的不足。

二、Apache Spark 简介

Apache Spark 最初由 AMP（Algorithms，Machines and People）实验室于 2009 年开发的通用内存并行计算框架。Spark 自 2013 年加入 Apache 孵化器项目后，步入快速发展阶段。Spark 作为大数据计算平台的后起之秀，已在当前大数据处理领域成为热门的顶级开源项目。从 2012 年的 0.6 版本开始，Spark 的核心模块开始趋于稳定，接近生产级别，不再仅仅是实验室的产物。在大多数公司中，将 Hadoop（HDFS）用于储存大数据、Spark 作为计算引擎的核心成为典型的应用场景。

三、Apache Spark 的特点

Apache Spark 的运算能力十分强大，其运算是基于内存中进行的，这一点与

Storm相似，即使在内存出现满负载的情况时，硬盘仍能继续运作。内存计算模式下，Spark比Hadoop快100倍，不过目前Spark还没有像Hadoop那样拥有上万级别的集群，因此就现阶段而言，最为合适的使用方式是将Spark和Hadoop搭配起来使用。

与Hadoop MapReduce相比，Spark对资源的消耗更大些，多个任务在同一时间使用集群时，可能会相互产生影响。本质上看，Spark与Hadoop堆栈的其他组件不适合一起使用。

与磁盘空间相比，内存的价格往往更高，因此Spark成本比基于磁盘的系统成本要高。但同时带来的速度提升意味着完成任务的时间缩短，在按时间为资源付费的环境下，这一特点通常可以与使用内存增加的成本进行抵消。

如今国内外各大公司已经在不同程度上使用了Spark，如腾讯、淘宝、百度、亚马逊等公司采用Spark构建大数据分析应用系统，并应用到实际的生产环境中，未来Spark将在更多应用场景中发挥作用。

四、其他混合式框架

ApacheFlink是另一个具有应用前景的混合式框架，它由Apache软件基金会开发，是一个开源的分布式流处理框架，其核心是用Java和Scala编写的流式数据执行引擎，其针对数据流的分布式计算模式提供了数据分布、数据通信以及容错机制等功能。

ApacheFlink是一个面向分布式数据流处理和批量数据处理的开源计算平台，它能够基于同一个Flink运行时（Flink Runtime），提供支持流处理和批处理两种类型应用的功能。Apache Flink批处理为先的处理方法为Lambda架构，流处理为先的方法叫作Kappa架构。

Flink能够使用多种方式对工作进行分析，从而对任务进行优化。该技术能把受阻任务的数据集合在一起。针对迭代式任务，Flink会在兼顾性能的前提下对各存储数据的节点执行对应的运算任务。

Flink在用户工具方面也较为完善，其支持基于Web的调度视图，用户可便捷进行任务管理并浏览系统状态，用户可以通过查看已经提交任务的相应优化方案的方式。在处理分析类任务时，Flink提供了一种与SQL相似的查询办法，机器学习、图像化处理分析数据并支持内存运算。

Flink还是个刚起步的项目，虽然有许多先进之处，但就整体性能而言，还有许多需要提升的地方，因此，目前在实际应用环境中大规模部署尚未可行。

第四节　三种大数据处理框架比较

目前，无论是在学界还是业界，大数据是炙手可热的焦点话题。经过多年的发展，大数据存储技术，如 HDFS，已经不是主要的难点，但对存储的大数据如何做进一步分析处理依然是研究和探讨的焦点。目前，静态和动态流数据的计算模式包括批处理、流处理和混合处理模式，Hadoop、Storm 和 Spark 分别是这三种计算模式的代表，应用也较为成熟。Hadoop、Storm 和 Spark 的比较分析如表 2-2 所示。

表 2-2　Hadoop、Storm 和 Spark 比较分析

特　性	Hadoop	Storm	Spark
数据存储	分布式文件系统：HDFS	内存	内存和可配置的分布式文件系统，如 HDFS 或本地磁盘上的多个文件夹
应用场景	批处理	数据实时到达即刻处理	批处理（微小批处理），实时流数据处理以及迭代和交互式分析
容错	在不同的节点维护数据的多个副本	支持事务拓扑，允许完全容错的一次性消息传递语义	采用多种容错方式，如采用预写日志的方法，将数据导入支持容错的文件系统中，随后对数据施加操作
编程语言	Java	定义 Thrift 接口，能够用任何语言实现	Java、Scala、Python 和 R
硬件	通用商业硬件	通用商业硬件	通用商业硬件
管理	仅适用于批处理场景	仅适用于数据实时处理场景	易于管理，在同一框架进行批处理和流数据处理
部署	不能部署在其他分布式集群框架上	独自的部署模型，不能部署在其他分布式集群计算框架上	可以独立模式部署，也可以在其他框架上部署
效率	数据读取速度较慢	基于内存的读写，数据读取速度在几秒和几毫秒	基于内存读写，比 Hadoop 快十倍
分布式缓存	取决于磁盘	没有分布式缓存功能	可以在分布式节点的内存中缓存部分数据，确保更低的延迟计算
易用性	仅支持 Java，使得 MapReduce 复杂	支持多种语言	支持 Scala 和 Python 脚本语言，代码生成简单

（续）

特　性	Hadoop	Storm	Spark
高级操作	不提供 Map 和 Reduce 函数之外的其他操作	核心框架不提供任何操作，但扩展版（Trident）可用于执行连接、聚合及分组等操作	提供 Map、Reduce、group、sort 等多种常见操作
API 及扩展	提供严格的 API，无法实现多样性扩展	提供 API，支持扩展开发	提供对核心 API 的定义，易于扩展
安全性	拥有自己强大且成熟的安全框架，采用身份验证和授权	提供了可插拔认证和授权框架	通过共享密钥提供基本安全身份验证

【本章小结】

在实践应用中，根据不同的应用情景，业务数据可分为静态数据和动态数据，对应的有批处理、流数据处理以及混合处理计算框架。

Hadoop MapReduce 系统有着全面而强大的数据处理能力，能够批量处理数据，主要适用于处理对时间要求不高的大规模数据集。其优势在于通过低成本组件去搭建完整的 Hadoop 群集，在很多领域，这种高效率的分布式处理技术都可以运用。除此以外，Hadoop 还能与其他计算框架和引擎形成较好的兼容和集成，使其可以成为构建其他分布式计算框架的底层基础。

Hadoop MapReduce 的缺陷在于无法有效处理流数据，为了有效解决这一问题，针对不同应用场景的大数据计算框架的研究不断涌现。其中，最具代表性的研究成果包括：基于内存的分布式混合计算系统 Spark，其优势在于能够有效处理动态数据或进行微批处理；可扩展、低延迟、高可靠性流处理系统 Storm 的优势在于解决动态数据的实时计算方面问题。本章对目前主流的三种大数据计算框架进行了详细的阐述，并针对这三种计算框架的典型产品做了简单介绍，较详细的介绍会在第四章展开。

【复习题】

1. 简述批处理框架的概念，并举例说明。
2. 简述 Hadoop 的生态系统。
3. 简述流处理框架的概念，并举例说明。
4. 简述流处理的基本流程。
5. 简述混合处理框架的基本概念，并举例说明。
6. 对 Hadoop、Storm 和 Spark 三种系统做简单的比较分析。

第三章
大数据存储与管理

【学习目标】

1. 了解分布式大数据概念；
2. 了解大数据存储技术及大数据管理概念；
3. 掌握大数据存储和管理的基本原理。

【导入案例】

兴业银行数据价值的提升之道

随着大数据技术的发展，不断发现并引入新的数据源才是提升数据整体价值的关键。因此，传统的商业银行亟需一个大数据基础平台进一步拓宽新型数据源，从而拓展商业银行基础数据的广度和深度。

兴业银行的数据分析平台体系（包含基础平台、分析集市、分析仓库等）积累了丰富的数据，为该行信用卡等各项业务发展提供稳定高效的数据支持。然而，随着数据快速增长，传统数据处理技术面临众多困难和挑战：①对于互联网半结构化、非结构化数据，无法有效存储、清洗和分析；②客户行为数据无从采集，无法深入了解客户，挖掘客户行为偏好；③现有平台数据源产生传统的业务数据，而传统技术无法拓展新型数据源。

该行采用天云大数据系统搭建了互联网渠道非结构化数据采集、处理、存储的大数据基础平台，建立分布式处理框架，重点实现异构数据采集、处理和存储，从而实现了基于分布式计算技术的可视化管理；实现了根据上层数据应用的需求，建立数据模型；实现了基于微信、信用卡 APP 等非结构化数据处理场景，能统一接入并存储各类“新型”数据，同时提供合适的技术手段进行后续分析处理；能够根据采集处理后的互联网客户行为数据，利用分布式挖掘技术，初步实现客户行为标签等应用场景。

（资料来源：本案例整理于网络）

第一节　分布式文件系统

随着数据量的不断增大，挖掘数据的价值成为企业不懈追求的终极目标。在进行数据的挖掘之前，需要将海量数据加以存储，传统的单机存储数据和文件的方式已经不能完成这样的任务。目前，分布式文件系统是实现海量数据存储的有效解决方案。

一、分布式文件系统概念

分布式文件系统（Distributed File System）是一种通过网络把文件分散存储到多个计算机节点上的文件系统，众多的计算机节点构成了计算机集群。该系统通用的模式为客户机/服务器（Client/Server）。

分布式文件系统能够有效解决大数据的存储和管理问题，基本运行原理是将设置在某固定地点的某个文件系统进行扩展，使其设置为多个地点/多个文件系统，使众多系统节点组成一个完整的文件系统网络。在分布式文件系统中，每个节点的空间分布可以不同，节点间利用网络进行通信与数据传输。从表面操作来看，在使用该系统时用户并不需要关注数据存储、获取的来源节点，基本的数据、文件管理与存储操作与使用一般的本地文件系统一样。

除了在数据存储与管理的方式上进行了革新，相较于本地文件系统，分布式文件系统拥有更好的数据备份、数据安全防护能力等优势。因此，一个高效的分布式文件系统必须具备对大量数据有效存储和备份的能力、高速的数据读取能力和严密的数据安全机制，并且还应保证在发生系统故障时对数据进行恢复的能力。

二、分布式文件系统的架构

与普通的文件系统不同，分布式文件系统将数据、文件等资源分布存储在若干节点上，每个节点最终构成为一个计算机集群。

目前的分布式文件系统大多采用普通硬件来构建系统集群，从而大大降低了硬件资源要求与成本。从硬件结构上来看，分布式文件系统的计算机集群的各个数据节点存放在机架（Rack）上，每个机架可以存放 8～64 个节点，对于某一机架，不同数据节点之间通过网络相连，各个机架之间利用另一级网络或交换机相连。分布式文件系统集群的基本架构如图 3-1 所示。

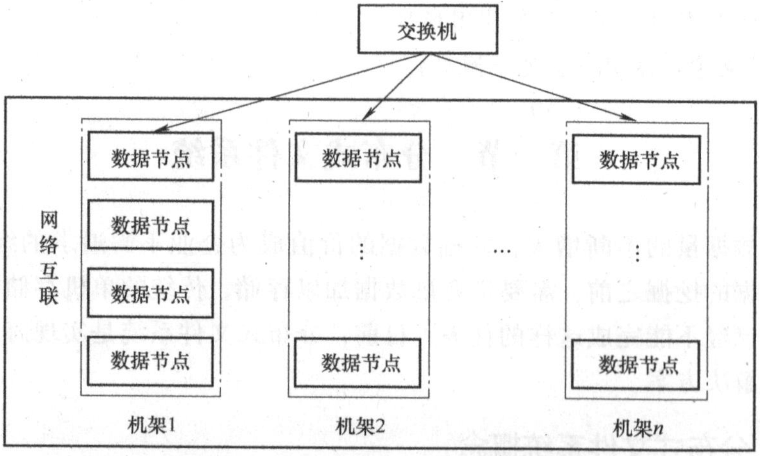

图 3-1 分布式文件系统集群的基本架构

分布式文件系统集群的节点分为两类：一类为“主节点”，也称为“名称节点”；另一类叫“从节点”，也称为“数据节点”。名称节点负责创建、删除和重命名文件和目录等，数据节点负责数据的存储和读取，分配数据存储位置，并管理好数据节点和文件块的映射关系。读取文件的唯一方式是客户端访问名称节点定位文件块，数据节点可根据名称节点的指令创建、删除数据块以及复制数据副本。分布式文件系统的结构如图 3-2 所示。

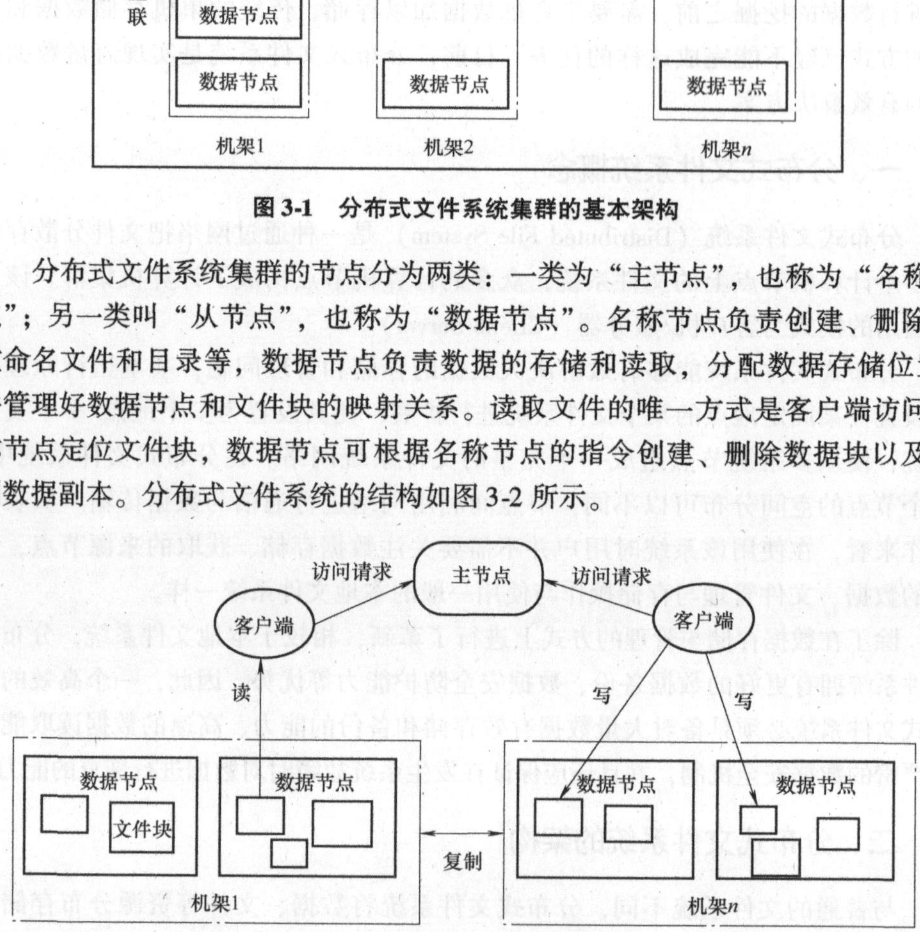

图 3-2 分布式文件系统的结构

分布式文件系统相较于普通文件系统，同样采用了块的概念，即一个文件被分成若干个文件块进行存储。文件块是数据读写的基本单元。基于文件块的存储方式，分布式文件系统为保证数据完整性，通常采用多副本存储的模式，对于同一文件块将其复制成多个副本，分别存储在计算机集群中不同节点上，在系统故障发生时，仍可快速调用其他副本并重启单个节点上的计算过程。

三、分布式文件系统的设计需求

透明性、可伸缩性、并发控制以及安全性等目标是设计分布式文件系统的初衷。但是，在具体业务中，不同分布式文件系统实现的级别和方式都有所不同，也就是说并不是所有的分布式文件系统都能同时满足所有设计目标。

CAP（Consistency、Availability、Partition tolerance）定理是分布式文件系统设计中最为基础，也是最为关键的理论。Consistency（一致性）：所有节点访问同一份最新的数据副本；Availability（可用性）：每次请求中最终用户都能获得一个（非错误）响应，但是不保证获取的数据为最新数据；Partition tolerance（分区容忍）：分区是一种通信的时限要求，系统若不能在规定的时间内得到数据一致性的结果，系统就必须让当前操作在"一致性"和"可用性"之间选择，确保系统仍继续运行。

分布式数据存储不可能同时满足 CAP 定理的三个条件，因此正确理解 C、A、P 的含义，对于构建分表式文件系统来说是非常重要的。对于分布式系统来说，网络故障在所难免，如何在出现网络故障的时候，系统能够按照正常业务逻辑运行就显得尤为重要，即系统必须能够结合实际的业务场景和具体需求进行功能上的权衡和取舍。例如，对于某门户网站而言，因为机器数量庞大，部署节点分散，网络出现故障的概率较高，但网站的可用性是必须要保证的业务需求，所以当出现网络故障时，只有舍弃 C（一致性）来确保业务的 A（可用性）和 P（分区容忍）。而对于银行业务而言，数据和操作的一致性必须要确保，所以当出现网络故障时，C（一致性）是必须确保的，因此通常会权衡舍弃 P（分区容忍），采用 CA 模型，或舍弃 A（可用性），采用 CP 模型。

四、常见的分布式文件系统

在分布式文件系统开发领域中，谷歌是先行者，但它并没有将自己的系统进行完全开源。因此，目前大多数分布式系统的设计思路是源自于谷歌的学术论文，主要包括大规模分散文件系统（Google File System）、大规模分散 FrameWork（MapReduce）、大规模分散数据库（BigTable）和分散锁服务（Chubby）等相关研究文献。常见的分布式文件系统有 GFS、HDFS、TFS 等，每种分布式文件系统应用在各自的领域内。

1. GFS

GFS（Google File System）是谷歌公司基于自身业务需求开发的分布式文件

系统。目前谷歌只将部分技术细节进行公布。

2. HDFS

HDFS（Hadoop Distributed File System）是 Hadoop 框架的一个大数据存储的分布式文件系统。HDFS 也是源自于谷歌的分布式系统（GFS）。

3. TFS

TFS（Taobao File System）是一个主要针对海量的非结构化数据的分布式文件系统，该系统构筑在普通的 Linux 机器集群上。TFS 的最大特色是能够满足淘宝海量小于 1M 的文件存储需求。

第二节 HDFS

HDFS 是 Hadoop 分布式计算系统中的分布式文件系统，该系统使用 Java 语言实现，横向扩展性良好。

一、HDFS 概述

1. HDFS 的设计目标

由于具有较好的横向扩展性，且采取了多种机制确保数据的完整性，所以即使在普通计算机构成的计算机集群中运行，HDFS 仍能够保证良好的数据安全性与完整性。HDFS 的设计目标包括以下几方面。

1）面向海量数据集。HDFS 适合存储海量文件，文件总量通常可以达到 PB/EB 级别，单个文件常常也在百兆以上，因此只能用大量计算机构建的计算机集群才能进行千万级别的文件存储和管理。

2）兼容廉价硬件，高容错率。Hadoop 的设计目标是要能够运行在廉价的硬件设备上，因此，在庞大的廉价服务器集群中，节点的可靠性和稳定性都不会太高，发生故障的情况在所难免，为此，HDFS 设计了一套故障检测、监控以及自动恢复的机制，在某个硬件设备发生故障的情况下也能实现正常的数据处理，且用户不会明显察觉运行发生了中断。

3）实现流式数据访问。HDFS 采用“一次写入、多次读取”的高效访问方式，对被处理的数据通常从数据源进行复制，在数据集进行多次分析。

4）具有跨平台兼容性。HDFS 底层实现语言是 Java，因此跨平台兼容性较好。只要是支持 JVM（Java Virtual Machine）的机器都可以运行 HDFS。

2. HDFS 的局限性

HDFS 的局限性主要有以下三点。

1）不适合低延迟数据读取。HDFS 的设计目标主要是大规模数据的批量处理，因此在数据处理过程中，寻址时间较长，且有较高的延迟和数据吞吐率。这种特性不适合有较低延迟的业务应用。

2）不适合存取大量小文件。所谓小文件是指那些比存储单元文件块更小的文件。HDFS 通过名称节点对原数据进行管理，且被存储于内存，这样的模式能够提高数据读取速率，但如果小文件太多，则会占用大量内存资源，线程管理开销也会大为增加，从而影响系统扩展性和性能。

3）不支持并发写入和文件随意修改。HDFS 对文件的写入者数量要求严格，不允许多用户实时对同一个文件执行操作，而且只允许对文件执行追加操作，不能执行随机写操作。

二、HDFS 的主要概念

1. 数据块（Block）

数据块是磁盘进行数据读写的最小单位，每个磁盘都有默认的数据块大小。与传统的单一磁盘的文件系统相似，HDFS 也采用了数据块的概念，HDFS 中的文件也会被拆分成多个数据块，单一数据块即为一个独立的存储单元。在 HDFS 1. x 版本中默认的数据块大小是 64MB，在 HDFS 2. x 版本中默认的数据块大小是 128MB。HDFS 中的数据块大小要大于传统普通文件系统上的数据块大小（一般只有几千字节），这种设计是为了最小化寻址开销，节约系统资源。

与单一磁盘的文件系统不同的是，在存储小于一个数据块大小的文件时，HDFS 拒绝使小文件占据整个数据块的空间（例如一个 1MB 的文件存储在一个 128MB 的数据块中时，文件仅占用 1MB 的磁盘空间，造成空间资源浪费。）

此外，在 HDFS 数据存储过程中，将一个大容量的文件分拆成若干个数据块容量的小文件后存储到计算集群中任意节点，这样使文件的大小不受到单个节点存储容量的限制，充分利用整个计算集群的存储容量，而且每个数据块都可以冗余复制到多个节点，大大提高了集群的容错性和可用性。

2. 名称节点（NameNode）

名称节点是 HDFS 集群的管理节点，负责管理分布式文件系统的命名空间（Namespace），一个集群通常有一台活动的名称节点，它存放了 HDFS 文件系统中文件和文件夹的元数据（Metadata），且一个集群只有一份元数据。名称节点保存的元数据信息包括文件的基本属性、文件有哪些数据块以及数据块的位置信息等。名称节点还记录了对文件的创建、删除等操作的记录。这些信息在系统启动过程中自动加载到内存中。

3. 数据节点（DataNode）

数据节点是 HDFS 集群的工作节点，负责数据的存储和读取。文件按大小分成若干个数据块，存储到不同的节点上，数据节点中存在着数据块和节点的映射关系。数据节点定时向名称节点发送数据块信息，名称节点如果在一定时间内没有收到数据节点发送的信息，就会认为该数据节点已经失效，从而将该数据块复制到其他数据节点上。默认情况下每个数据块都有三个副本。

4. 第二名称节点（Second NameNode）

名称节点有两个核心的数据结构，即 FsImage 和 EditLog。FsImage 主要应用于维护元数据，EditLog 负责记录所有文件的创建、删除、重命名等操作。在名称节点运行过程中，记录文件操作活动的 EditLog 文件会不断被更新，逐渐变大，从而影响系统响应速度。设置第二名称节点的目的就是为了解决 EditLog 逐渐变大的问题。同时它还可以作为名称节点的备份节点，定期地保存名称节点中的元数据信息，当名称节点发生故障的时候，就可以启用第二名称节点中备份的元数据信息进行系统恢复。

三、HDFS 体系结构

HDFS 集群由一个名称节点（Hadoop2. 2 版本可以配置多个名称节点）和若干个数据节点组成。HDFS 的体系结构如图 3-3 所示。从表面上看，HDFS 很像普通文件系统，用户在使用 HDFS 时，也是用文件名去存储和访问文件。但是 HDFS 系统内部，文件被分成若干个数据块，存储在一组数据节点上。数据节点本质上就是集群中的单台机器，因此，对某个文件的读取通常需要访问多个数据节点，这也意味着 HDFS 所支持的文件尺寸远大于单台机器的磁盘容量。

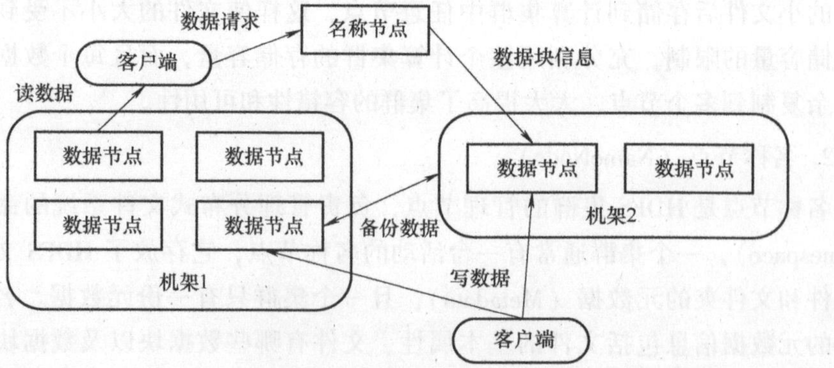

图 3-3　HDFS 的体系结构

四、HDFS 的存储原理

HDFS 利用块结构进行分布式文件存储，单个文件被分成固定大小的若干块，采用多副本冗余存储方式。这种多副本存储具有数据传输速度快、数据错误检查容易和数据可靠性高的优点。HDFS 自动保存多个数据块副本，默认情况下，每个数据块会有三份副本。HDFS 中数据块副本的存储策略，如图 3-4 所示。

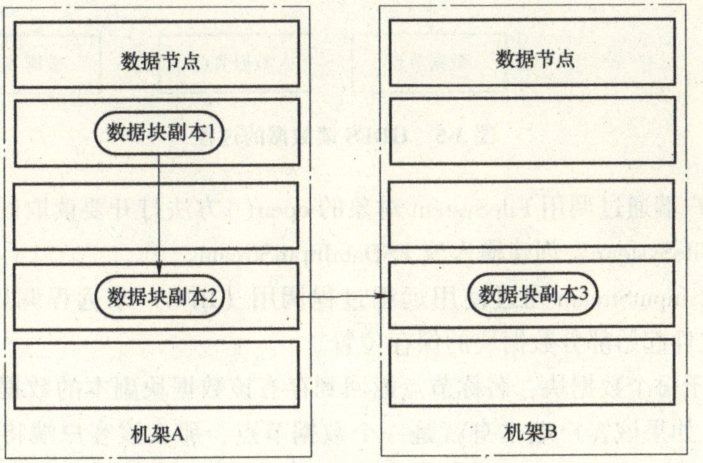

图 3-4　HDFS 中数据块副本的存储策略

1）如果数据写入操作的请求是在集群内发起的，则第一个副本会被放置在发起写入操作请求的数据节点（机架 A）上，目的是实现就近写入数据。如果数据写入操作请求来自集群外部，则第一个副本会被存放在集群内部磁盘存储容量较大，CPU 负载率较低的数据节点上。

2）第二个副本会被放置在与第一个副本相同的机架（机架 A）的数据节点上。

3）第三个副本会被放置在与第一、二个副本不相同的机架（机架 B）的其他数据节点上。

4）其余的副本则在集群内的随机数据节点上存储。

五、HDFS 的数据读写过程

1. 读数据的流程

HDFS 读数据的过程如图 3-5 所示。

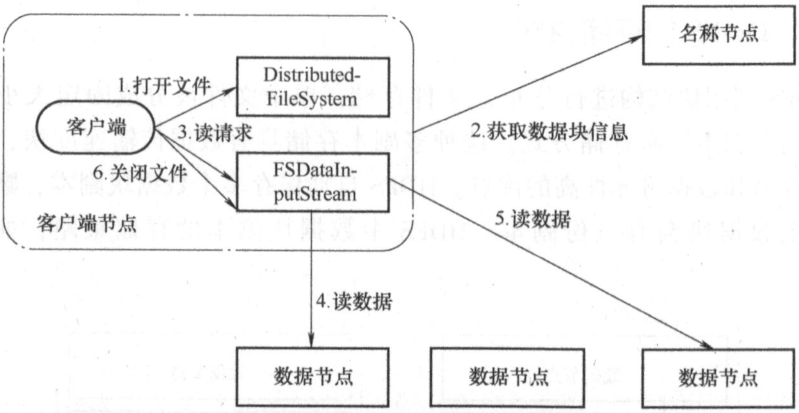

图 3-5　HDFS 读数据的过程

1）客户端通过调用 FileSystem 对象的 open( )方法打开要读取的文件，之后 DistributedFileSystem 会创建输入流 FSDataInputStream。

2）DFSInputStream 通过使用远程过程调用（RPC）来远程调用名称节点，从而确定文件起始部分数据块的保存位置。

3）对于每个数据块，名称节点返回到存有该数据块副本的数据节点地址并进行排序。如果该客户端本身就是一个数据节点，那么该客户端将会从包含有相应数据块副本的本地数据节点读取数据。DistributedFileSystem 类返回一个 FSDataInputStream 对象给客户端并读取数据。FSDataInputStream 类转而封装 DFSInputStream 对象，对该对象管理着数据节点和名称节点的 I/O，在获得输入流 FSDataInputStream 后，客户端调用 read( )函数开始读取数据。

4）DFSInputStream 对象存储着起始数据块的数据节点地址，它会根据前面的排序结果，选择距离客户端最近的数据节点建立连接并读取数据。

5）当该数据块读取完毕时，DFSInputStream 会关闭与该数据节点的连接，然后寻找下一个最佳的数据节点。

2. 写数据的过程

客户端可以向存储在 HDFS 上的文件写入数据，这是一个复杂的过程，在不发生任何异常的情况下，HDFS 写数据的过程如图 3-6 所示。

1）客户端通过调用 DistributedFileSystem 对象的 create( )方法创建文件，随后 DistributedFileSystem 对象会创建输出流并封装对象。

2）DistributedFileSystem 对象会对名称节点创建一个 RPC 远程调用，同时在文件系统的命名空间中创建一个新的文件，需要注意的是，此刻该文件还没有

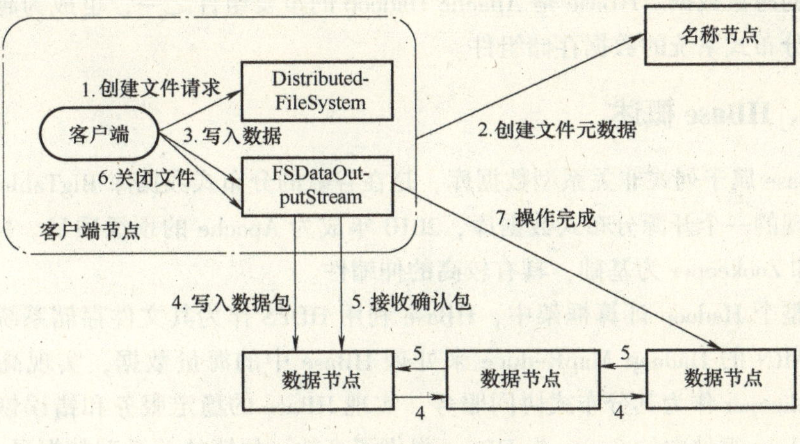

图 3-6 HDFS 写数据的过程

相应的数据块。

3）名称节点通过执行一系列不同的检查来确保该文件先前并不存在且客户端有权限创建该新文件等。如果检查失败，则向客户端发送一个异常信息。

4）远程方法调用结束后，DistributedFileSystem 对象向客户端返回一个 FS-DataOutputStream 对象。

5）FSDataOutputStream 封装了 DFSOutputStream 对象，该对象负责处理数据节点和名称节点之间的通信。在客户端写入数据的时候，DFSOutputStream 将数据分成若干的数据包，写入内部队列，该队列被称之为“数据队列”。

6）输出流 FSDataOutputStream 向名称节点申请适合用来存储文件和副本数据块的若干个数据节点，并要求名称节点分配新的数据块。这一组数据节点会构成一条数据流管线。随后，数据包流式传输到管线中的第一个数据节点，然后依次存储并发送给下一个数据节点。

7）各个数据节点位于不同的机器上，因此必须保证所有数据节点的数据都是准确的。只有从管道中得到所有数据节点信息的确认后，该数据包才回最终认定为从队列中剔除。

8）对数据流写入完成后，客户端调用 close( )方法关闭数据流。

第三节 HBase

HBase 即 Hadoop DataBase，是采用列存储模式，可实时读写的分布式数据库，具有高可靠、高性能及可伸缩性等优点，其设计目标是存储非结构化和半结构化的海量数据。HBase 是 Apache Hadoop 的重要组件之一，也成为越来越多的其他分布式系统的数据存储组件。

一、HBase 概述

HBase 属于列式非关系型数据库，是在谷歌的分布式数据库 BigTable 的基础上，实现的一个开源分布式数据库，2010 年成为 Apache 的顶级项目。HBase 以 HDFS 和 Zookeeper 为基础，具有较高的伸缩性。

在整个 Hadoop 计算框架中，HBase 利用 HDFS 作为其文件存储系统，利用基于 YARN 的 Hadoop MapReduce 来处理 HBase 中的海量数据，实现高性能计算，Zookeeper 作为其分布式协同服务，实现 HBase 的稳定服务和错误恢复。此外，Hadoop 组件中的 Sqoop 为 HBase 提供了高效、便捷的关系型数据导入功能，Pig 和 Hive 为 HBase 提供高层语言编程功能。

HBase 对存储的文件并没有严格的结构和定义，是一种非关系型数据库，不支持传统的 SQL 语言。虽然关系型数据库发展非常成熟，但在大数据的环境下，关系型数据库对数据高并发、高可扩展性和高可用性的要求难以满足，另外在非结构和半结构化数据的存储方面也难以实现。

与传统的关系型数据库相比，HBase 的不同之处体现在以下几个方面。

1）HBase 采用了更加简单的数据模型。把数据存储为未经解释的字符串，因此适合半结构化和非结构化数据的存储。

2）HBase 采用了更加简单的数据操作。HBase 的数据操作简单，只有简单的插入、查询、删除、清空等操作，并且根据单表的主键进行查询，不需要处理复杂的表与表之间的关系。

3）HBase 采用基于列的存储模式。传统关系型数据库是基于行的存储模式，即数据是按行记录的形式存放在数据表中，而 HBase 是基于列的存储模式，每个列族都由若干不同文件保存，不同列族的文件是分离的，因而可以降低 I/O 开销，并支持大量并发用户查询以及获得较高的数据压缩比。

4）HBase 采用行键索引的方式。HBase 进行数据访问是通过扫描行键的方式，读写过程中，系统运行的速度不会受到影响，因而能够快速、高效地生成索引表。

5）HBase 在进行数据维护时，会同时保存新旧两个版本的数据。而在关系型数据库中，旧版本数据会被删除。

HBase 的这些设计目标，使得它具有以下优点。

1）高可扩展性。数据量（数据量可以自定义）累积到设定的阈值时，

HBase系统会自动对数据进行水平切分，既可以通过大量普通服务器实现海量数据存储，也可以简单地通过增加服务器的方式来扩大容量，在动态扩容过程中，HBase系统可以照常运行并提供读写服务。

2）高性能。HBase具有高效的缓存机制，有助于客户端提高访问成功率。这些设计目标使得HBase能够支持高并发用户数的高速读写访问。

3）高可用性。HBase利用HDFS作为其文件存储系统，当服务器出现故障时，HBase的日志文件可以自动恢复，可以确保整个系统具有较高的可用性。

二、HBase数据模型

HBase是一个稀疏、多维度、排序的映射表，表的数据结构是由行键、列族、列限定符和时间戳等元素构成。用户在HBase表中存储数据，表的每一行数据都由行健（RowKey）作为唯一标识，每一行由一个或者多个列族（Column Family）组成，每个列族包含任意多个列，列族支持动态扩展，而无需预先定义列的数量以及类型。

HBase的数据模型包括表、行键（Row Key）、列族（Column Family）、列限定符（Column Qualifier）、单元格（Cell）和时间戳（Timestamp），下面对数据模型中的每个元素进行介绍。表3-1是HBase数据模型的一个实例。

表3-1　HBase数据模型的一个实例

行　键	基本信息		详细信息		联系方式	时间戳
	性　别	年　龄	职　位	学　历	邮　箱	
ZB001	男	50	经理	研究生	Ly123@126.com	t1
	男	42	经理	本科		t6
	女	38	职员		Zs123@sina.com	t3
ZB002	男	45	总监	本科		t7
	女	35	职员			t8

1. 表

HBase组织数据采用表的形式，表由行和列组成，列划分为若干个列族。

2. 行键（RowKey）

每个HBase表都由若干行组成，而行键是数据行在表中的唯一标识，所有行都按照行键（RowKey）的字典序排列，行键是字节数组，任何字符串都可以作为行键，但行键只能存储64KB的字节。在表3-1中，ZB001和ZB002为行键，表中的行根据行键进行排序，从而确定存储的每一行数据，如果要对数据表进行访问，则必须通过行键来完成。

3. 列族（Column Family）

HBase 表中的每个列都归属于某个列族，列族是基本的访问控制单元。在表3-1 中，基本信息“详细信息”“联系方式”为列族，而“性别”“年龄”“职位”“学历”“邮箱”等列分别属于上述的三个列族。列族必须在创建表的时候就定义。列名都要以列族作为前缀，每个列组可以有多个列成员。根据需要，新的列成员可以动态地加入。在 HBase 中，访问控制、存储和优化等操作都是在列族层面进行的。在实际应用中，HBase 可以设置不同的列族控制权限来实现特定的目的，还可以将列族配置成不同类型的访问模式。

4. 列限定符（Column Qualifier）

HBase 表中的数据列是通过列族里的列限定符（Column Qualifier）来定位的。与列族不同，列限定符不必在创建表的时候预先定义，表中不同数据行之间的列限定符也不必保持一致。列限定符就是字节数组，没有固定的数据类型。

5. 单元格（Cell）

在 HBase 表中，行键、列族和列限定符可以确定一个“单元格”。单元格中存储的是没有解析的字节数组，都是由二进制字节码形式存储，因此单元格中的数据没有数据类型。每个单元格中会对一份数据存储多个版本，每个版本对应不同的时间戳，从而区分不同版本的备份数据。

6. 时间戳（Timestamp）

时间戳的作用就是标记单元格存储的不同数据版本，一般是 64 位整型，可以由用户自己赋值或由 HBase 在数据写入时自动赋值。

三、HBase 体系架构

HBase 的体系架构如图 3-7 所示，具体包括 Zookeeper 服务器、HMaster 主服务器、Region 服务器和 Client 客户端等。下面对体现架构中的关键组件进行解释。

1. Zookeeper 服务器

Zookeeper 服务器是一台机器或多台机器构成的，主要负责集群管理。大量服务器组成的计算机集群中，必须有一个主服务器（HMaster）协调管理所有的资源和其他服务器（如 Region 服务器），而 Zookeeper 组件通过存储和维护 HBase 的 Schema 和 Table 的元数据来确保任何时刻集群中总有唯一一个主服务

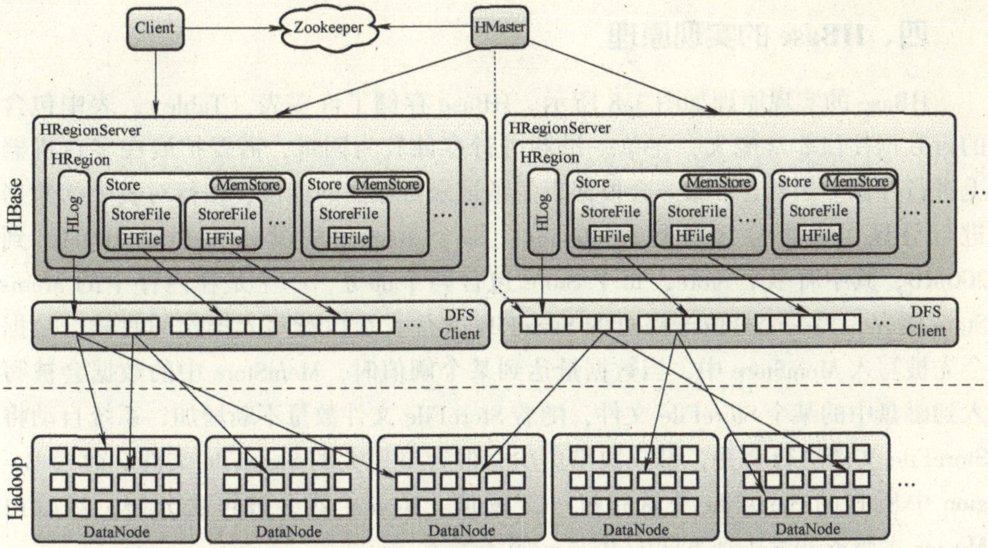

图 3-7 HBase 的体系架构（图片来源于网络）

器（HMaster）在工作，从而避免主服务器（HMaster）发生“单点失效”的问题。Zookeeper 还存储着所有 Region 的寻址入口信息，实时监控每个 Region 服务器的工作状态，并实时通知给主服务器（HMaster）。

2. HMaster 主服务器

HMaster 主服务器类似 HDFS 中的名称节点，它不存储数据，主要负责表和 Region 的管理工作。如负责不同 Region 服务器的负载均衡、检测失效的 Region 服务器，并重新分配其上的 Region 以及管理用户对表的增、删、改、查等操作。

3. Region 服务器

Region 服务器是 HBase 中核心模块，类似 HDFS 中的数据节点，负责维护分配给自己的 Region，处理用户对 Region 的 I/O 请求。Region 服务器的核心是 Store，一个 Region 通常由多个 Store 组成。

4. Client 客户端

HBase 客户端存储着用户访问 HBase 的接口，还维护着缓存中那些曾经访问过的 Region 信息，提高用户对 HBase 数据访问的性能。客户端使用 HBase 提供的远程过程调用（RPC）机制与主服务器 HMaster 和 Region 服务器进行通信，从而完成相应的工作任务。

四、HBase 的实现原理

HBase 的实现原理如图 3-8 所示。HBase 存储了许多表（Table），表中包含的行数据往往非常庞大，在单一机器进行存储较为困难，需要扩展在多台机器上进行存储。因此，HBase 会根据表每条记录行数据的键值，按行对表中的数据进行分区，每个分区被称为 Region，每个 Region 的默认大小是 100MB 到 200MB，其中有多个 Store，每个 Store 包含两个部分，一个是在内存中的 MemStore 缓存，另一个是位于磁盘的 StoreFile 文件。在执行写入操作的时候，数据会先被写入 MemStore 中，当数据量达到某个阈值时，MemStore 中的数据会被写入到磁盘中的某个 StoreFile 文件，随着 StoreFile 文件数量不断增加，系统自动将 StoreFile 文件进行合并，形成数量更少、但容量更大的 StoreFile 文件。而当 Region 中所有的 StoreFile 数量超过一定阈值，Region 就会被再次分裂，然后由 Master 主服务器发送到不同的 Region 服务器上。

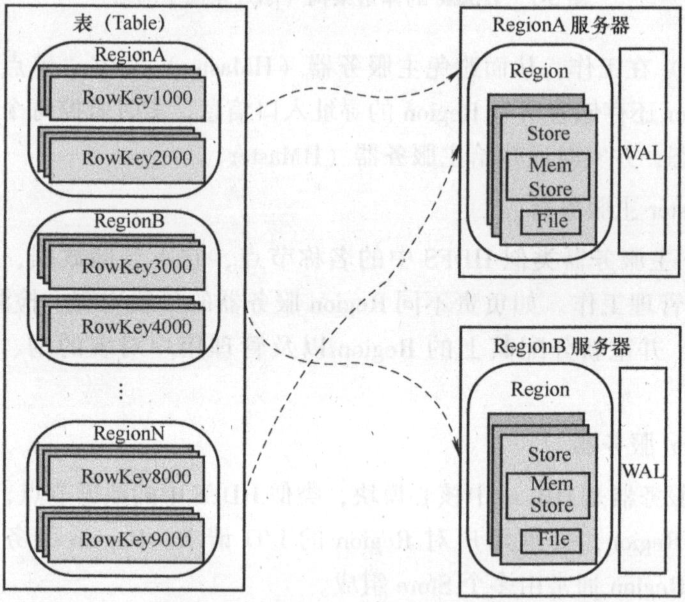

图 3-8　HBase 的实现原理

然而，Region 的定位是需要解决的一个问题，即如何保证客户端知道应该去哪里找到自己所需要的数据。HBase 给每个 Region 设计了一个 RegionID 来标识它的唯一性，然后构建一张 Region ID 与 Region 位置信息对应的映射表，又被称为元数据表，从而确保客户端能够准确定位所需寻找的某个 Region。

客户端访问数据，首先访问 Zookeeper 组件，获取元数据表中的信息，通过映射关系找到所需的 Region 具体位于哪个 Region 服务器，然后到该 Region 服务器读取数据。

第四节 NoSQL 数据库

自 20 世纪 70 年代以来，由 IBM 公司研制的关系型数据库一直是数据库领域的主流产品类型，它能较好地支持结构化数据的存取、查询、更新和管理，其强大的事务和查询机制，对传统企业的数据管理和分析做出了重大贡献。但是，随着 Web 2.0 的迅速发展以及大数据时代的到来，传统的关系数据库在应对超大规模和高并发数据显得力不从心。因此，面向海量数据存储的 NoSQL 数据库逐渐获得市场的青睐。

一、NoSQL 简介

NoSQL（Not Only SQL），泛指采用键值、列族、文档等非关系型数据模型的数据库。NoSQL 数据库具有以下三个特点。

1. 灵活的可扩展性

当数据库负载达到极限时，传统的关系型数据库往往只能通过升级自身的硬件或使用更高性能的硬件来实现“纵向扩展”，但高性能硬件设备往往价格不菲，一般的企业往往很难通过“纵向扩展”来满足实际业务需求。NoSQL 数据库的设计目标就是满足“横向扩展”的需求，只需要不断增加普通的、廉价的服务器，就能使系统的整体性能得到提升。因此，NoSQL 数据库的水平扩展能力具有很好的灵活性。

2. 灵活的数据模型

传统关系型数据库采用的是关系模型，它以完备的关系代数理论为基础，具有规范的定义，遵守各种严格的约束条件，从而保证了业务系统对数据一致性的要求，但单一的关系模型无法满足不同数据类型以及新兴业务的需求。与传统关系型数据库不同，NoSQL 数据库采用键值、列族等非关系型数据模型，数据模型种类较多，能够实现不同类型数据的存储，具有很好的灵活性。

3. 与云计算紧密融合

云计算的一个重要设计目标就是要求系统具有很好的水平扩展能力，系统规模可以根据资源使用情况进行自由伸缩，各种资源可以动态加入或退出，而

NoSQL数据库的特点之一就是具有很好的横向扩展能力，因此，NoSQL数据库可以和云计算基础设施很好的融合，为云计算提供数据存储和管理服务。目前，大多数云数据库都是NoSQL数据库类型。

二、NoSQL与关系型数据库的比较

传统的关系型数据具有很强大的事务和查询机制，能够较好地满足传统企业的数据存储和管理需求，但在面对海量数据的存储时，关系型数据库的缺陷也极为突出，主要体现在以下几个方面。

1. 无法满足海量数据的管理需求

正如第一章所阐述的，大数据时代，每个个体都是数据的生产者，每时每刻都在产生大量数据。对于关系型数据库来说，在一张海量记录的表里进行SQL查询，效率是非常低的。

2. 无法满足数据高并发的需求

传统的企业业务数据和基于Web 1.0的网络数据大多是静态的，也就是说用户所访问的数据大多是事先收集和处理好的。但在大数据时代，特别是基于Web 2.0的网络应用以及物联网应用的数据都是实时更新的，这就会导致网站的用户并发性非常高，往往达到每秒上万次的读写请求，对于传统关系型数据库而言，硬盘I/O是一个很大的瓶颈。

3. 无法满足高可扩展性和高可用性的需求

由于传统关系型数据库只能进行“纵向扩展”，在大数据环境下，伴随数据量爆发式增长，数据库读写负荷也将越来越大，而且有时需要数据库能够在短时间内迅速提升性能以应对突发需求。但是，关系型数据库的“纵向扩展”能力不但成本高，而且还要受制于硬件设备的工艺水平。因此，在大数据环境下，传统的关系型数据库无法满足数据管理高可扩展性和高可用性的需求。

NoSQL数据库和关系型数据库的比较分析如表3-2所示。

表3-2　NoSQL数据库和关系型数据库的比较分析

比较的内容	关系型数据库	NoSQL	解　释
存储数据的规模	比较大	海量数据、非常大	关系型数据库主要面向事务数据，规模比较大，NoSQL数据库面向海量数据存储
数据库模式	固定、单一	灵活、多样	关系型数据库采用固定的关系型模型，NoSQL数据库没有固定数据模型，可以是键值、列族等非关系型数据模型

（续）

比较的内容	关系型数据库	NoSQL	解释
工作效率	高效结构化查询	高效简单查询	NoSQL 数据库没有严格的索引机制，在处理复杂数据查询方面不如关系型数据库
一致性	强一致性	弱一致性	关系型数据库严格遵循 ACID 模型，确保强一致性，NoSQL 数据库遵守 BASE 模型，只能保证最终一致性
数据完整性	容易实现	难以实现	关系型数据库通过主键或非空约束等很容易实现数据表完整性，NoSQL 数据库无法实现
扩展性和可用性	一般	很好	关系型数据库只能通过“纵向扩展”提升存储性能，成本高，性价比低，NoSQL 数据库采用“横向扩展”，只需添加廉价设备就能提升性能，具有更好的扩展性和可用性
查询语言的标准化	是	否	SQL 是关系型数据库的标准化查询语言，NoSQL 数据库还没有统一的标准化查询语言
技术支持	容易获得	较难获得	关系型数据库非常成熟，应用广泛，技术支持很容易获得，NoSQL 数据库起步较晚，且没有统一的行业标准，缺乏强有力技术支持
可维护性	复杂	复杂	关系型数据库和 NoSQL 数据库的维护都需要专业的技术人员和业务管理人员共同参与，过程比较复杂

通过上述的比较可以看出，NoSQL 数据库和关系型数据库各有优缺点，两者之间不是相互取代和排斥的关系，而是相互补充和融合使用的关系。在实际应用中，二者都有各自的特定应用领域。如银行、超市等传统的商业系统对数据一致性的要求较高，且需要进行大量复杂的查询分析，在这种应用场景中，关系型数据库比 NoSQL 数据库具有更好的性能和更明显的优势。而 Web 2.0、云计算以及物联网等数据密集型的业务对数据的一致性要求不高，但对处理海量数据和用户并发访问的要求较高，在这种应用场景，NoSQL 数据库的优势就非常明显。当然，在大数据时代，新的商业运营模式不断涌现，特别是近年来 O2O 模式的盛行，很多传统企业的业务也在发生改变，在实际应用中，越来越多的企业系统采用 NoSQL 数据库和关系型数据库混合构建来进行数据存储和管理，例如采用 NoSQL 数据库对来自网络、移动终端以及社交媒体的数据进行存储，而采用关系型数据库对用户的历史行为数据进行存储和管理等。

三、NoSQL 的类型

近些年，NoSQL 数据库发展势头非常迅猛，涌现出如 Apache HBase、MongoDB、

Apache CouchDB 和 Redis 等知名的产品。NoSQL 数据库主要包括键值数据库、列族数据库、文档数据库和图形数据库四种类型。

1. 键值数据库

键值（Key-Value）数据库中主要会使用到一个哈希表，这个表中有一个特定的键和一个指针指向特定的数据。键值数据库的优势在于简单、容易部署以及查询数据快，且具有良好的伸缩性，可以实现数据量的无限扩容。缺点在于数据无结构化，通常只被当作字符串和二进制字符。键值数据库适合储存会话、配置文件等用户信息。目前主要产品包括 Riak、Redis 和 Memcached 等。使用键值数据库的代表企业如 GitHub（Riak）、BestBuy（Riak）、Twitter（Redis 和 Memcached）、StackOverFlow（Redis）、Youtube（Memcached）、Wikipedia（Memcached）。

2. 列族数据库

列族（Column-Family）数据库起源于谷歌的 Big Table，其数据模型可以看作是一个每行中的列数可变的数据表。列式数据库可以分别存储每个列，从而在列数较少的情况下更快地进行扫描。列式数据库能够在其他列不受影响的情况下，轻松添加一列，且更适合执行分析操作，如进行汇总和计数。列式数据库采用高级查询执行技术，以简化的方法处理列块，减少了 CPU 的使用率，查询时只需要查询所需要的列，因而查询速度大幅提高。列族数据库适用的场景包括日志存储以及博客平台的标签储存等。主要产品包括 Cassandra 和 HBase 等，使用列族数据库的知名企业包括 Ebay（Cassandra）、Instagram（Cassandra）、NASA（Cassandra）、Twitter（Cassandra 和 HBase）、Facebook（HBase）、Yahoo!（HBase）等。

3. 文档数据库

文档（Document-Oriented）数据库是通过键来定位一个文档的，所以是键值数据库的一种衍生品。数据按照特定的格式存储在文档中，如 XML、JSON 或者 JSONB 等，数据表存储的最小单位是文档。一个文档可以包含复杂的数据结构，并且不需要采用特定的数据模式，各个文档可以具有完全不同的结构。文档数据库既可以根据键来构建索引，也可以基于文档内容来构建索引。文档数据库主要用于存储和检索数据，非常适合那些把输入数据表示成文档的应用。主要产品包括 MongoDB、CouchDB 和 RavenDB 等，使用文档型数据库的代表企业包括 SAP（MongoDB）、Codecademy（MongoDB）、NBC News（RavenDB）等。

4. 图形数据库

图形（Graph-Oriented）数据库以图论为基础，用图来表示一个对象集合，包括顶点及连接顶点的边。图形数据库使用图作为数据模型来存储数据，可以高效地存储不同顶点之间的关系。图数据库适用于处理具有高度关联关系的数据，也可以高效地处理实体之间关系的数据，尤其适合于社交网络、模式识别、推荐系统、路径寻找、科学论文引用等场景。主要产品包括 Neo4J、Infinite Graph 等，使用图数据库的代表企业包括 Adobe（Neo4J）、Cisco（Neo4J）等。

与传统数据库相比，NoSQL 数据库较好地满足了面向海量数据的存储和管理，提供了良好的扩展性和灵活性，然而它也存在着高度结构化查询效率低、没有标准化查询语言以及不支持严格的事务管理机制（ACID）等缺点。因此，直到近几年 NewSQL 数据库才开始进入人们的视野。

NewSQL 是一类新式的，具有可扩展性和高性能的关系型数据库管理系统的统称，这类数据库不仅追求 NoSQL 的扩展性以及对海量数据的存储管理能力，还保持了传统数据库支持事务管理机制（ACID）和标准化查询语言 SQL 等特性。目前，市场上已经出现了许多 NewSQL 数据库，具有代表性的包括 Spanner、Clustrix、GenieDB、ScalArc 及 VoltDB 等。此外，还有一些在云端提供的 NewSQL 数据库，包括 Amazon RDS、Microsoft SQL Azure 和 Database. com 等。在众多 NewSQL 数据库中，Sparmer 备受瞩目，它是一个可扩展、多版本、全球分布式并且支持同步复制的数据库，是谷歌的第一个可以扩展并且支持外部一致性的数据库。

综上所述，大数据时代的到来，引发了数据存储和管理模式和架构的变革，数据库开始向着多元化的方向发展。

第五节 云数据库

传统关系型数据库已无法应对庞杂数据的处理任务，而面向大数据处理的 NoSQL 数据库无论从成本还是兼容性方面都不是普通企业所能承受的。因而，如何方便、快捷、低成本地存储和管理庞杂数据，是许多企业和机构面临的一个严峻挑战，尤其是一些缺乏技术和资金支持的中小型企业。

云数据库是传统数据库与云计算技术相结合的产物，是一种新兴的网络存储技术。云数据库能够根据用户的业务需求，快速地帮助企业构建大数据管理系统，让用户拥有强大的数据库扩展能力，很好地满足企业动态变化的数据存储需求和中小企业的低成本数据存储需求。可以说，在大数据时代，云数据库给企业和其他机构，特别是中小型企业带来了福音。

近年来，随着云计算技术的广泛应用，云数据库技术也在快速发展，越来越多的企事业单位将数据库转移至云端。

一、云数据库概述

云数据库是随着云计算技术的广泛应用而发展起来的新兴网络存储技术，是部署在云计算环境下的虚拟化数据库系统，为企业提供海量数据存储和管理资源，能够低成本、便捷地提升企业数据存储和管理能力。具有高可扩展性、高可用性、采用多种形式和支持资源有效分发等特点。

企业类型不同，对于存储的需求也千差万别，而云数据库可以很好地满足不同企业的个性化存储需求：首先，云数据库可以满足大企业的海量数据存储需求；其次，可以满足中小企业的低成本数据存储需求；最后，可以满足企业动态变化的数据存储需求。对于一些大型企业，通常自建数据库，但对于一些财力有限的中小企业，云数据库这种前期零投入、后期免维护的数据库服务，可以很好满足他们的需求。

二、云数据库的特点和优势

云数据库允许用户以服务的方式通过网络获得云端的数据库功能。它能够提供数据库资源的虚拟化，并且具有按需使用、动态扩容、高可用性等特点，具体如下。

（一）云数据库的特点

1. 超大规模

云数据库可以实现自动化和智能化，整合所有的存储资源，具有相当大的规模，如谷歌、亚马逊、IBM 及微软这些云计算龙头服务商都拥有百万台服务器，赋予了用户空前的存储和计算能力。

2. 虚拟化

云数据库支持用户在任意位置、使用各种终端获取数据存储和管理服务。云服务商提供的云数据库不是传统的有形实体，而是通过虚拟化技术优化整合了所有云端的软硬件资源，实现自动分配数据，均衡负载，故障冗余，从而提高了云端存储资源的利用率。

3. 通用性

云数据库的设计目标并不是针对特定的业务应用，但可以在云计算技术的支撑下根据用户的业务需求构建适应于各领域的应用服务，不同的业务应用可以同时运行在同一个云数据库平台。在某种意义上讲，云数据库类似水、电、煤气一样的基础设施，人们可以像购买水、电、煤气一样购买云数据库服务，而不用考虑具体的实现细节。

（二）云数据库的优点

云数据库重新定义了数据库软硬件资源的设计和购买方式，从而可能引发数据库产业的大规模变革，其优点主要体现在以下几方面。

1. 动态可扩展性

云数据库可以充分整合共享整个云端的数据库资源。同时，云数据库还具有良好的弹性，可以根据企业业务需求，动态改变数据存储规模，优化企业所租用的云数据库资源。例如，火车票在线购票网站的数据访问量，会因为假期或节假日而发生变化，云数据库可以根据具体情况来增加或释放数据库存储资源，从而适应业务需求的变化，这个过程只需要几分钟。

2. 高可用性

云数据库通常是冗余存储的，为用户提供了灵活的备份策略，在不同的网络节点都会有备份，当一个网络节点失效时，其他的节点就会接管未完成的事务。云数据库还具有故障自动单点切换的功能，大大降低了故障宕机带来的巨大风险。因而，云数据库具有较高的可用性，能够确保云数据库的可靠性。

3. 使用成本较低

云数据库通常采用多租户的形式，同时为多个用户提供服务，共享云计算环境中的各种数据库资源，而且按照业务量采用“按需付费”的方式，这种共享资源的云计算模式可以确保在满足用户业务需求的前提下尽可能地节省开销，数据存储及弹性扩容的成本也较低。

4. 运行简单

云数据库是基于云计算技术的数据存储和管理服务，因此，部署和使用其他云计算服务一样，用户只需要关注业务层，而不必了解云端数据库底层架构和硬件部署的细节，也不需要关注云端设备、数据库的稳定性和网络安全等问题。云数据库服务商能够为企业提供全天候的数据库管理服务，帮助用户快速实现存储扩容和业务数据的迁移。用户所需要做的就是利用本地客户端通过网络进行操作，工作环境完全与单机操作类似。

综上所述，在大数据时代，每个企业都在不断产生大量的数据，数据存储的业务需求也千差万别，而云数据库可以取代自建数据库，创造出区别于传统方式的全新价值，同时紧扣用户使用数据库的痛点，推出云解决方案，构成一张功能网，全方位覆盖企业和用户的需求。

大型企业的业务往往需要对海量数据进行存储和处理，而且数据类型是以非结构化和半结构化数据为主，因此，云数据库就是大型企业存储和管理海量数据的很好选择。中小型企业往往关注的是数据存储的运营成本问题，中小企业在基础设施以及运营维护等方面的投入都比较有限，所以他们非常渴望能够方便、快捷、廉价地获得数据库服务。

三、云数据库的架构

云数据库的架构由存储层、基础管理层、应用接口层、访问层构成，如图 3-9 所示。

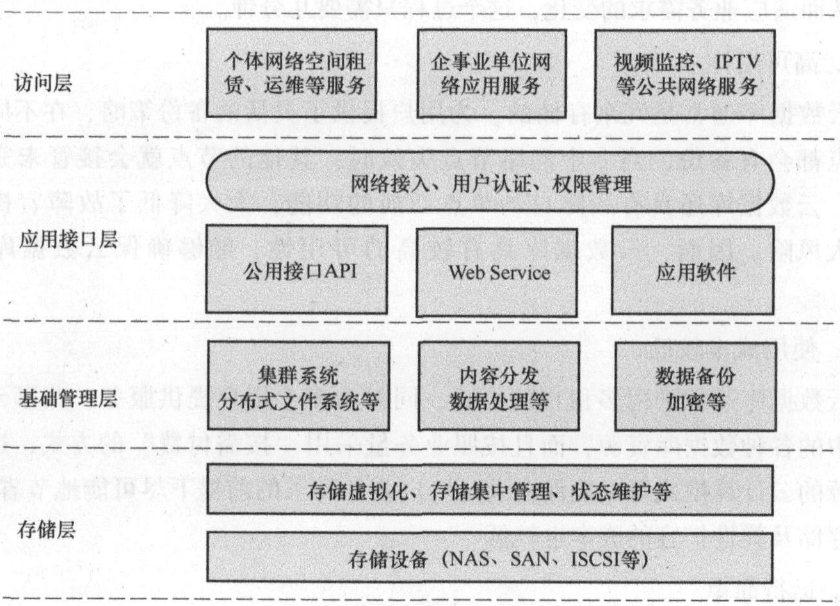

图 3-9　云数据库的架构

1. 存储层

云数据库的存储设备往往数量庞大且分布在不同的网络节点和地域，彼此通过网络连接在一起。云数据库可以对所有存储层的硬件设备进行管理，如存储设备的逻辑虚拟化管理、多链路冗余管理以及硬件设备的监控和故障维护等。

2. 基础管理层

基础管理层通过集群、分布式文件系统和网格计算等技术，实现云存储中多个存储设备之间的协同工作，使多个的存储设备可以对外提供同一种服务，并提供更大更强的数据访问性能。

3. 应用接口层

不同的云存储运营单位可以根据实际业务类型，开发不同的应用服务接口，提供不同的应用服务。

4. 访问层

任何一个授权用户都可以通过标准的公用应用接口来登录云数据库系统，像使用单机系统一样对云数据库进行各种业务操作。目前主要的云数据库服务包括视频监控应用服务、视频点播应用服务、网络硬盘存储服务以及远程数据备份服务等。

四、云数据库应用场景

随着云计算技术的不断发展，越来越多企业已经或计划将业务数据迁移到云端，云数据库在特定业务场景中的应用也逐渐普及，目前主要应用场景有以下几种。

1）大型 Web 应用：解决百万用户以上的大型 Web 应用，如社交网络、电子商务、金融、O2O、游戏、广告等。而传统数据库无法支撑此类业务的增长。

2）数据分析业务：实现对大数据的分布式分析处理，适用于商业分析、大数据挖掘等场景。

3）数据库迁移：支持与 Oracle、Mysql 等主流数据库进行跨库数据操作，提供其他数据库（如 Oracle、MySQL 等）的数据迁移解决方案。

4）数据异地容灾：对异常宕机、断电、中毒等情况导致的数据丢失，或者人为操作失误导致的数据丢失、损坏，硬件故障导致数据丢失等，云数据库可以提供灾备解决方案避免数据损失。

5）读写分离场景：应用读取请求较高，或者需要应对短时间内读取流量高峰，云数据库可进行读写分离处理，降低应用端的读取压力。

6）多结构大数据存储：云数据库可存储海量的多结构数据，实现业务数据的高效存取，并可降低成本。

7）大数据计算：云数据库可满足如日志分析、数据仓库、商业智能、机器学习、科学模拟等大数据计算。

五、云数据库产品

单从数据库的数据模型来看，云数据库更多的是一种服务，而并非一种全新的数据库技术。云数据库并没有自己特定的数据模型，所采用的数据模型既可以是传统的关系模型，也可以是 NoSQL 数据库所使用的非关系模型。事实上，许多云数据库服务商同时提供不同数据模型的混合云数据库服务，例如百度云数据库提供了三种数据库服务，即分布式关系型数据库服务（关系型数据库 MySQL）、分布式非关系型数据库服务（文档型数据库 MongoDB）以及分布式非关系型数据库服务（键值数据库 Redis）。

当前市场上的云数据库服务大量涌现其主流云数据产品简单介绍如下。

（一）亚马逊的云数据库产品

亚马逊是云计算技术的先行者，提供的云数据库产品包括属于 NoSQL 数据库的 SimpleDB 和 Dynamo 以及属于传统关系型数据库的 Amazon RDS。

SimpleDB 是云计算平台 AWS（Amazon Web Service）上的第一个 NoSQL 数据库服务，SimpleDB 采用键值数据模型进行数据存储，因而不属于传统的关系型数据库，它适用于基于 Web 的网络应用业务。Dynamo 是 SimpleDB 的改良版，同样采用的是键值数据模型进行数据存储，存储的是非结构化和半结构化数据，旨在面向大数据应用，开发性能要求更高、可扩展性更强的数据存储和数据管理功能。

亚马逊关系型数据库服务（Amazon Relational Database Service，Amazon RDS）是一种 Web 服务，专为使用 SQL 数据库的事务处理应用而设计的，它帮助用户在云环境上构建关系型数据库（支持 MySQL 和 Oracle 等传统关系型数据库）。Amazon RDS 提供的弹性扩容、负载均衡等基本的数据库管理任务都可以通过 AWS 管理控制台来实现自动化。

（二）谷歌的云数据库产品

Google Cloud SQL 是谷歌推出的云数据库服务，是一种全托管式数据库服务。谷歌最先提供的是用户非常熟悉的 MySQL 关系型数据库服务，是带有 JDBC 支持和 DB-API 支持的传统 MySQL 数据库环境，多数应用程序不需要经过太多调试就可以顺畅运行，开发环境对于大多数开发者和数据管理员来说也是非常熟悉的。

Cloud SQL 的优点也是显而易见，所有的事务都在云端中，并由谷歌云计算平台管理，用户不需要配置或者管理运维，只需要根据业务需求开展工作即可。谷歌在世界上大多数国家和地区都有数据中心，提供了跨区多数据复制，方便用户随时随地迁移数据库。此外，Cloud SQL 出色的性能、强大的扩容潜力和操作便利性，能为用户在任何地方运行的业务应用提供数据库基础架构。目前，

Cloud SQL 的数据库服务不断扩展，可以轻松在云端设置、维护、管理和控制更多的关系型数据库，如 PostgreSQL、MySQL 和 SQL Server 等。

（三）阿里云关系型数据库

阿里云关系型数据库（Relational Database Service，RDS）是阿里巴巴公司提供的一种稳定可靠、可弹性伸缩的云数据库服务，它是基于阿里云分布式文件系统，并提供本地 SSD 盘、SSD 云盘和 ESSD 云盘三种高性能数据存储类型。RDS 提供的主要是关系型数据库服务。

除了上述的主流云数据产品之外，还有许多大型公司，如百度、Yahoo、Oracle 等提供的云数据库服务也非常受欢迎。

【本章小结】

本章介绍了大数据存储与管理相关技术的概念与基本原理，包括 Hadoop 分布式文件系统（HDFS）、分布式数据库（HBase）、NoSQL 数据库和云数据库。

随着数据量的不断增大，首先要解决的就是海量数据的存储问题，而分布式文件系统以及分布式数据库就是应对庞杂数据的最好解决方案。

HDFS 提供了在廉价服务器集群中进行大规模分布式文件存储的能力。NoSQL 数据库可以支持超大规模数据存储，灵活的数据模型可以很好地支持 Web 2.0 应用，具有强大的横向扩展能力，可以有效弥补传统关系型数据库的不足。云数据库是在云计算兴起的大背景下发展起来的，在云端为用户提供数据服务，用户无须投资建设软硬件环境，只需要向云数据库服务供应商购买数据库服务，就可以方便、快捷、低成本地实现数据存储和管理功能。云数据库具有动态可扩展、高可用性、低成本、易用性、大规模并行处理等核心优势，是大数据时代企业实现低成本大规模数据存储的理想选择。

【复习题】

1. 简述 HDFS 的设计目标和局限性。
2. 简述 HDFS 的体系结构和存储原理。
3. 简述 HBase 的数据模型。
4. 简述 HBase 的实现原理。
5. 简述 NoSQL 的类型，并与关系型数据库进行比较。
6. 简述云数据库的特点和优势。

第四章

大数据处理与分析

【学习目标】

1. 了解大数据处理与分析关键技术；
2. 了解大数据处理与分析关键技术的工作原理。

【导入案例】

大数据助力泰康人寿重塑客户画像

保险行业所使用的传统商业智能模型以及基于样本而非全量数据的挖掘技术，在很大程度上限制了保险公司对客户属性的全方位了解。泰康人寿公司借助大数据平台，通过对其海量业务数据的全量分析，对客户的业务属性进行聚类，划分出新的客户群体类别，重新塑造出了更为精准和全面的客户画像。

该公司的大数据平台采用 x86 架构 PC 服务器和 Hadoop 商业版大数据平台软件（天云大数据 BDP），节省了数百万元系统建设成本，数据查询速度较原来提升了 20 倍，集群服务器可以快速平滑扩展，并且实现了：①基于全量数据的机器学习和一线信息穿越，提升了服务运营连续性水平，大幅缩短数据信息提供窗口，数据处理时间由原来的 30 多小时缩短至目前的 3 小时，大大提高了一线支撑响应和客户感知。基于机器学习的全方位个性化脸谱刻画，由人工处理到机器学习自动化，由粗犷到个性化特征刻画，大大降低了运维工作量，提高了各级保险业务人员的营销水平；②基于客户个性化特征的刻画和流失挽留服务，为客户提供更贴合的相关保险产品，提升服务质量和续保率，同时拓展了新产品销售，使该公司人寿产品关联推荐成果率大幅上升，人寿保单续约率较之前也有了快速增长。

（资料来源：本案例整理于网络）

第一节　Hadoop MapReduce

ApacheHadoop 架构中有两个重要的组件：一个是 HDFS，另一个是 MapReduce。HDFS 主要用来存储海量数据，而 MapReduce 则是通过计算来发现海量数据中隐藏的价值。

一、Hadoop MapReduce 概述

Hadoop MapReduce（以下的 MapReduce 统指 Hadoop MapReduce）一经开源后，就受到全球学术界和工业界的广泛关注，并得到迅速推广。

Hadoop MapReduce 适合处理离线的海量数据，所谓的离线可以理解为存储在本地设备上，非实时处理的静态数据，其设计目标有以下几个特点。

1）面向海量数据：MapReduce 能够用于大规模数据集（TB 级别以上）的分布式并行运算，用户在开发并行应用程序处理海量数据时无须了解分布式系统的底层细节。在处理大批量静态数据时，MapReduce 具有很强的优势。

2）易于编程、开发简单：对于开发传统的分布式应用程序，用户需要关注数据分片、数据传输以及节点间通信等许多问题。而 Hadoop MapReduce 的设计用户只需专注于自己的应用程序逻辑，与编写普通程序类似，只需要实现一些简单的接口，避免了复杂的过程。编写的分布式程序还可以部署到大批量廉价的普通机器上运行。

3）具有良好的可扩展性：所谓的可扩展性是指随着数据量增加，现有集群的计算能力和存储能力无法满足业务需求的时候，可以通过增加硬件来扩展存储和计算能力。MapReduce 设计目标之一就是可以广泛部署到大批量廉价的普通机器上，因此具有良好的扩展性。

4）具有高容错性：由于 MapReduce 广泛部署在廉价的普通机器上，故障率相对较高，随着集群规模的增加，集群中的故障率也会显著增加。为此，MapReduce 在设计时就把高容错性作为系统目标之一。当一台机器发生故障时，其上的存储和计算能力会移植到另外一台机器上，从而提高了集群的可用性与容错性。

二、Hadoop MapReduce 的架构

Hadoop MapReduce 最初诞生于搜索领域，其设计目标是易于编程、良好的扩展性和高容错性。

Hadoop MapReduce 处理的数据一般位于底层分布式文件系统中。该系统将文件切分成若干个固定大小的数据块（block），存储到不同节点上。Hadoop MapReduce 主要由四个组件构成，分别是 Client、JobTracker、TaskTracker 和 Task，它们共同保障一个作业的成功运行。

Hadoop MapReduce 采用了主进程/工作者进程（Master/Worker）架构，主进程负责控制整个活动，将数据划分给不同的工作者进程。MapReduce 的架构如图 4-1 所示。

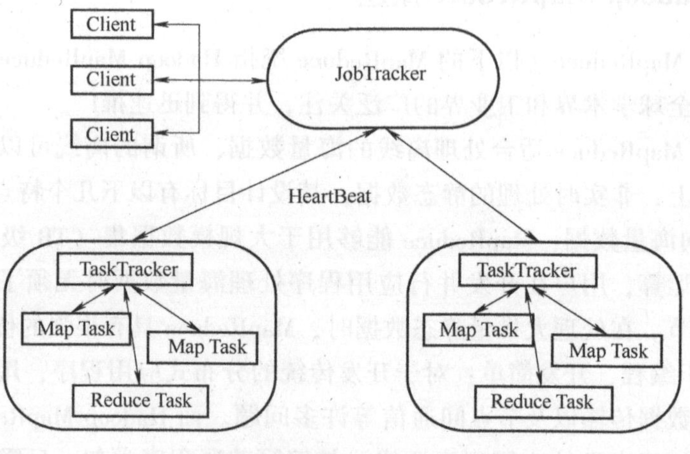

图 4-1　MapReduce 的架构

1. Client

用户编写的 MapReduce 程序通过 Client 提交到 JobTracker 端；Client 提供了接口帮助用户查看作业运行状态。

2. JobTracker

JobTracker 监控所有 TaskTracker 与作业的运行状况。在异常情况下，JobTracker 会将相应的任务转移到其他节点。

3. TaskTracker

TaskTracker 周期性地通过“心跳（Heartbeat）”将本节点上资源的使用情况和任务的运行进度汇报给 JobTracker，同时接收 JobTracker 的命令并执行相应的操作。

4. Task

Task 分为 Map Task 和 Reduce Task 两种，均由 TaskTracker 启动。Map Task 执行过程如图 4-2 所示。Map Task 先将对应的 split 迭代解析成一个个键值（key-value）对，依次调用 map( )函数进行处理，处理过程中临时数据被分成若干个 partition 存放在本地存储设备上，每个 partition 将被一个 Reduce Task 处理。

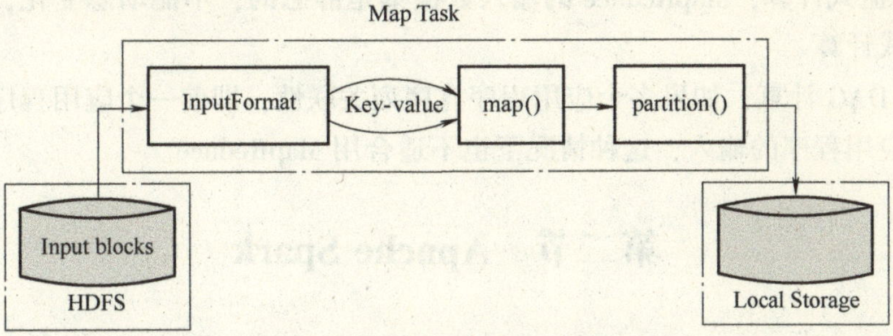

图 4-2 Map Task 执行过程

Reduce Task 执行过程如图 4-3 所示。该过程分为三个阶段。

1）Shuffle 阶段，从远程节点上读取 Map Task 运行结果；

2）Sort 阶段，根据 key 对键值（key-value）对进行排序；

3）Reduce 阶段，依次读取 <key，value list>，调用 reduce( )函数进行数据处理，最终结果被存放到 HDFS 上。

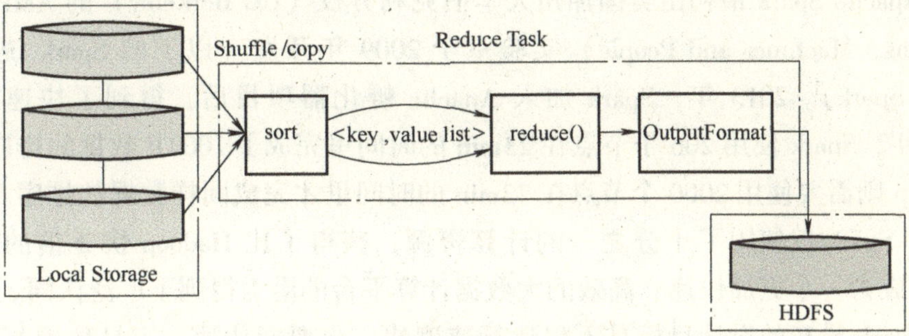

图 4-3 Reduce Task 执行过程

三、Hadoop MapReduce 的应用场景

MapReduce 的应用场景主要表现在从大规模数据中进行计算，不要求即时返回结果的场景，例如以下典型应用。

1）文档中的单词统计。

2）简单的数据统计，例如网站 PV 和 UV 统计。

3）搜索引擎建立索引。

4）复杂数据分析算法实现。

MapReduce 不适合对数据处理时效性较高的应用场景，例如以下具体应用。

1）实时计算，MapReduce 不适合在毫秒级或秒级内返回结果。

2）流式计算，MapReduce 的输入数据集是静态的，不能动态变化，所以不适合流式计算。

3）DAG 计算，如果多个应用程序有序列关联性，即前一个应用程序的输出是后面应用程序的输入，这种情况下也不适合用 MapReduce。

第二节　Apache Spark

虽然 Hadoop MapReduce 批处理计算框架已成为大数据处理的事实标准，但在实际应用中批处理计算模式只能支持离线大规模数据的处理任务。因此，Hadoop MapReduce 分布式计算模型在某些应用领域仍存在诸多局限，例如无法胜任一些要求同时处理批处理和流处理的工作任务。Apache Spark 不仅具备了 Hadoop MapReduce 的优点，而且解决了 Hadoop MapReduce 的某些缺陷。

一、Apache Spark 简介

Apache Spark 最初由美国加州大学伯克利分校（UC Berkeley）的 AMP（Algorithms，Machines and People）实验室于 2009 年开发（以下的 Spark 统指 Apache Spark）。2013 年，Spark 加入 Apache 孵化器项目后，得到了快速发展。2014 年，Spark 使用 206 个节点在 23min 的时间里完成了 100TB 数据的排序，而 Hadoop 则需要使用 2000 个节点在 72min 的时间里才完成同样数据的排序。也就是说，Spark 仅使用了十分之一的计算资源，获得了比 Hadoop 快 3 倍的速度。Spark 成为一个更加快速、高效的大数据计算平台的潜力得到了广泛认同。

Spark 最初的设计目标是不仅运行速度快，也要能快速、容易地编写程序，Spark 具有如下四个主要特点。

1）快速处理能力。Spark 允许将中间输出和结果存储在内存中，避免了大量的磁盘读写过程。同时，Spark 使用先进的 DAG 执行引擎支持循环数据流与内存计算，因此，执行速度比 Hadoop MapReduce 快上百倍，即使内存不足，需要使用磁盘 I/O，Spark 的速度也比 Hadoop 基于磁盘的执行速度快十倍。

2）易于使用。Spark 支持使用 Scala、Java、Python 和 R 等多种语言进行编程，用户能够较轻松地掌握并自行开发应用程序。

3）通用性强。Spark 除了支持批量数据处理，还支持实时的流计算。Spark 还提供了完整而强大的技术栈，包括 SQL 及 HiveSQL 进行数据查询、机器学习

和图计算等功能模块。

4）可用性高。Spark 采用 Standalone 部署模式，此模式下的主节点可以有多个，从而解决了单点故障问题。Spak 还可运行于独立的集群模式中，并且可以访问 HDFS、Cassandra、HBase 等，这为已使用 HDFS、HBase 的用户迁移到 Spark 提供了极大的便利。

二、Apache Spark 生态系统

Spark 的整个生态系统被称为伯克利数据分析栈（BDAS），其核心框架是 Spark，包括结构化数据查询引擎 Spark SQL、图计算框架 GraphX 以及流计算框架 Spark Streaming 等众多子项目，Spark 的设计遵循一个软件栈实现全部应用场景的理念。Spark 生态系统（BDAS）结构如图 4-4 所示。

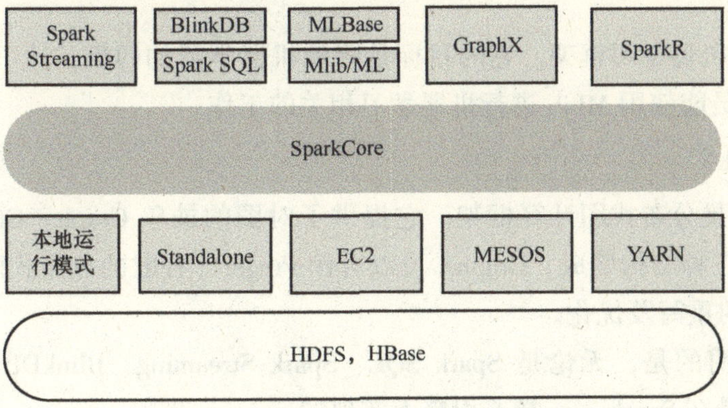

图 4-4　Spark 生态系统（BDAS）结构

1. Spark Core

Spark Core 是整个 Spark 生态系统的核心组件，是一个分布式大数据处理框架。Spark Core 不仅实现了 MapReduce 的 map 函数和 reduce 函数以及 MapReduce 计算模型，还包含 Spark 的基本功能，如资源调度管理、内存计算、故障恢复、DAG 机制等，实现了面向批处理的快速分布式计算。Spark 建立在统一的抽象 RDD（弹性分布式数据集）之上，保证了数据的高容错性。

2. Spark SQL

Spark SQL 允许开发人员直接处理 RDD（弹性分布式数据集），同时也可查询 Hive、HBase 等外部数据源上的数据。Spark SQL 提供面向大数据的类 SQL 查询功能。Spark SQL 在底层使用 Spark 作为引擎实现 SQL 查询，因此，用户可以很轻松地在 Spark 上进行 SQL 操作。同时，Spark SQL 不断兼容其他的存储系统

（如 HDFS、Hive 等），使其具有更广阔的兼容性和应用空间。

3. Spark Streaming

Spark Streaming 是一个实时流式处理系统，支持高吞吐量、可容错处理的实时流数据处理。Spark Streaming 将流数据按指定时间片累积为 RDD（弹性分布式数据集），再进行大规模流数据处理，并提供了丰富的 API 用于流数据计算。Spark Streaming 可以对多种数据源，如 Kafa、Flume 等日志系统，进行类似 Map、Reduce 和 Join 等复杂操作。

4. BlinkDB

BlinkDB 是一个大规模并行查询引擎，可在海量数据上进行交互式 SQL 查询。

5. MLib

MLib 是机器学习框架。它的目标是降低机器学习的门槛，让不了解机器学习的开发人员能使用 MLib 进行机器学习相关的工作。

6. GraphX

GraphX 是分布式图计算框架。它提供了对图的抽象 Graph。Graph 由顶点、边及边权值三种结构组成。GraphX 可以看作 Pregel（谷歌的分布式图计算框架）在 Spark 上的重写及优化。

需要说明的是，无论是 Spark SQL、Spark Streaming、BlinkDB、MLib 还是 Graphx，都是在 Spark core 核心引擎上实现的。

三、Apache Spark 架构

（一）基本概念

1）RDD：弹性分布式数据集，是分布式内存的一个抽象概念，提供了一种高度受限的共享内存模型。

2）DAG（Directed Acyclic Graph）：有向无环图，用于反映每个 RDD 之间的依赖关系。

3）Task：具体的执行任务，分为 ShuffleMapTask 和 ResultTask 两种，分别类似于 Hadoop 的 Map 和 Reduce。

4）Job：用户提供的作业，一个 Job 有一个或多个 Task 组成。

5）Stage：是 Job 的基本调度单位，一个 Job 会分为一个或多个 Stage。

6）Partition：数据分区，一个 RDD 的数据可以划分为多个分区。

7）ShuffleDependency：宽依赖，子 RDD 对父 RDD 中的所有 Partition 都有依赖。

8）NarrowDependency：窄依赖，子 RDD 依赖父 RDD 中固定的 Partition。

（二）Spark 基本架构

Spark 集群的运行模式有多种，但基本架构都是相似的。Spark 运行架构如图 4-5 所示。

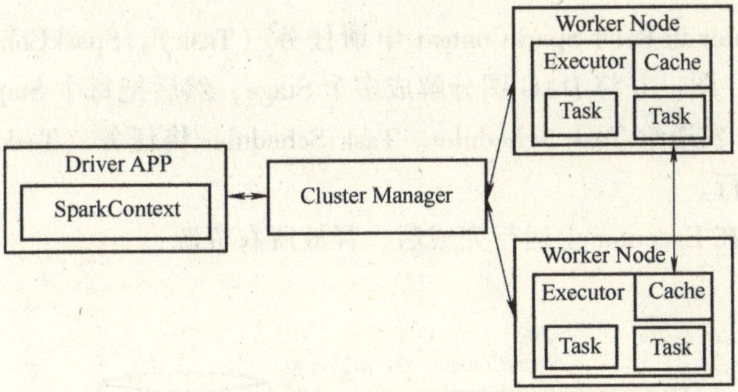

图 4-5　Spark 运行架构

1. Cluster Manager

Cluster Manager 是 Spark 的集群管理器，主要负责资源的分配与管理。Cluster Manager 将各个 Worker 上的内存、CPU 等资源分配给应用程序。目前，Standalone、YARN、Mesos、EC2 等都可以作为 Spark 的集群管理器。

2. Worker

Worker 是 Spark 的工作节点。分配到资源的 Worker 节点主要工作是控制计算节点，创建并启动 Executor，将资源和任务进一步分配给 Executor，并将信息传递给 Cluster Manager。

3. Executor

Executor 是一个具体的应用，即运行在 Worker 节点上的一个进程，该进程负责运行某些 Task，并且负责将数据存到内存或磁盘上，每个应用都有各自独立的一批 Executor。Executor 主要负责任务的执行以及与 Worker、Driver App 保持信息的同步。

4. Driver APP

Driver APP 是客户端应用程序，运行 Application 的 main( ) 函数，将任务程

序转换为 RDD 和 DAG，并与 Cluster Manager 进行通信与调度。

四、Apache Spark 工作流程

Spark 运行基本流程如图 4-6 所示。

1）SparkContext 向资源管理器申请运行 Executor 资源。

2）资源管理器为 Worker 服务器上的 Executor 进程分配资源并监控资源使用情况。

3）Executor 进程向 SparkContext 申请任务（Task）。SparkContext 根据应用程序构建 DAG 图，并将 DAG 图分解成多个 Stage，然后把每个 Stage 需要的任务集（Taskset）发送给 Task Scheduler。Task Scheduler 将任务（Task）发送给 Executor 进程运行。

4）Task 在 Executor 上运行完成后，释放所有资源。

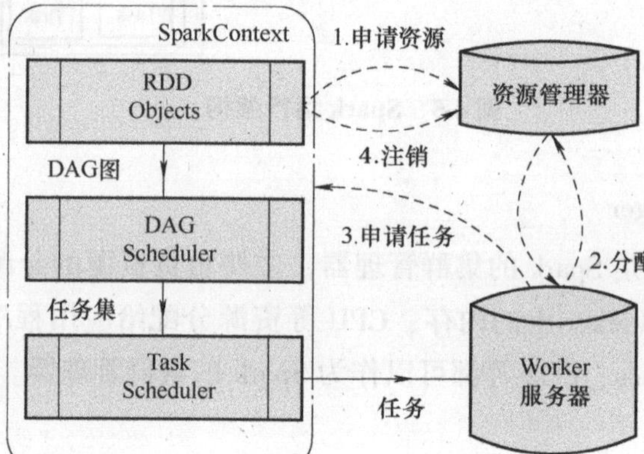

图 4-6 Spark 运行基本流程图

第三节 Apache Storm

如何对海量流数据进行实时计算是大数据处理技术的一大挑战。Hadoop 的 MapReduce 为大数据处理提供了解决方案，但其本质是采用离线计算的批处理平台，主要用于对静态数据的批量计算，并不适合于要求实时处理的流数据。2011 年，推特公布了流计算框架 Storm 的开源代码，开发针对流数据的实时应用开始变得可行。

一、Apache Storm 简介

Apache Storm（以下的 Storm 统指 Apache Storm）是一个免费、开源的分布式实时计算系统，它可以简单、高效、可靠地处理流数据，并支持多种编程语言。Storm 被称作实时版的 Hadoop，其框架具有可扩展性、高容错性、能可靠地处理消息的特点，且使用简单，可以以较低的成本来开发实时应用。

2011 年，社交网站推特为了应对其不断增长的流数据实时处理需求，设计并公布了流计算框架 Storm 的开源代码。推特的实时流数据处理系统是由 Storm 和 Cassandra（非关系型数据库）组成的。目前 Storm 框架已成为 Apache 的孵化项目，可以在其官方网站中了解更多信息。

Storm 具有以下主要特点。

1）易用性：Storm 是一款开源软件框架，可以免费使用。Storm 的 API 使用上既简单又方便，并且支持多种编程语言来定义任务。

2）完整性：Storm 采用 Acker 机制，保证每个消息都能完整处理，数据不会丢失；采用事务机制，保证数据准确性。

3）可扩展性：当某一级处理单元速度不够，可以直接配置并发数，即实现线性地扩展性能，这种并行特性使 Storm 可以运行在分布式集群中。Storm 仅需要少量的安装和配置就可以快速进行部署和使用，大大降低了使用成本。

4）容错性：Storm 的守护进程（Nimbus、Supervisor 等）都是无状态的，状态保存在 Zookeeper 中，可以自动进行故障节点的重启以及节点故障时任务的重新分配。

二、Apache Storm 的概念

1. 消息流（Streams）

消息流是 Storm 最基本的抽象和核心概念之一。它是没有边界（无开始或结束）的元组（Tuples）和数据序列。每个元组可以包含多列，字段类型可以是：integer，long，short，byte，string，double，float，boolean 和 byte array。你还可以自定义类型。在具体应用情景中，流是元组或数据的无尽序列，其中元组是包括键/值对的数据。

2. 计算拓扑（Topology）

整个 Storm 应用程序被一起打包封装成 Storm 计算拓扑（Topology），相当于 MapReduce 中的 job。它们的主要区别在于：一个 MapReduce 的 job 最终会完成

计算并结束运行，但 Topology 由于要持续不断的处理数据流，所以它不会自行结束运行，除非人为终止它。拓扑实际上是 DAG（有向循环图），其中组成节点 Spout、Bolt 和数据流构成了图的边。

3. 获取消息源的组件（Spout）

Spout 是 Topology 消息生产者。Spout 主要作用是从一个外部源（消息队列）读取数据向 Topology 发出 Tuple。消息源 Spout 分为可靠和不可靠两种类别。可靠的 Spout 通过确认的方法记住它推送到拓扑中去的所有元组，因此可做到重新发送一个处理失败的元组，而不可靠的 Spout 不能记忆或跟踪它推入拓扑中的元组，因此不可能重新发送失败的元组。

4. 消息处理者（Bolt）

Bolt 是存放于 Storm 拓扑中的第二种节点。消息处理逻辑被封装在 Bolt 里面。Bolt 也可以做简单的消息流传递，处理消息流往往需要很多步骤，从而也就需要经过很多 Bolt。第一级 Bolt 的输出可以作为下一级 Bolt 的输入。

5. 任务（Task）

在 Bolt 和 Spout 内部，任务被分成较小的工作项后再并行执行。这些在 Bolt 和 Spout 内负责实际计算的线程被称为任务（Task）。一个 Bolt 和 Spout 可以产生任意数量的任务，当然任务的数量受限于每个节点的 RAM 的容量和 CPU 的处理能力。

6. 工作者（Worker）

工作者是为满足拓扑执行需要而产生的进程。每个工作者进程与拓扑中的其他工作者进程分开执行。

三、Apache Storm 的框架及其组件

Storm 集群采用主从架构（Master-Worker）的节点方式。在 Master 节点上运行名为 Nimbus 的后台程序，而每个 Worker 节点上运行名为 Supervisor 的后台程序。在 Nimbus 和 Supervisor 节点之外，Storm 采用了 Zookeeper 作为分布式协调组件，负责 Nimbus 和多个 Supervisor 之间的所有协调工作。Storm 集群架构如图 4-7 所示。

1. Nimbus 守护进程

Nimbus 守护进程负责管理、协调和监控在集群上运行的 Topology。Nimbus 守护进程打包成 jar 文件的 Topology 和配置信息提交到 Nimbus 服务器上，Nimbus 服

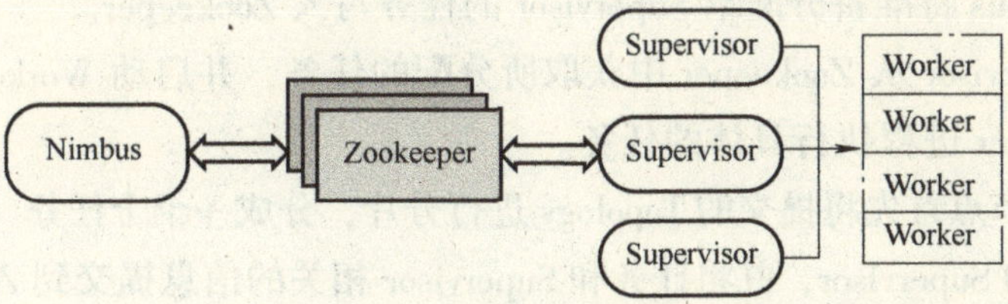

图 4-7 Storm 集群架构

务器将 jar 包分发到足够数量的 Supervisor 节点上，并为每个 Supervisor 指派 Task。

2. Supervisor 守护进程

接受了任务的 Supervisor 守护进程会生成 worker 并监控其执行任务。Supervisor 和 Worker 都是运行在不同的 JVM 进程上，如果由 Supervisor 发起的一个 Worker 进程因为错误异常退出，Supervisor 守护进程会尝试重新生成新的 Worker 进程。

Storm 具有较强的容错能力，其 Tuple（Storm 数据流中的基本处理单元）锚定和应答确认机制能保障如果一个 Worker 甚至整个 Supervisor 节点都故障了，Storm 依然可以传输正常的 Tuple。具体工作原理是：当 Tuple 被系统传输到故障节点时，将不会收到确认应答，而 Spout 会因为应答超时未确认而重新发射原始 Tuple。

3. Apache ZooKeeper

ZooKeeper 提供集中式的信息维护管理服务，允许客户端的应用程序监控数据。Storm 使用 ZooKeeper 来协调一个集群中的状态信息，例如任务的分配情况、worker 的工作状态以及 Supervisor 之间的 Nimbus 的拓扑度量。

Storm 的工作流程如图 4-8 所示，包括以下几个过程。

1）客户端提交 Topology 到 Storm 集群中。

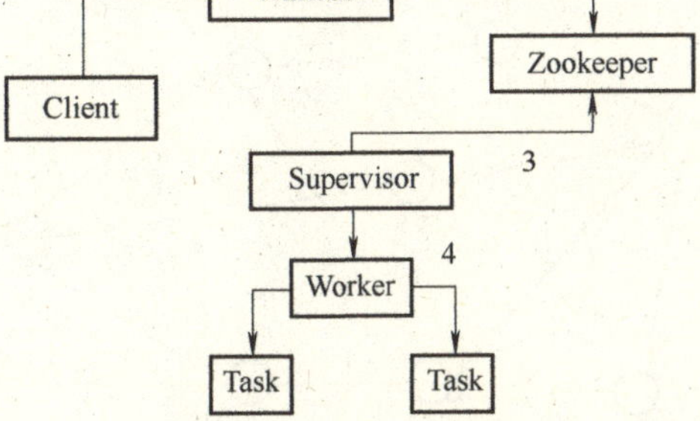

图 4-8 Storm 工作流程

2）Nimbus 将准备分配给 Supervisor 的任务写入 Zookeeper。

3）Supervisor 从 Zookeeper 中获取所分配的任务，并启动 Worker 进程。

4）Worker 进程执行具体的任务。

Nimbus 节点首先将提交的 Topology 进行分片，分成一个个任务（Task），然后分配给相应的 Supervisor，并将任务和 Supervisor 相关的信息提交到 Zookeeper 集群上，而 Supervisor 会去 Zookeeper 集群上认领任务，并通知 Worker 进程进行处理。

第四节　图　计　算

从哲学角度来看，事物之间普遍存在联系，我们可以将事物看作图的顶点，事物间的联系看作图的边。现实世界中合作交流网络和交通路网都可以用大规模图或网络的形式呈现。此外，关联性计算是大数据分析的重要内容，通过关联性分析，可以从海量数据中抽取有价值的信息。

图计算有较悠久的历史，但传统的图计算框架和图计算算法已不能很好地满足大规模图数据的计算需求，现有的面向大数据的分布式计算框架，如 MapReduce 等，在处理大规模图数据时也显得力不从心。因此，新的图计算框架应运而生。

一、图计算概述

1. 图的定义

图（Graph）是由顶点的有穷非空集合和顶点之间边的集合组成，表示为 G(V,E)，其中 G 表示一个图，V 是图 G 中顶点的集合，E 是图 G 中边的集合。根据 E 是否有方向，图可以分为有向图和无向图，无向图是有向图的特例。根据 E 是否有权重，图可以分为权重图（网）和非权重图。图 4-9 所示为带权重

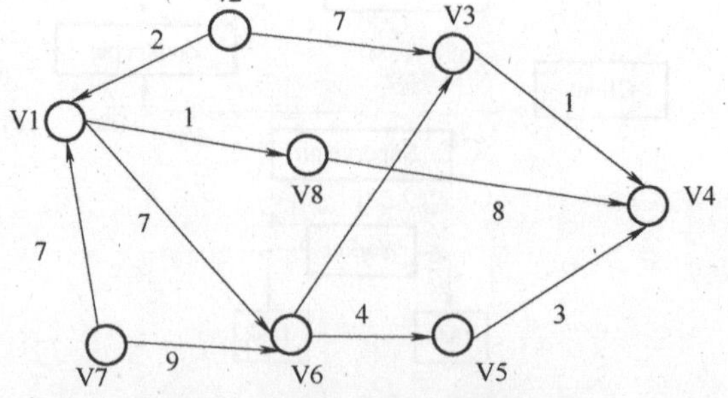

图 4-9　带权重的有向图

的有向图，图的每个顶点 V 和每条边 E 都有关联的值，顶点和边的值都可以修改。

2. 图的存储

图中每个顶点的位置都是相对的，所以无法以图的数据元素在内存中的物理位置来表示数据元素之间的关系，即无法用简单的顺序存储结构来表示。因此，可行的方法是将图的顶点和边分别使用两种结构来存储。常用的图存储结构有：图的邻接矩阵（Adjacency Matrix），将图的 N 个顶点存储在一维数组中，用 N 阶的矩阵来表示任意两点之间的关系；图的邻接表（Adjacency List），又称链表存储，将图的 N 个顶点存储在一个线性表中，与之邻接的顶点又会构成一个线性表，以此类推；图的边集数组存储，由一个存储顶点信息的顶点数组和一个存储边信息的边数组构成。

将图存储于内存中，往往会受到内存资源和图规模的约束，在图计算领域中经常遇到无法将整个图存储在内存中的情况。因此，如何将一个大规模的图分割成若干子图，并在有限的内存空间中完成相关的算法是图计算研究的重点内容之一。

3. 图的遍历与常用算法

遍历算法是图算法的基础。从图中某一顶点出发经过图中其余顶点，且每个顶点仅被访问一次，这一过程就叫作图的遍历。

常见的图遍历算法有两种：其一是图的深度优先遍历算法；其二是图的广度优先遍历算法。深度优先遍历算法（DFS）是一个递归的过程，类似于树的前序遍历；广度优先遍历算法（BFS）类似于树的层遍历。

以下是几种常见的图算法。

（1）PageRank 算法

PageRank 算法是搜索引擎里非常重要的图算法，主要功能是对网页排序。

（2）最短路径算法

最短路算法基于六度空间的理论，表示某人需要联系任何一个陌生人时，只要通过不超过五个中间人就可以实现。在社交网络分析、交通物流等网络分析领域，最短路径算法是广泛使用的图计算算法。

（3）社交分析算法

社交分析算法用来发现社交网络中三角形（圈子）的个数，用来衡量社交圈耦合关系的紧密程度。社交圈子里的三角形个数越多，说明的社交关系越稳固、紧密。像脸书、推特等社交网站，经常会用到社交分析算法来发现和探讨社群关系。

（4）推荐算法

推荐算法（ALS）构建一个矩阵图，在这个矩阵图里，假如被用户购买过的商品是1，没有购买过的是0，通过推荐算法就可以对商品之间的关系进行分析，从而向用户进行商品推荐。

（5）HCGraph 算法

HCGraph 算法采用异构共识图协议（HCGraph），引入了信任传递关系网，让邻近且具备可信执行环境（Trusted Execution Environment，TEE）运行环境的节点互相验证对方的可信度，并将所收集到的可信节点信息在已获得其信任的其他节点间传播。在区块链应用中，HCGraph 算法减少了使用 TEE 的难度。

二、图计算框架概述

在实际应用中，存在大量图计算问题，图计算系统的性能直接关系到实际应用的有效性，特别是对于海量图数据（如社交网络和网络图）而言更是如此。事实上，图计算具有较悠久的历史，但随着图数据的规模、类型以及业务应用环境的改变，传统图计算的框架和算法在不断地改进，新的图计算模式也在不断出现。

（一）传统图计算解决方案的缺陷

在很长一段时间内，一直都缺少一个可扩展的通用系统来解决大型图数据的计算问题。传统的图计算大多存在以下问题。

1）较差的内存访问效率。

2）针对单个顶点的处理工作过少。

3）计算过程中并行度常常会发生改变。

（二）解决方案

针对传统图计算的缺点，可行的解决方案有以下几种。

1）针对特定的图应用业务开发相应的分布式图计算框架和模型。

2）基于现有的分布式计算平台扩展针对图计算的组件和框架。

3）在已有的并行图计算系统基础上，扩展面向超大图数据的并行图算法。

（三）常见的图计算框架

1. 单机内存图处理系统

此类图计算系统是单机运行，将图数据全部加载到单机的内存中进行计算。但是单机的计算能力和内存空间总是有限。因此，只能解决较小规模的图计算问题，具有代表性的系统有 2013 年发布的 Ligra 和 Galois，以及 2015 年发布的 GraphMat 和 Polymer。

2. 单机核外图处理系统

此类图计算系统是单机运行，但是将图数据存储到外部存储器如 SSD、Flash、SAS、HDD 等中，从而增大了图数据处理规模。但是，单机的计算能力有限，且核外存储系统的数据交换效率也较低。因此，单机核外图处理系统在处理超大规模图数据方面的局限性较明显。这类图计算系统有 GraphChi、TurboGraph、X-Stream、PathGraph、GridGraph 和 FlashGraph。

3. 分布式内存图处理系统

此类图计算系统将图数据全部加载到集群中的内存中进行计算，因此图数据规模、计算性能和内存容量都有较大提升。但如何将图进行分割的问题在分布式系统中较为突出。因此，该类图处理系统的整体性能和所能处理的图规模也存在一定的局限。这类图计算系统主要包括同步计算模型的 Pregel 及其开源实现 Piccolo，同时支持同步和异步的系统 PowerSwitch、GraphLab 和 GraphX。

4. 分布式核外图处理系统

此类图计算系统将单机核外图处理系统拓展为集群，能够处理边数量级为兆的图。这类系统目前仅有 2015 年发布的 Chaos。Chaos 是对 X-Stream 系统的拓展，分别设计了计算子系统和存储子系统，采用简单的图分割方案。但是随着集群规模的扩大，系统的复杂性和通信开销加大，并会占用更多的计算资源。

三、图计算应用场景

以下介绍几个具体的图计算应用场景。

1. 医疗行业的应用

图计算技术在医疗行业的应用，使得智能诊断病情成为可能。众所周知，医生是依据病人的病情特征、历史健康状况以及使用药物的相关情况来开具处方的。一直以来，大多数医生是依靠个人经验以及病人的自我描述来实现这一过程，传统的数据处理系统也无法融合多个与病人情况、保险情况、药物使用情况等相关的数据库，来辅助病情诊断。面向海量数据的图计算模型在挖掘信息之间的关系方面有很大的潜力。因此，在病情诊断过程中可以综合病人的电子病历、医疗保险或其他跟踪医疗服务的数据库，甚至跟踪某些病人临床试验的独立数据库，将各种数据与病情分析结合起来，从而实现智能化医疗。

2. 金融行业的应用

在金融行业的业务模型和数据中，存在着许许多多不同类型的关系。这些关系中，有些是相对静态的，如企业之间的股权关系、客户之间的亲属关系，有些则是动态变化的，如转账关系、贸易关系等。无论是何种关系的数据，它们背后都隐藏着我们并不知晓的各种信息，因此，挖掘数据之间的关联性，从而获得某些信息对企业的决策具有重要的价值。传统的关系分析方法是寻找和求证事物之间的因果关系，但在大数据时代，我们往往更希望获得的是事物之间的相关关系。而图计算和基于图的方法可以从实体和实体之间的经济行为关系为切入点来分析问题。

3. 互联网行业的应用

互联网公司是典型的数据密集型企业，不但数据种类多，而且数据量大，在业务方面常常需要完成精准营销、个性化推荐、热点分析等工作。图计算模型在这类数据密集型公司是非常流行的一种计算模型，能够满足这些计算量大、效率要求高的应用场景的需求。

近年来以深度学习和图计算结合的大规模图表征为代表的系列算法得到了长足的发展，图计算模型发挥着越来越重要的作用，各大公司也纷纷推出图计算平台，例如 GooglePregel、Facebook Graph 等。

以上应用场景显示了图计算强大的应用前景，但 Web2.0、大数据、社交网络、机器学习和数据挖掘等领域抽象出来的图规模呈指数级增长，图中边的数量可达到亿万级别，自然图往往呈现出非常倾斜的幂律分布特性，对图计算的发展和应用带来了巨大挑战。

四、Pregel 简介

BSP 是由 Viliant 和 Bill Me Coll 提出的并行计算模型，全称为“整体同步并行计算模型”。一次 BSP 的计算过程包括一系列的超步（Superstep）的迭代（Iteration），每两个超步（Superstep）之间设置一个“栅栏或路障”（Barrier），即整体同步点，确定所有计算都完成后再启动下一轮超步（Superstep）。每一个超步主要包括三个组件。

1）局部计算，每个参与工作的处理器只读取存储在本地内存中的值进行本地计算，而不同处理器的计算任务都是异步且独立的。

2）通信，处理器群相互交换数据，每一个处理器计算完毕后，会将消息传递给与之关联的其他处理器。

3）栅栏同步（Barrier Synchronization），用于整体同步，当一个处理器遇到“栅栏或路障”（Barrier）时会等待其他所有处理器完成它们的计算步骤。

最为著名的分布式图计算系统是谷歌于 2010 年对外公布的 Pregel 图计算系统和算法。Pregel 也是基于 BSP 模型实现的并行图处理系统，其定义的数据模型 Data Graph 和编程模型 Vertex-centric Programming 目前仍然是其他系统参考和借鉴的对象。Pregel 作为分布式图计算的计算框架，主要用于图遍历、最短路径和 PageRank 计算等。

五、Pregel 图计算模型

Pregel 图计算模型如图 4-10 所示，包括有向图和顶点、顶点之间的消息传递以及 Pregel 的计算过程。

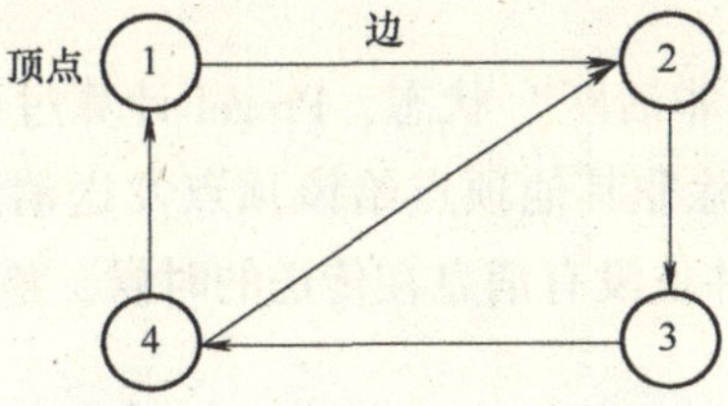

图 4-10 Pregel 图计算模型

1. 有向图和顶点

在 Pregel 计算模型中，有向图的每个顶点都有一个 String 类型的顶点 ID，每条有向边都和其起始顶点相关联。

2. 顶点之间的消息传递

对于不同顶点之间的信息交换，Pregel 并没有采用远程数据读取或者共享内存的方式，而是采用了纯消息传递模型，这样有助于提升系统整体性能。

3. Pregel 的计算过程

Pregel 的计算过程是由一系列被称为“超步”的迭代组成的。在每个超步 S 中，每个顶点可以接收前一个超步（S－1）发送给它的消息，修改自身和与之相连的出射边的状态，并发送消息给其他顶点，甚至是修改整个图的拓扑结构。超步示意图如图 4-11 所示。

Pregel 计算过程中，在第 0 个超步，图中所有顶点都处于“活跃”（Active）状态，这些活跃顶点都会参与对应超步的计算过程。当一个顶点不需要继续执行进一步的计算时，就会把自己的状态设置成“停机”，从而表示自己不再是活跃顶

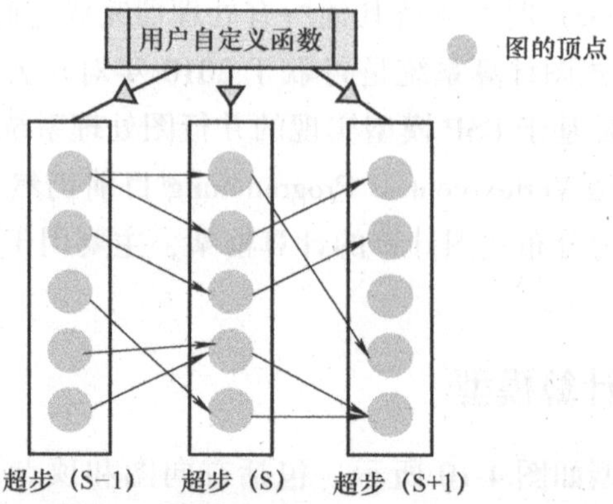

图 4-11　超步示意图（图片来源于网络）

点。一个顶点一旦进入“非活跃”状态，Pregel 计算过程在后续的超步中就不会再在该顶点上执行计算，除非其他顶点给该顶点发送消息再次把它激活。当所有顶点都达到“非活跃”，并且没有消息在传送的时候，整个计算过程就宣告结束。

第五节　数据可视化

在大数据环境下，人们在面对海量的、繁杂的数据时，往往无所适从，也无法快速准确地发现数据背后的本质现象，因此，必须要有一种高效的方式来刻画和呈现数据所反映的本质问题。大数据可视化通过丰富的视觉效果，把数据以直观、生动、易理解的方式呈现给用户，可以有效提升大数据分析的效率和效果。

一、数据可视化概述

1. 什么是数据可视化

维基百科将数据可视化定义为：它是技术上较为高级的技术方法，而这些技术方法允许利用图形、图像处理、计算机视觉以及用户界面，通过表达、建模以及对立体、表面、属性以及动画的显示，对数据加以可视化解释。

2. 可视化的发展历程

人类很早就引入了可视化技术辅助分析问题。如 1854 年，英国的 John Snow 绘制的霍乱地图分析了霍乱患者分布与水井分布之间的关系，从而找到了当年英国霍乱爆发的根源。现代意义上的数据可视化出现于20世纪50年代，随着计算机的出现和计算机图形学的发展，人们利用计算机创建出了首批图形图表。1987年，一篇题为《科学计算之中的可视化》的报告成为数据可视化领域发展的里程碑，它强调了基于计算机的可视化技术方法的必要性。

可视化技术最初被大量应用于统计学领域，用来绘制各类统计图表，随后在地理信息系统、数据挖掘分析和商务智能分析等领域广泛应用。

3. 可视化技术实现的目标

传统的数据可视化工具将数据组合，以图表等方式呈现给用户，从而发现数据间的关联性，但这种技术模式已无法满足海量数据的可视化需求。面向大数据应用场景的可视化工具必须能够实现实时性、操作简单、数据呈现形式丰富以及支持多数据源集成。

二、可视化工具

下面从六个方面介绍常用的可以满足各种可视化需求的数据可视化工具。

1. 入门级工具

Excel被视为入门级的数据可视化工具。其优点是快速、方便，不足之处是样式选择范围有限，深度表达数据的能力也有限。

2. 在线数据可视化工具

1）谷歌的制图服务接口（Google Chart API），主要应用于动态图表，包括了丰富的图表类型库。其优点是有丰富的图表选择、支持SVG、CANVAS、VML浏览器图表渲染，不需要安装任何软件，可以通过浏览器在线查看统计图表。不足之处是客户端动态图生成过程中有时会引发一些系统问题。

2）D3（Data Driven Documents），是最流行的可视化库之一，主要应用于复杂的网页可视化图形，能够提供大量复杂图表样式。其优点是适合复杂的交互、展现效果好。不足之处是不够简洁。

3. 互动图形用户界面（GUI）控制

Crossfilter是常用的GUI工具，主要应用于交互式GUI图形展示。其优点是方便快速查看、操作交互性强。不足之处是操作比较复杂。

4. 地图工具

1）Modest Maps，是一个可扩展、交互式的免费图形工具库，提供了一套查看卫星地图的API，主要应用于绘制基本的地图功能。其优点是小型、拓展性好，开源且有强大的社区支持。不足之处是地图的形式非常有限。

2）Leaflet，主要应用于移动端平面地图的展示，其特点是小巧轻便、灵活。

3）Polymaps，主要应用于网络地图功能。其优点是具有强大的资源库，能够实现全方位信息可视化。

5. 编程进阶

Processing是一款适合于编程进阶的常用可视化工具。它是一款开源的编程语言，优点是语法简易，有大量实例和代码。

6. 专家级工具

1）R，是属于GNU系统的一个自由、免费、源代码开放的软件，是分析大数据集的统计组件包，主要应用于海量数据的统计与分析。其优点是有强大社区支持和丰富组件库，具有强大的向量、矩阵运算功能。不足之处是复杂、学习难度大。

2）Weka，是基于Java环境的、免费开源软件，主要应用于机器学习和数据挖掘，不但可以进行数据分析，还可以生成一些简单图表。

【本章小结】

本章介绍了大数据分析与处理的相关技术。静态数据适合采用批处理的方式，而动态数据则需要采用实时计算的方式加以处理。在目前主流的大数据计算框架中，Hadoop MapReduce主要适用于静态数据的批处理；Spark是基于内存的分布式混合计算框架，适合处理动态数据和进行微批处理；Storm则是一个高可靠性流处理框架，用于解决动态数据的实时计算问题。在大数据中有很多图结构的数据，有些数据也可以转化成图的结构，但传统的图计算系统不适合解决大规模图计算问题。因此，遵循BSP计算模式的图计算框架应运而生，其中最具代表的产品是谷歌的Pregel系统。最后，本章对大数据可视化技术的概念、发展状况和相关工具做了简单介绍。

【复习题】

1. 简述Hadoop MapReduce及其架构。
2. 简述Apache Spark架构及其工作流程。
3. 简述Apache Storm的架构组件及其工作流程。
4. 请举例说明图计算的应用场景。
5. 查找网络资料，简述目前主流的可视化工具及其发展趋势。

应用篇　大数据金融

本篇介绍大数据技术与金融业融合的实际应用，从大数据金融的创新与治理入手，具体阐述大数据金融与金融机构转型、金融产品创新以及未来的大数据金融的发展趋势，最后还将大数据与大湾区金融融合，论证大数据技术对港澳和内地金融发展的推动作用。本篇包括五章内容。

第五章，大数据金融治理与创新。本章主要讲述在大数据与金融行业不断融合过程中成为“大数据+金融”的新业态，其重塑了金融数据治理，推动了金融产品和服务创新，不断助力普惠金融。

第六章，大数据与金融机构转型。互联网技术、大数据技术、人工智能等技术不断创新发展，对传统金融机构产生了重要的影响，涉及金融机构从展业、风控到内部管理、产品创新等多个方面，并表现出制度健全化、管理数据化、产品多元化、技术先进化、营销精准化等趋势特征。本章主要从制度、组织、产品、渠道、风险、销售等方面分析大数据技术对金融业的影响。

第七章，大数据与金融产品创新。本章立足于金融行业不同领域及其细分子行业，阐述大数据在六大领域金融产品的应用和特征，通过大数据具体实现过程、应用优势、典型案例等分析现有大数据技术在金融产品创新领域中的运用。

第八章，大数据融合技术的新金融业态。主要讲述大数据与物联网、云计算、人工智能以及区块链技术结合在金融领域的应用。重点介绍了四大技术的概念、与大数据的关系，以及在金融行业的应用。

第九章，大数据与大湾区金融融合发展。本章主要讲述粤港澳大湾区的金融发展特别是金融科技和金融融合发展，重点介绍大数据技术对粤港澳大湾区内地金融转型升级以及跨境金融发展的促进作用，从而助力粤港澳大湾区金融融合发展。

第五章

大数据金融治理与创新

【学习目标】

1. 了解大数据如何影响金融数据治理以及金融数据治理的发展趋势；
2. 了解大数据如何影响金融产品创新与金融服务创新；
3. 了解金融业应用大数据的优势与挑战；
4. 了解金融业数据化发展呈现的趋势。

【导入案例】

中国农业银行与汇丰银行的大数据创新与治理

大数据技术快速发展，数据技术与数据应用不断创新，大数据资产的价值不言而喻，利用大数据进行金融创新是当前国内外金融创新发展的重要方向。面对大数据时代的海量数据体量，数据不能仅停留于数量的大，金融机构需要通过科学有效的金融数据，加大对大数据的利用进行金融创新，通过数据资产管理释放大数据中蕴含的巨大信息量。

在大数据创新方面，中国农业银行为了突破人工阅读报表的限制，运用国云数据的大数据可视化分析，通过相应的维度和变量，快速分析出不同规模企业存款量比，大大降低了人力成本消耗，不断提升了银行精准营销、服务跟踪、绩效考核效率。在大数据治理方面，汇丰银行为解决欺诈问题，通过 SAS 系统构建全球业务网络的防欺诈管理系统解决方案。SAS 系统可以实现通过收集和分析大数据解决复杂问题，同时可以精确洞察实时变化，快速获取实时信息获取速度，加强同业竞争。此外，汇丰银行通过实施 SAS 用于告警管理、例程和队列优先级管理，不仅提高了运营管理效率，而且风险预警能力也有所提升。

在大数据技术快速发展的背景下，金融机构在金融数据治理方面做出了重大的改革，与此同时，银行、证券、保险等金融机构之间也表现出金融数据生态化、标准化、数据中治理三大趋势的创新。推进金融数据治理方式成功转型是金融机构进行大数据金融创新应用的重要基础。

第一节 大数据与金融数据治理

大数据背景下金融数据体量呈现出爆炸式增长的态势，各种金融业态被催生出来。体量巨大的金融原始数据经过大数据技术处理后，在金融机构内部产生了巨大的价值。2018 年 5 月，银监会《银行业金融机构数据治理指引》的发布使传统金融数据管理开始向现代金融数据治理转变，这也是适应大数据时代背景和要求的必然结果。

现代金融行业的竞争，越来越表现为金融机构如何将日常运营中积累和沉淀的大量用户与交易数据有效利用，然后提高在业务运转、决策以及突发风险事件应对等方面的竞争力，同时交易数据的有效运用也对金融数据的一致性、完整性及可使用性提出了更高的要求。大数据技术兴起之前，传统金融机构在运用数据时较注重数量、速度和种类。大数据技术兴起之后，金融机构在数据的使用过程中对数据的价值和真实性方面提出了更多要求，其中真实性包括数据的可信性、来源和信誉、有效性和可审计性等。

一、大数据重塑金融数据治理

（一）现代金融业数据治理新趋势

数据治理是数据产生并创造价值的过程，数据治理团队对收集的数据进行评价、指导、控制的整个过程，根本上说是数据团队数据综合管理过程。传统金融数据治理中，各种类型的金融机构独立运行，行业差异较大缺乏统一的标准，专业化程度也不够，金融数据孤岛和行业内数据割裂问题明显。现代金融业竞争更加强调如何通过运用大数据技术赋能金融数据治理，实现金融资产数据化和金融数据资产化，充分挖掘金融数据价值。《银行业金融机构数据指引》中对数据治理、数据质量控制、数据价值实现和数据监管都做了详细的说明，概括来看现代金融数据治理相较于传统金融数据管理的“数据管控”更加强调通过数据治理实现数据价值。

金融数据治理的结果必将导致金融资产数据化和金融数据资产化，也是金融资产和金融数据在大数据时代背景下，最明显和必要的发展趋势。现代社会日常运行中积累了大量的数据，而当前金融机构对数据的利用率普遍偏低，数据价值被淹没，这对企业来讲既是挑战，也是机遇，如果企业能突破当前的技术壁垒，对沉淀下来的金融数据合理应用，就能够将其变为可使用的数据资产，充分挖掘金融数据的商业价值。金融机构通过运用大数据技术进行数据治理，合理有效地将“数据资料”上升为“数据资产”。维克·托迈尔·舍恩伯格（Viktor Mayer-Schönberger）曾表示“数据虽然还没有被列入企业的资产负债表，但这只是一个时间问题”，以往因技术水平受限、数据缺乏积累，数据这种潜在的资产未被金融机构充分重视。如今，一方面大数据技术的不断发展与成熟，金融机构数据分析处理水平日渐提高；另一方面金融机构内部数据的快速积累，数据资产化正朝着积极的方向发展。

现代金融业数据治理的一大趋势是不同机构间进行生态协同合作治理。过去，金融数据生态治理往往是由金融机构自我治理，大数据时代背景下，金融数据的生态治理逐渐转向由金融机构与金融科技公司，同时还包括一些政府的监管机构进行生态合作治理。当今金融科技创新如火如荼，传统金融机构内部创新不足导致发展放缓，金融创新开始主动与金融科技公司进行合作，利用金融科技企业广泛的应用场景下积累的丰富数据及由此形成的多样化的模型解决方案来改善自身的数据治理能力，不断提高金融授信精准度，减少风险承担水平，降低金融服务成本，提高数字化金融服务能力。例如，京东商城在电商领域经营多年积累了大量的用户行为数据，这类数据代表着创新型企业、不同年龄段的消费者行为数据和三农小微数据，京东金融利用其数据优势与金融机构开展合作创造商业价值。京东商城中所积累的用户行为数据，恰恰代表着传统金融机构数据库中极度缺少的长尾客户群体，京东金融与传统金融机构进行的该项数据合作，两者优势互补有利于提高传统金融机构普惠金融服务的数字化能力。

金融数据治理趋向标准化是现代金融数据治理的又一大趋势。由于金融数据大多产生于复杂的环境，因而金融数据天生带有“不统一性”，容易产生数据孤岛。以往数据管理分散不集中等问题的存在，对之后进行的数据建模、分析、运用造成极大障碍，使得金融数据价值挖掘难度大幅提升而效果大打折扣。为解决数据管理分散问题，金融机构应结合数据建模、分析和运用需求从建立覆盖全部数据的标准化规划、构建统一的数据技术标准、明确不同系统间数据交换标准，以及制定必要的数据安全标准等方面推进金融数据标准化治理工作。2018 年 9 月，中国证券监督管理委员会发布了《证券期货业数据分类分级指引》《证券期货业机构内部企业服务总线实施规范》《期货市场客户开户数据接口》《证券发行人行为信息内容格式》等四项金融数据标准。上述规范性文件从金融数据安全管理、企业服务总线、客户信息数据传输、证券发行人信息数据披露等方面，规定了证券从业机构在金融数据标准化治理中需要遵守的标准规范。以上金融数据治理标准规范和指引，对银行业、证券期货业以外的其他金融业机构以及互联网金融公司、金融科技公司的金融数据标准化治理工作也有示范和借鉴意义。银行业、金融科技公司及证券期货业以外的其他金融机构在进行金融数据的标准化治理时可借鉴上述规范性文件。

金融数据施行中台治理，快速应对市场需求变化是现代金融数据治理的另一大趋势。大数据时代要求金融机构快速、及时进行技术创新以应对市场变化，因此金融机构需要利用科技自动化处理数据，形成强大的数据分析、决策能力。金融机构的日常运行中产生并沉淀了海量的金融数据，有效的金融数据治理能够将有价值的信息数据从海量数据资料中进行提炼并集中存储、管控和分发，并在围绕客户需求的基础上进行金融创新，构建金融数据“水库”。金融数据中台治理是指金融机构通过中台能够灵活地从前台和后台的数据水库中提取具有较强相关性和可利用性的数据，发挥金融数据中台治理的“水库效应”。该种做法有利于适应大数据时代背景下前台金融业务和金融创新较灵活机动的业务特点。当前部分金融机构逐渐开始自建“数据中台”，如北京农商银行在进行数据化结构转化和碎片化数据整合等金融数据治理时便采取自建大数据平台的做法。同时金融机构也可借助第三方提供的“数据中台”服务，如 TalkingData 致力于打造“数据中台”的能力，从数据采集、数据管理、数据使用和数据标准等各个相关的数据治理层面提供解决方案。

（二）大数据助力资产数据化、数据资产化

随着互联网和大数据技术的爆发式增长，一方面，数据在金融机构运营中的价值被不断挖掘出来，金融机构开始将数据视为机构发展的一项重要数据资产；另一方面，随着各种信息化技术的成熟与应用，各类实体资产也可以转化成数字资产进行管理，提高管理效率，如高校的自动识别数字资产管理系统就是资产数据化的一个应用实例。

资产数据化、数据资产化真正实现广泛的落地需要大数据技术的支撑。金融科技飞速发展时期，大数据、人工智能、云计算等金融科技技术的不断成熟与应用为金融数据治理提供了技术基础和技术赋能，具体地包括智能化和自动化金融数据治理、数据运算和存储能力、可信的“资产数据化、数据资产化”工具、数据整合建模能力等。金融数据治理手段科技化，主要表现为内部合规端和外部监管端的监管科技应用，具体表现在两个方面：①在内部合规端主要是在数据治理方面进行科技化和自动化，具体实现手段是不断在金融数据建模、

风控手段、用户画像构建等方面进行技术升级开发与运用；②在外部监管端监管科技应用科技化和自动化方面，主要是建设对接的数据报送平台或系统，以及数据报送 API 接口和报送数据标准的统一。

二、大数据推动金融产品和服务创新

（一）大数据金融应用场景

移动互联网技术和互联网金融的发展，金融行业将金融服务与金融业务不断整合，无论是支付、信贷、保险等各领域，还是客户交互和客户服务领域，客户的行为都发生了极大的改变。数字科技的不断成熟与运用，使得金融服务的提供方式越来越多元化，金融脱媒的趋势已无法逆转，传统金融企业逐渐渠道化，整个传统金融行业陷入困境。

当前的金融创新已经不同于以往将新技术叠加于传统金融服务的模式，而是在新技术尤其是大数据技术的支撑之下，进行深层次的业务转型和变革。大数据背景下，金融行业呈现一个越来越开放的态势，金融机构对数据的运用能力将成为金融企业数字化转型的关键。

事实上，依托于大数据技术，数据分析和人工智能技术在金融机构的前台、中台和后台业务中一直都有着广泛的应用场景。在前台业务中，金融机构利用大数据对客户的行为偏好、地理位置和活动时间等各项数据进行分析，同时整合人工智能交互技术，有效提高客户服务的水平和质量，提升客户体验；在中台业务中，数据分析和人工智能技术可以用于侦测客户欺诈和风险防范；在后台业务中，利用大数据算法对数据进行综合分析，为金融企业的管理和决策提供参考。大数据背景下，金融机构通过综合利用内部和外部的客户数据，对客户的信用风险进行准确的评估，在小额贷款领域，可以提高机构营业收入、降低信用风险积累，同时也有利于降低客户的融资成本，提升服务体验。金融机构可利用的外部数据包括但不限于：用户相关数据、互联网数据和电子商务数据；内部数据主要有结构化数据和非结构化数据，结构化数据主要有客户信息、商户信息、账户信息、交易明细和系统日志等，非结构化数据主要有各类电子凭证、证件、文件扫描和服务录音、录像等。

（二）金融机构数据的创新应用

金融企业数据应用大致可以分为三个阶段。首先是数据的聚合和分析应用，该阶段主要是整合金融机构内部和外部数据，应用大数据平台技术和分布式数据存储方式，将各类数据融合形成数据库，以此来达到不同数据的聚合和分析运用的目的。大数据背景下，现代金融企业利用分布式存储的大数据模式替换传统数据库，金融企业的数据应用总体表现出从大数据走向人工智能的趋势。这样做的优势主要体现在两个方面：一是数据实时分析能力大幅上升；二是数据库可无限拓展，数据处理平台的建设成本和保有成本都显著降低。

金融企业数据应用的第二个阶段是大数据实时分析和智能决策阶段，该阶段大数据开始在金融企业内部得到深度应用。随着大数据平台的搭建和云计算技术的发展，金融企业数据实时分析能力大大增强，数据运用和分析的能力实现质的飞跃。大数据分析技术的不断成熟，使得金融机构在风险管理、精细化管理、多维度分析和智能决策等方面的数据应用能力都得到了大幅度的提升。

金融企业数据应用的第三个阶段是人工智能应用阶段，这是大数据平台数据运用能力进一步提升以及大数据应用场景进一步丰富的结果。未来人工智能技术将在金融服务的各个领域得到十分广泛的运用。利用大量数据来推动的人工智能技术可以模拟人的思维过程和智能行为，实现计算机的更高层次应用。随着大数据技术的不断成熟和应用，金融机构可以从客户管理、精确营销、精细管理、业务创新和风险管理等多个领域进行创新。如图 5-1 所示。

客户管理	精确营销	精细管理	业务创新	风险管理
• 客户全景视图 • 客户分群 • 客户定价	• 实时营销 • 全渠道营销 • 事件式营销 • 广告投放	• 成本核算 • 全方位价值贡献度计算	• 小微贷 • 平台金融 • 供应链金融 • 开放银行	• 风险评估 • 多点监测 • 反欺诈 • 反洗钱

图 5-1 金融机构的多领域创新

人工智能技术的发展和成熟将是大数据技术在金融行业应用发展普及的一项重要技术突破。客户交互方面，可以利用人工智能技术提供智能会话、语音助理、智能外呼和主动营销服务，为客户提供更多个性化、优质、便捷的服务，提升客户交互体验。服务提供方面，可以利用人工智能技术提供小额快速贷款、周期性常用功能到期提醒和纪念日优惠及提醒等产品和服务，客户全定制化服务，根据客户的特殊日期提供服务。业务创新方面，人工智能技术的人脸识别、客户表情判断和服务建议功能，可以向客户提供更加安全便捷的新交易授权模式。风险管理方面，人工智能技术能够基于深度学习技术的欺诈侦测技术，将欺诈交易降低到最小限度。金融大数据的应用场景：从数据聚合到智能决策，最后升级为人工智能技术应用，如图 5-2 所示。

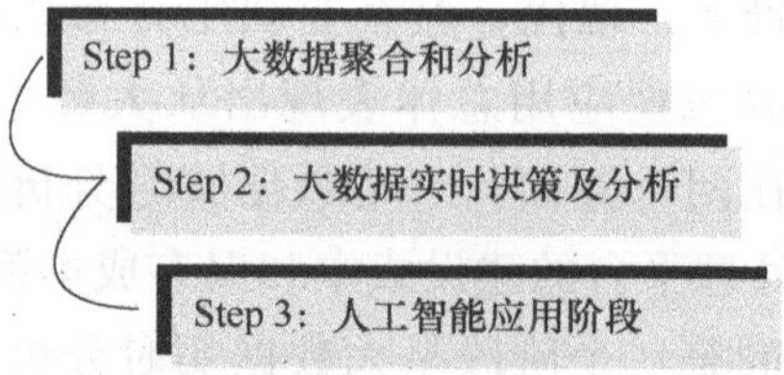

图 5-2　金融大数据应用：从数据聚合到人工智能

第二节　大数据金融新业态

一、金融业应用大数据的先天优势与挑战

（一）金融机构的沉淀数据已经显现大数据特征

金融行业的业务繁杂，随着混合营业趋势进一步融合，交叉业务规模与日俱增，征信、贷款、风控、保险、资产配置等业务的加深拓展意味着金融行业沉淀了大量的数据，这些数据在发展历史中不断沉淀成为具有 4V⊖特征的大数据。

金融机构在日常运营中会积累大量数据，前期沉淀的数据包括客户数据、交易数据、外部数据等，金融机构大数据的数据维度如图 5-3 所示。这意味着金融机构的重要资产和核心竞争力就是各类行为数据。数据的数量级别可划分为 B、KB、MB、GB、TB、PB、EB、ZB⊜等，而数据的数量级别为 PB 级别的才能称得上为大数据。目前，数据量呈现几何级增长，全球数据总量预计 2020 年达到 44 个 ZB，我国数据量将达到 8060 个 EB，占全球数据总量的 18%。

金融机构处理大数据的速度越来越快，所有数据的处理遵循着时效性要求，这是金融机构数据成为大数据的关键步骤。由于金融机构每天面临着高频率、

⊖ 4V 即海量（Volume）、高速（Velocity）、多样（Variety）、价值（Value）的特征，详细参考第二章。

⊜ 存储单位。计算机存储单位一般用 B，KB、MB、GB、TB、PB、EB、ZB、YB、BB 来表示，它们之间的关系是：位 bit（比特）（BinaryDigits）：存放一位二进制数，即 0 或 1，最小的存储单位。字节 byte：8 个二进制位为一个字节（B），最常用的单位。1KB（Kilobyte 千字节）= 1024B，1MB（Megabyte，兆字节，简称兆）= 1024KB，1GB（Gigabyte，吉字节，又称千兆）= 1024MB，1TB（Trillionbyte，万亿字节又称，太字节）= 1024GB，其中 $1024 = 2^{10}$，1PB（Petabyte，千万亿字节又称，拍字节）= 1024TB，1EB（Exabyte，百亿亿字节又称，艾字节）= 1024PB，1ZB（Zettabyte，十万亿亿字节又称，泽字节）= 1024EB，1YB（Jottabyte，一亿亿亿字节又称，尧字节）= 1024ZB，1BB（Brontobyte，一千亿亿亿字节 = 1024YB）。

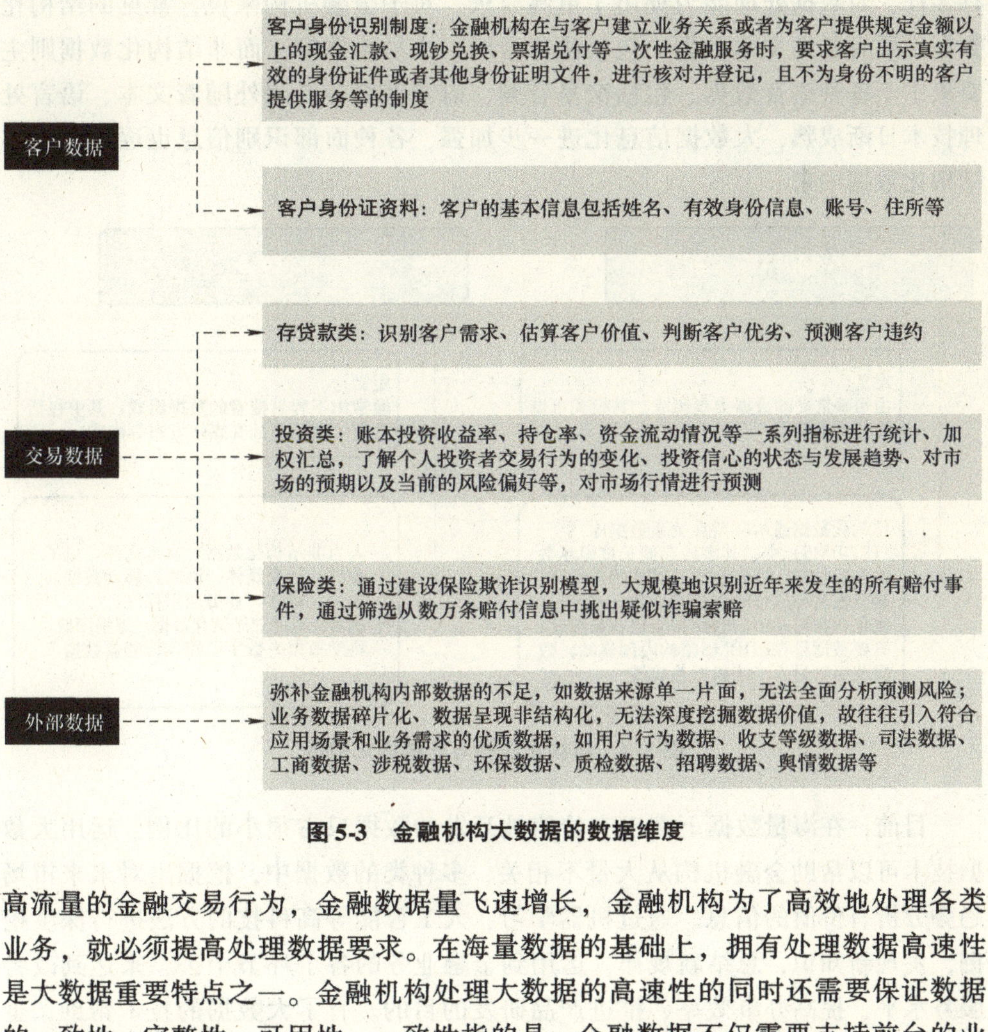

图 5-3 金融机构大数据的数据维度

高流量的金融交易行为，金融数据量飞速增长，金融机构为了高效地处理各类业务，就必须提高处理数据要求。在海量数据的基础上，拥有处理数据高速性是大数据重要特点之一。金融机构处理大数据的高速性的同时还需要保证数据的一致性、完整性、可用性。一致性指的是，金融数据不仅需要支持前台的业务流转同时也需要保障其他各项业务的有效展开，如中后台管理等。在金融机构的各类政策支持中，大数据已经成为保证决策正确性的重要基石，这也意味着在机构整套业务流程中的数据沉淀是完整而具有体系性的。特别是在突发情况中，整体业务系统前后的一致性是至关重要的，这意味着业务系统能在短时间内迅速恢复，减少突发事件的负面影响。

金融大数据意味着数据多渠道汇集，也是金融数据类型多样性的重要体现。金融大数据可以分为结构化数据和非结构化数据，如图 5-4 所示。结构化数据有例如企业资源计划（ERP）、财务系统非结构化数据主要包括图片、视频、音频等。数据类型的多样性可以保证相关信息的可靠以及价值。数据表现形式的多种多样，对数据处理能力提出了更高要求。对于金融机构来说，常见的结构化数据主要有各类文本数据，包括法律合同、交易单据等，而非结构化数据则主要集中于各种语音数据，包括交易音频、语音客服等。此外随着文本、语言处理技术日渐成熟，大数据信息化进一步加强，各种面部识别信息也逐步纳入非结构化数据中来。

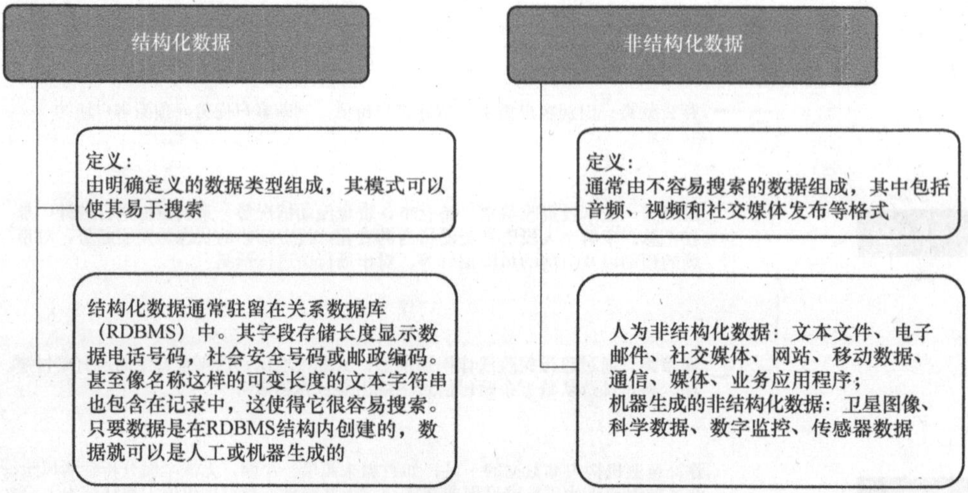

图 5-4　结构化数据与非结构化数据

目前，在海量数据下真正有价值被开发的数据只占很小的比例。运用大数据技术可以帮助金融机构从大量不相关、多种类的数据中，挖掘出对未来市场趋势分析有价值的信息。通过机器学习、人工智能等高科技的方法进行深度挖掘，发现新知识，总结新规律，运用到金融业务的各个环节中去，来达到改善服务水平、提高办事效率、推进产品研发的目的。有了大数据的技术帮助，金融机构可以利用客户金融生活历史信息，更好地划分用户群体，收集总结用户的行为习惯、产品偏好和变化趋势。例如对于占金融业半壁江山的银行来说，如果银行业务与大数据处理技术相结合，总行就可以更加便捷地了解到各个分支行、网点的运作情况：资金运转是否良好有序，重要客户群信息是否安全详尽；然后可以方便总行对现有资源进行有效整合，按照客户偏好进行个性化调整，探索出具有个性化和特色化的理财业务或者存贷款产品。

（二）金融业大数据面临的发展瓶颈

首先，金融业整体的数据资产管理水平仍然不足。金融业发展数字资产管理时，质量水平参差不齐，数据的采集方式单一且原始，此外，各类数据规范性差，格式五花八门，严重阻碍了后期数据清洗、数据再利用等环节。金融业数据标准化不足，目前的数据系统缺乏统一性、范式性，许多数据重复且分散于各个数据系统中，而目前金融行业数据采集以及应用能力仍然达不到大数据金融标准。

其次，金融大数据在金融业运用过程中需要不断突破原有技术框架，开拓业务领域。大数据分析在金融行业中最大的障碍就是技术问题，由于目前各个金融机构的大数据业务开拓仍然停留在数据收集层面，数据再利用仍处于探索阶段，且没有大量成熟的案例可以借鉴，各个机构间存在技术壁垒，数据应用相互隔离，缺乏有效的整合与协作，跨域和跨企业的数据应用相对较少。要让大数据全面支撑金融行业服务发展，就必须配套相应成熟的系统架构，但是其所需投人成本削弱了金融机构的积极性。

再次，金融大数据的安全规范仍待提高。目前各大金融机构所适用的技术信息安全的标准仍然处于起步阶段，金融大数据相关的安全标准更是少之又少。金融大数据需要比别的行业更看重个人隐私保护、数据安全维护，因为金融行业的风险的传染性、蔓延性本身就快于其他行业，加之技术风险，更容易给整个金融环境造成不稳定因素。

最后，培养复合型人才是金融大数据行业的重中之重。金融与大数据的结合包括了产品创新，离不开产品设计、软件开发，还包括了合规性管理，囊括各类监管技术，这些细分领域的拓展离不开大数据的挖掘和分析技术，然而兼具金融和技术的复合型人才处于紧缺状态。传统金融业科技人员的转型既缓慢又困难，目前，还没有一套全面科学的人才培养机制。

（三）促进金融业大数据发展的建议

第一，加快数字资产管理，凸显大数据应用和变现价值是未来金融业的首要任务。随着金融业业务的细分和数据量快速增长，海量数据积淀加大了金融行业利用和管理数据资产的难度，所以应该加快引进数据治理，消除数据不一致性，建立规范的数据标准，提高数据质量，最大化数据价值。同时由于金融业涉及的数据更注重安全问题，所以可以运用数据脱敏技术，在保留原始特征的基础上改变数值，以加大对客户的隐私保护。

第二，加快构建金融数据开放共享平台，推进金融大数据的成果共享。金融机构面临着数据分散和孤岛问题，所以必须要打破数据垄断，由监管部门出面，分几段推进金融大数据的公开、共通、共享机制建设。这一机制建设的第一步就是建立统一的数据目录，制定最低的开放标准。同时鼓励跨机构、跨市场的合作，以消除数据流动的障碍。未来金融业走向混业经营是一种趋势，所以在此过程中，建立单独的内部数据部门，专门负责大数据管理、运营，有利于金融大数据和各类金融业务需求契合的同时，保障数据安全性，促进金融大数据在社会和经济的各个领域的价值实现。

第三，建立金融业大数据的安全标准和行业规范，鼓励复合型人才培养。大数据金融最大的风险在于技术安全和信息安全，政府机构应该尽快推出相对应的技术标准和安全标准，明确各类数据的适用范围和使用原则，同时应该明晰数据使用权限，最大可能地保护好用户的信息安全和数据隐私。此外，金融业使用数据过程中，应该遵循一套标准化、规范化的操作标准，对各项操作环节予以监控和管理，任何数据都应该做到有源头可溯。在此基础上，应该鼓励金融行业培养复合型人才，尤其是金融复合计算机人才。金融行业人力方面要加强对相关人才的培养和管理，使金融科技人员善于利用大数据，精通数学、计算机、数据分析等综合技术和理论运用能力，满足金融发展的新需求，更好地应对来自大数据的挑战。

二、大数据金融运营模式

大数据金融模式无论是平台模式还是供应链金融模式的发展都将围绕着数据的获取、沉淀、运用和洞察，以推动金融业的数字化转型。大数据金融运营具体模式如图 5-5 所示。其中，构建以数据应用为导向，业务价值为引领的数据治理体系是大数据金融发展的基础和关键。

类型名称	内涵	优势	代表企业
平台金融模式	主要依靠集聚于平台商户的交易数据，利用并借助平台提供金融服务	1.具有庞大的历史交易信息数据库，可完善服务对象的征信信息，有利于解决征信审核、风险控制问题，降低坏账率 2.通过平台交易系统，获得持续稳定的客户源 3.解决长尾客户信息不对称问题，加快贷款流程	如蚂蚁金服、京东金融以及电信运营商等
供应链金融模式	核心龙头企业依托自身产业优势，通过其对上下游企业现金流、进销存、合同订单等信息的掌控，依托自身资金平台或合作金融机构对上下游企业提供金融服务	1.根据实际生产交易需要，满足供应链相关企业短期资金需求，促进产业链协调发展 2.以核心企业的业务关系为基础，对产业链上的资金需求企业进行风险评估，扩大服务范围	如京东金融平台、苏宁供应链金融等

图 5-5　大数据金融运营模式

大数据金融运营主要离不开四个环节：连接、数字化、创新体验以及数据洞察。如图 5-6 所示。

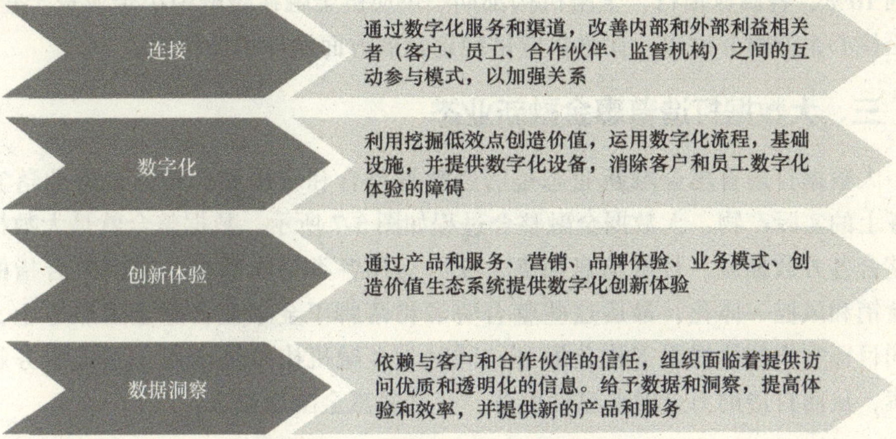

图 5-6　大数据金融运营的四环节

在构建以数据应用为导向的大数据金融业逐渐形成了平台金融和供应链金融两大运营模式。

平台金融模式是指平台企业可以借助信息技术手段，对其长期行业沉淀的大数据进行专业挖掘和分析。因为在平台上聚集了各类大、小企业，多年经营使其积累了大量的交易数据。平台企业可以借助互联网技术，为企业或个人提供便捷的金融服务。其优势在于它拥有一个庞大的数据流系统，可以清楚地了解到申请金融服务的企业或个人的历史交易信息，相当于拥有一个完备的征信信息数据库。这可以帮助金融机构解决企业的征信审核和风险控制问题，降低平台金融企业的坏账率。依托平台企业的交易体系，可以拥有稳定、持续的客户来源。平台金融模式有效地解决了信息不对称问题，在高效的大数据处理下减少了审核程序和时间，简化了贷款流程。该平台金融模式的特点是，服务对象可以覆盖个人和小微企业等长尾客户。企业根据交易数据分析客户的信用水平和资金状况，在不需要抵押或担保的情况下，就可以快速发放贷款，而且大多是短期贷款。但是这种优势的建立并非是一蹴而就的事情，需要平台企业在前期较长时间里积累交易数据、完善交易设备和积累数据分析人才。

供应链金融模式是指金融或物流企业以核心企业为起点，为与有业务往来的中小企业提供结算和融资服务的供应链运作模式。供应链金融作为新兴的信贷服务模式，已成为商业银行业务的新增长点。目前，国内商业银行为企业提供的具体供应链金融产品和服务包括存货融资、应付/预付款融资和应收账款融资等类型，在此基础产品上派生出其他中间业务类产品。供应链融资电子平台提供商 Demica 发布的一份报告预计，2020 年供应链金融业务的年增长率将至少达到 10%，各商业银行、金融机构都期望供应链金融在缓解中小企业资金短缺、放松核心企业财务约束、促进供应链稳定发展方面发挥积极作用。

三、大数据打造普惠金融新业态

大数据打造普惠金融新业态是历经数据整合和应用整合后，金融业落实到服务上的实际产物，大数据金融整合过程如图 5-7 所示。数据整合就是大数据需要整合各方数据源，打破信息孤岛，充分运用各类关联数据。应用整合指的是将营销和风控一体化，最后这些整合资源将落脚于金融业普惠金融服务上，为不同目标客户群体提供多样化服务，同时为金融机构提供全面一站式服务解决方案，从而打造助力金融普惠性服务，打造普惠金融新业态。

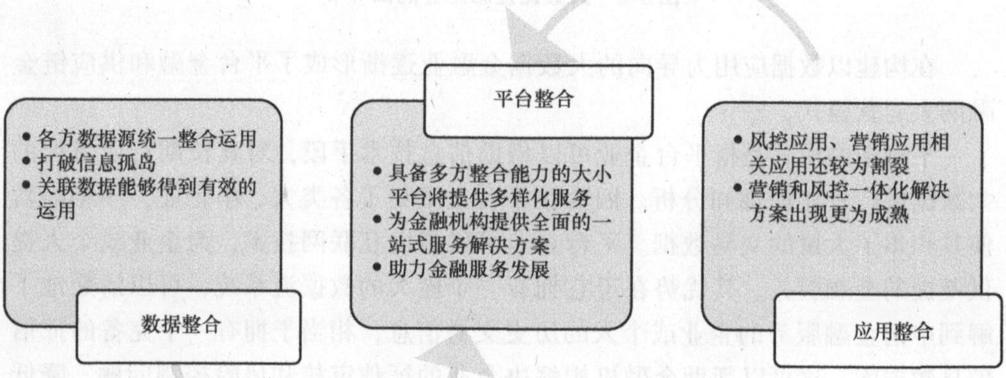

图 5-7　大数据金融整合过程

普惠金融的新业态的“新”主要体现在了“新技术、新产品、新业态、新模式”，大数据作为底层技术资产，不断助力普惠金融新业态，其最大动力就是实现了普惠金融的供需匹配性。大数据通过海量和真实的数据，精准匹配客户群体的需求与金融服务的供给，为解决投融资问题降低了成本，不断下沉客群，覆盖金融服务面。大数据的精准匹配赋予了普惠金融服务如下特点：①低成本，和以往大众性的营销体系相比，大数据实现了精准营销的可能性，有效节约了人力成本、搜寻成本以及推广成本；②高效率，通过大数据结合信息化手段可以精准匹配客户群，形成客户画像，细分市场，触达客户的速度和质量大幅提升；③个性化，意味着普惠金融更注重对客户的“量体裁衣”式服务，利用大数据沉淀客户，直接服务目标群体，按照客户需求开发个性化产品。

目前，普惠金融难以突破的瓶颈仍然是征信体系不足。普惠金融想要得到实质性的推进，必须有效延伸征信数据范围。大数据可以将征信数据的维度扩展为场景内数据、平台自身数据和外部征信数据，使得金融业可以利用更多的非金融机构数据进行风险控制。各类金融科技企业快速发展，尤其是网络投融资平台对征信提出了新的要求，大数据、云计算、人工智能等信息技术为征信提供了技术支撑。大数据征信在风控中主要体现在：①精准的数据分析来确保风控；②纵横型+点线面多方位的数据收集和筛查，提高金融征信服务的可信度；③完善征信供应链，覆盖上游数据生产者、中游的征信机构及下游的征信信息使用者。

普惠金融新业态的核心是覆盖长尾客群，因为这些客群仍然未纳入目前的征信体系，所以甄别这些用户的信用情况，降低信用风险是金融业运用大数据时的重要考验。目前，普惠金融新业态中仍然存在着流动性风险、经营风险以及操作风险，而大数据风控的作用能够有效缓释这些风险。大数据风控主要运用了数据挖掘和机器学习的方法，在借贷环节已经充分展开运用，具体来看，其做好了贷前自动化防欺诈、贷中审核、贷后管理等各关节的风控工作。大数据风控一方面会处理海量数据，除了囊括各类传统征信信息，并纳入各种社交等行为信息作为征信支撑；另一方面，大数据根据相应模型，不断迭代并做出动态调整，寻找现有数据之间的联系，量化风险指标，评估客户的整体信用情况。

第三节　大数据推动金融业数字化转型

一、金融业数字化是未来发展趋势

金融数字化包括金融基础设施数字化，金融市场智能化，金融机构数字化以及资产数字化与数字资产证券化。金融基础设施主要是指金融运行有关的硬件和相应制度安排。金融市场基础设施是经济金融运行的基础。金融基础设施的数字化就要求金融机构间用于日常清算、结算或记录支付、证券、衍生品或其他金融交易的多边系统需要数字技术予以支撑。金融市场智能化则着眼于利用区块链的公式算法、智能合约机制和人工智能的智能定价、智能撮合机制，数字资产市场建立一套公平、对等、点对点的直接交易机制，这有助于解决传统金融体系成本高，效率低，监管难等问题。随着大数据、人工智能等新技术的不断成熟并渗透于金额业，中国金融体系智能化进程不断推进。金融活动智能化要求金融监管必然走向智能化。中国金融基础发生巨大变化，监管准则、监管视野、监管判断标准也应有相应的变化。

现代金融用户在经历了一轮又一轮数字化变革浪潮后投资理念越来越成熟，用户行为趋于成熟，他们开始期望通过银行获得的金融服务需求也发生了巨大转变，数字化诉求已逐渐成为主流，越来越多的客户习惯于通过数字化渠道访问各类金融账户。此外，传统的金融机构还面临着许多来自新渠道、新领域的冲击，例如金融科技创业公司几乎打破了金融服务价值链上的每一个环节，包括支付、贷款、贸易融资和外汇等。金融机构们正在不遗余力地寻找各类攻防措施，通过数字化转型来优化客户体验和创新业务流程。金融机构数字化转型应以移动金融作为布局重点，使用移动智能终端及无限互联技术找到处理金融企业内部管理及对户外产品服务的更高效的解决方案。金融机构数字化转型应采用自动化的交易平台，预计未来金融机构将会尝试构建以数字货币为基础的分布式金融体系，该体系下的智能合约系统将有效推进传统金融机构转型。

2008 年以后，金融市场和金融证券化市场脱实向虚的趋势越来越明显，中小企业融资难、融资贵的问题越发凸显，这意味着资产利用水平低，运转资产成本高昂，而解决这一难题的关键在于获得足够的资产数字化技术支撑。资产数字化是通过一种使用密钥来表征资产的电子符号，从而实现数字资产、交易的唯一性，以高强度的私钥和公钥用于授权和交易过程的验证。数字资产证券化是指数据资产拥有者可以自行管理和控制拥有的所有数据资产，分布式金融体系将作为连接数据资产供需双方的桥梁。数字资产证券化意味着从前期数据清洗、数据校验，到基础资产筛选，目标化管理、产品结构化设计和定价，到最后形成各种资产服务管理与咨询报告，都可以自动化处理。

二、大数据是金融业数字化的发展引擎

随着整个现代化社会数字化进程的加快，数据的采集、存储、传输和安全维护全链条都发生了极大的变革，进而推动着金融业的快速数字化。数据采集方面，一方面，数据采集需求的不断增长和方式的巨大改变催生了现代化的公开数据市场流通平台开展数据资产交易；另一方面采集方式的改变也要求更加主动地利用传感器、SDK 等手段收集或直接购买数据。新的数据需求和数据采集方式也对数据存储提出了更高的要求，扁平化的数据库催生了基于分布式技

术为核心的数据库软件发展，随之也带来了数据安全服务的系列改变。

大数据时代背景下，金融基础设施数字化应构建以数字货币为基础，以信息为主体，以移动金融为交易媒介，通过区块链技术进行核算与数字监管，通过沙盒监管探索适应金融科技的法律体系，形成闭环，可全方位评估分布式金融体系内的信用环境的金融基础设施。具体到应用方面，大数据技术对传统金融行业造成近乎颠覆性全流程再造，优化各个流程不断实现金融市场智能化。

资产数字化的基础是数据的公开性、安全性和唯一性，区块链分布式存储数据的不可篡改性与大数据技术是天然的结合。利用大数据和区块链技术对资产进行穿透洞察，并提升对资产风险识别以及分级的能力是资产数字化最终目标。在资产数字化过程中，大数据是重要动能，金融业的数据运用能力被视为核心竞争力，传统业态正加速融合，信息技术推动的消费互联网向产业互联网、价值互联网升级，将进一步推动个性化、定制化、碎片化需求勃发和社会征信体系建设。在分布式金融体系和大数据技术支撑下，金融业处理海量资产数据的能力大幅提升。数字资产证券化在优化融资问题的同时，在移动互联网、大数据技术的支持下，资产证券化也有利于推动支付体验的提升，对于拉动消费促进就业也有正向作用。大数据技术除在处理海量数据外，还可以快速、精准地甄别风险因子，在处理风险因子过程中，大数据技术与人工智能可以解决风险因子非线性所带来的模型、避险、定价数据不均匀问题。

三、大数据是推动监管科技的重要手段

在大数据、区块链和人工智能的支撑下，监管科技是甄别金融科技风险和缓释金融风险的重要手段。大数据作为底层技术面，将负责用户信息认证，追踪登记以及异常数据监控分析。大数据对于监管科技的重要性体现在了三个方面：第一是运用大数据意味着监管机构可以能够同时获取各个机构间、各个行业间、各个周期以及各类市场间的数据，而金融系统风险具有跨区域、跨时空传染的特点。所以监管科技在运用大数据过程中，可以有效阻断风险的蔓延；第二是大数据更注重从整体上把握市场的运行规律和风险传递，经过各类风险因子的分析和提取，可以提高监管科技的效率；第三是大数据是一个动态更新过程，所以保障了监管科技决策的时效性，由于大数据能够及时更新，意味着监管不再局限于事后监管，而是可以进行事前预防与事中控制，最大程度降低金融性风险的爆发。

金融机构在运用大数据推动监管科技方面可以落实到穿透式监管和可视化监测。

第一个重要环节就是通过大数据进行穿透式监管。大数据的在监管科技上的运用意味着多维度数据和实时性数据的处理技术已经实现，风险指标、反洗钱、内部合规都是具体的落地化运用。这些运用有效地降低了监管成本，构建了市场监察系统，同时内外部双管齐下，精细化监管证券市场交易行为、货币市场风险敞口、投融资市场违约损失、债券基金市场评级管理等，有效进行全面风险管理。

监管科技另一个重要环节就是运用人工智能、大数据、生物识别等多种信息手段和技术，通过对数据的筛选、清洗、关联，形成对客群的可视化监测，动态监测客户行为，为监管机构提供实时有效的数据库。此外，监管科技在形成客群画像过程中，可以进一步提取有效数据，从各个维度分析个人、企业的行为特征，为监管科技提供一套量化指标，譬如采用大数据可以拓展金融监管的数据源，针对银行、保险、证券、基金公司、小贷公司等金融企业，形成监管量化变量，最终通过模型模拟出金融机构变化对监管的影响大小。

未来金融监管的发展趋势离不开大数据作为支撑，在大数据的助力下，监管将穿透各级风险，形成可量化、可视化的风险度量体系，提升监管效率，降低金融系统性风险的可能性，为金融科技发展保驾护航。

【本章小结】

本章聚焦于探讨大数据与金融数据治理的关系，强调通过运用大数据技术赋能金融数据治理，充分挖掘企业金融数据价值，最终实现金融资产数据化和金融数据资产化。

大数据技术的成熟与应用突破了原有金融服务应用场景。在大数据技术的支撑下，金融机构将进行深层次的业务转型和变革；金融企业的大数据运用将实现从数据的聚合和分析运用，再到大数据实时分析和智能决策阶段，最后步入人工智能应用阶段。随着大数据技术的不断成熟和应用，金融机构可以从客户管理、精确营销、精细管理、业务流程、风险管理等多个领域进行创新。

随着大数据技术日趋成熟，“大数据＋金融”的新模式将给金融业带来革新，大数据金融运营模式包括平台金融与供应链金融，发展“大数据＋金融”模式为我国发展普惠金融创造了良好契机。金融机构在运用大数据过程中具有先天优势，尽管其业务发展符合大数据4V特征发展趋势，但是金融行业仍面临诸多挑战，例如，数据资产管理应用水平较低、金融大数据应用技术与业务探索仍需突破、金融大数据的行业标准与安全规范不尽完善、金融大数据发展的顶层设计和扶持政策还需进一步强化、复合型人才紧缺、技术壁垒问题凸显等。

为了进一步促进金融大数据发展，需出台相应的产业规划和扶持政策，分阶段推动金融数据开放、共享、统一平台建设，强化金融大数据行业标准和安全规范建设，依托行业平台推进金融大数据应用成果，实现共享合作。

此外，大数据在不断推动金融业数字化转型，金融业数字化是未来的发展趋势，大数据则是推动金融业数字化的发展引擎，同时也是推动监管科技的重要手段。

【复习题】

1. 简述金融数据治理的几大趋势。
2. 简述金融业数据化发展呈现的趋势。
3. 详述金融业应用大数据的先天优势与挑战。
4. 详述大数据金融运营模式的内涵与优势。

第六章

大数据与金融机构转型

【学习目标】

1. 了解和掌握大数据技术对银行的组织机构、渠道、技术、风险等的影响；
2. 了解和掌握大数据技术对保险的营销、售后服务、风险、监管的影响；
3. 了解和掌握大数据技术应用于证券市场的场景和监管情况；
4. 了解和掌握大数据技术对信托的产品设计、营销、渠道、风险的影响；
5. 了解和掌握大数据技术对基金的产品创新、资金配置、风险、投资的影响。

【导入案例】

恒丰银行的大数据客户管理系统之优

互联网技术、大数据技术、人工智能等技术不断创新发展，对传统金融机构产生了重要的影响，涉及银行、证券、基金、保险、信托等等金融机构从展业、风控到内部管理、技术创新等多个方面，并表现出制度健全化、管理数据化、技术先进化、营销精准化等趋势特征。

以恒丰银行的大数据客户关系管理系统为例：恒丰银行的基于大数据客户关系管理系统（CRM 系统）主要应用于客户关系管理、精准营销等业务场景，一方面能够帮助银行长期维系客户，另一方面也能够挖掘高价值的潜在客户。CRM 系统依托恒丰银行自主研发的企业级大数据技术平台，采用微服务软件架构、实时流处理技术和人工智能技术，通过对内外部数据的深度整合和价值提炼，为客户提供全景视图、工作提醒、智能客户推荐、营销机会发掘、产品货架与优化组合方案、行业资讯、客户风险预警、移动信贷业务、团队协同管理、业绩看板等业务功能，为业务团队掌握市场动态、识别客户价值、预见客户风险、实现精准营销和团队协作提供信息技术支撑，有力提升商业银行的客户服务水平和市场竞争。

本章主要从制度、组织、渠道、风险、销售等方面分析大数据技术对银行、保险、证券、信托、基金五个方面的影响。

第一节　大数据与商业银行数字化转型

金融行业的发展史是不断变革、不断创新的历史。云计算、大数据、区块链等技术全球化的迅速发展，给以银行为代表的金融业在制度、管理、产品、技术、营销等多个方面带来深远影响，如图 6-1 所示。技术和理念的不断创新也推动着金融结构优化、金融发展理论与金融改革深化。当前的银行业正处在一个新旧模式转换的阵痛期，对于未来银行理论和实践的研究更应秉承开放、包容、创新的理念，谁主动地拥抱迎面而来的技术变革和商业模式的创新，谁就将有机会成为下一阶段银行业变革的领头羊。

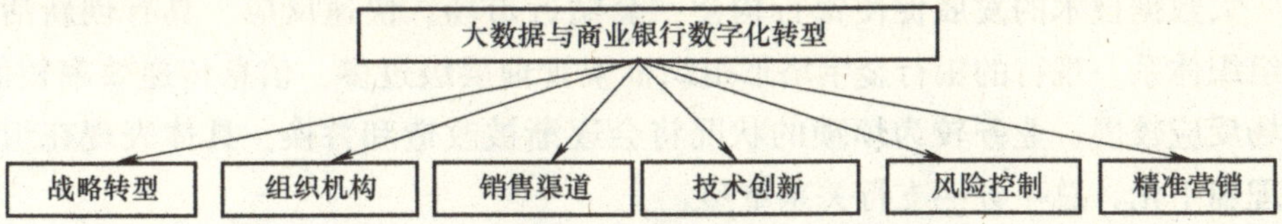

图 6-1　大数据技术对商业银行的影响路径

一、大数据技术推动银行战略转型

大数据技术驱动银行的战略转型。在智能化、数据化的浪潮中，银行的技术创新主要围绕“数据”“连接”进行，一方面，银行的交易信息、客户信息等都逐渐的数据化，并且正成为银行的基本单元和重要资产，银行的核心竞争力主要表现在对于已有数据的经营和挖掘；另一方面，随着互联网的兴起和发展，网络使得空间联系更为紧密，连接无处不在，互联网技术、区块链技术等也逐渐将信息互联互通推向了数据价值互联共享。科学技术不断发展，对于银行而言，在战略制定、战略规划时，必然需要结合外部的科技环境进行构建和制定。大数据技术给银行带来机遇的同时，也提出了新的挑战，为此银行必须从战略制定层面转变传统的经营理念，创新银行制度。

大数据驱动银行的经营理念多元和包容。传统银行的最终目标在资产风险可控的前提下实现利润最大化，在经营过程中可能会忽略客户维护、客户体验等因素。麦肯锡咨询公司（2017）⊖研究发现数字技术聚焦20～30条核心客户旅程的改造（如银行开户、信用卡还款、贷款申请等）将显著降低运营成本，改善客户体验。客户作为银行的重要基础，银行主要在于识别和维护好客户，其服务模式正在逐渐从“以产品为中心”向以“客户为中心”转变。那么，这也就要求银行的经营理念变得更加多元和包容。

大数据驱动银行人才战略转型。对于企业而言，“以人为本”的人才理念尤为重要，人才是企业发展的核心。随着大数据技术发展，银行需要为员工自身需求转型和接受新知识、新技术创造条件。其次，大数据技术也会对现有银行员工结构造成冲击，使得人力结构发生变化，业务部门和科技部门将实现更多的交流以及更多的人员流动，提升着员工的跨业务、跨部门的合作能力。同时，大数据技术会使得银行的绩效考核和人力资源管理朝向更加透明、多样化的方向转变。

二、大数据技术驱动银行组织机构扁平化

大数据技术的发展促使银行构建一套贴近市场、快速反应、具有创新活力的组织体系。现行的银行金字塔形组织框架管理层级过多，信息传递效率较低、市场反应较慢、业务较为烦琐的状况将会逐渐被改造和替换。具体表现在组织管理扁平化、总—分—支行关系重塑。

大数据技术驱动银行组织扁平化设置。大数据技术驱动银行的重点部门逐渐地实现分拆、重组，实施条线化的经营和管理，不断地推进银行整体结构进行扁平化、专业化的发展。大数据技术发展将逐渐省去中间层级，重新细分部门设置，部门的功能和职责的边界重新界定。业务部门对客户的维护将通过终端直接对客户分销，部门的扁平化设置能够保证前、中、后台信息畅通、运营高效。

大数据技术重塑银行的“总—分—支”框架结构。大部分的传统银行机构框架为：总行—分行—支行（网点）三个层级，金融业务都由总行直接管控和分配，分行、支行层面执行为主，框架结构的管理半径较长，在管控上的传导时间较长。大数据技术缩小管理半径和优化管理模式，改变以总行管理为主的定位，使得总行与分支行业务的协调发展，在产品—渠道—客户等方面的管理表现为相互配合，以此来推动各支行、各网点服务职能转型。

⊖ 源于中国电子银行网《银行业步人数字化4.0时代》一文，网址：https：//mp.weixin.qq.com/s?_biz=MjM5NjMyMzgxMg%3D%3D&idx=1&mid=2651747217&sn=90053b67f72f45150616a25b5572772e

三、大数据技术逐渐的拓宽银行服务渠道

大数据技术驱动重设网点布局。随着经济的发展，城市、城镇空间布局都在发生着变化，合理的网点布局，成为银行客户群体的重要落脚点。应用大数据技术，可根据周围的居民状况（如居民的收入水平、教育水平、年龄结构、家庭人口规模、消费习惯等）、金融场景状况（如购物中心的类型、超市数量、餐饮知名度等）、商业状况（如交通便利度、写字楼数量、入住率等）等对网点进行调整，包括对现有网点的“是否保留”“是否迁移”“是否重新布局”“是否关闭”等。网点的重新布局设计也会逐渐转向后台集中化处理，这样会使得银行网点能够有更多的精力致力于对客户的维护。同时，大数据技术可应用于分析发达地区、城市、商业及金融等聚集的分布状况，以此实现银行为金融集聚地开设“智能银行”提供优质、智能、简单快捷的服务方案，提升高端客户的体验感。

大数据技术驱动金融服务渠道拓宽。传统的金融服务易受到时间和空间的限制，移动互联网技术的兴起和发展使金融供给和需求逐渐实现跨越时空的连接。移动终端可以随时随地为银行和客户提供连接点，银行得以时刻采集用户信息，与用户互动并为其提供金融服务。参照全球移动通信系统协会公布的报告，到2020年，全球手机用户将增至57亿人，移动互联网大数据技术将大范围地拓宽银行服务渠道。同时，银行的宣传、营销等也借助互联网渠道得以扩展，如进行银行产品推送、银行服务的意见收集、银行客户服务及营销等，当然，渠道拓宽也利于大数据技术的发展。例如，光大银行针对微博客户推出的新浪微博的V缴费平台，招商银行的信用卡结合微信推出的微信账单。

大数据技术驱动金融渠道线上线下的融合发展。结合互联网技术，大数据技术逐渐实现银行的业务标准化，从线下逐渐向线上迁移，例如交易方式从银行网点、ATM、POS等设备逐渐的拓展到手机、IPAD等移动设备上。同时，线下网点功能逐渐发生变化，其中心功能为销售，而非交易功能。线上、线下渠道的联动配合，构建了渠道和制成产品、服务的协调机制，打通了渠道之间的壁垒和界限，线上、线下的协同效应得以充分发挥。

大数据驱动渠道合作多元化融合。随着大数据技术的发展，绝大部分的线下连锁店、社交媒体、电商平台、第三方支付公司、通信运营商等都运用大数据技术进行数据分析，银行与这些行业开展跨渠道之间的合作，同时对客户信息共享和综合利用，不断实现共同拓展客户群体。

四、大数据技术倒逼银行服务技术革新

大数据技术倒逼银行服务技术革新。随着互联网的兴起和发展，互联网将传统金融机构和互联网企业不断地联通融合。借助新兴的信息通信，通过对网站、智能移动终端设备的数据进行分析和研究，大数据技术能够为金融消费者设计出更为精准的金融产品和更加优质的金融服务模式。例如，大数据技术在银行“刷脸”场景中的应用。刷脸技术应用表现为远程账号开立及使用，结合面部、虹膜、指纹等生物技术识别，远程账号通过账户依靠生物识别解析进行身份验证。大数据技术在生物识别的银行业应用上，我国处于领先地位。网商银行就利用证件核对技术及生物识别为超过千万的用户实施开通Ⅱ类账号，其通过率高达95.5%，并且其人工抽检环节表现零失误；招商银行通过人脸识别进行大额转账功能的提升和完善，确保客户转账安全。

五、大数据技术提升银行风控能力

大数据技术扩容银行风险管理数据范围。传统银行的数据多为静态、结构化数据，借助于大数据技术，银行能够扩充风险数据维度，使得数据具体化和准确化，数据延展面拓宽，并且实现银行多种场景、多种类型、多种维度等数据的采集、运算、运用。以第三方征信公司如芝麻信用和腾讯征信开展的大数据征信业务为例，其数据覆盖了人脉关系网、历史信用度、个人的行为偏好、个人的履约能力、客户的身份特质五个维度，涉及信用卡还款交易记录、网购状况、转账记录、理财情况、水电煤缴费的状况等。通过与大数据征信公司的紧密合作，银行风险管理数据维度将不断的扩容。大数据不仅扩容银行风险管理数据范围，同时能够有效地防范各个阶段风险及丰富防控风险方法，如图6-2所示。

大数据技术提升了银行在业务受理和调查环节提前防控风险的能力。传统业务受理通过客户向银行提交正式书面申请，调查以实地调查为主，间接调查为辅，通过现场核实、电话查问等方式和途径，对于信贷客户的风险识别状况大部分依赖客户经理的直觉和工作经验。基于大数据模式的受理方式，则通过互联网、电话、手机等移动客户端非面对面方式与客户联系，业务受理也以非面对面方式进行。例如，富国、花旗等银行大部分结合大数据不断地整合客户的资产负债状况、客户的交易支付、资金流动性状况以及客户的纳税和信用记录等，对客户行为进行多维度、全方位的评价，以此来计算贷款可能出现的违约率、损失率，提高贷款决策的可靠性。其实，银行数据在采集客户个人信息、

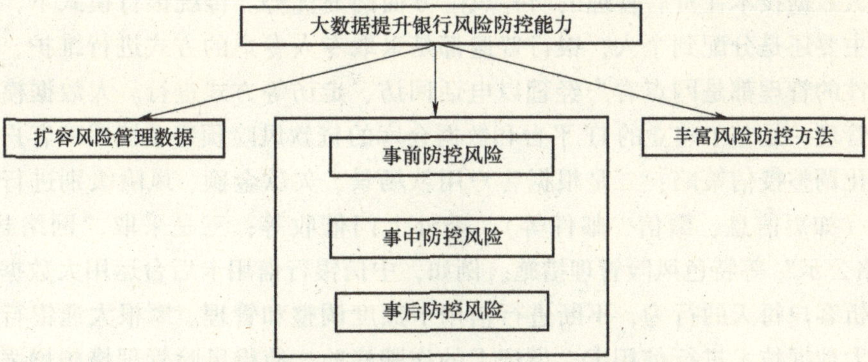

图 6-2　大数据技术对商业银行风险防控的影响状况

财务数据、行为数据的同时，可以引入外部的数据，包括政府开放数据（央行、法院、工商、税务、海关和公安等数据）、生活服务数据（水费、电费、煤气费、物业费和停车费等数据）、运营商数据（话费、流量费和朋友圈等数据）、第三方支付数据（支付宝、财付通和百付宝等数据）、社交网络数据（QQ、微信、微博、博客和知乎等数据）、搜索引擎数据（谷歌、必应、百度和搜狗等数据）用于受理和调查环节的风险审批和识别。

例如，微众银行以手机等移动客户端上安装的微信和 QQ 为业务受理通道，以“微信钱包”“QQ 钱包”作为产品入口，采取预授信的模式来受理信用额度。相比传统模式，借助第三方数据（征信、纳税记录、诉讼信息等）、平台互联网银行的自动调查（社交数据、行为数据等）、合作伙伴进行客户调查等多种调查模式，大数据技术表现出一定的优势。

大数据技术在银行业务风险评价和审批中能够做到贷中防控风险。传统银行模式，银行的授信业务的风险评价、核定、审批主要由不同权限的审批人员结合其多年的工作经验共同完成。大数据技术应用在审批中，一是实现线上审批为主，线下审批为辅。例如，微众银行开发了六大风控模型，实现全线上操作，单笔贷款从申请到款项到账一般只需要 15 分钟。二是数据依据不同。传统银行审批模式大部分依赖信贷审批人员的经验，大数据模式下的审批通过平台数据进行风险评价和审批。美国的 Capital One 是最早利用大数据判断个人借款还款概率的公司。参照客户过去的个人行为和发生的违约记录来建立风险决策模型进行评估。三是授信审批模型的变异概率较大。由于采集的数据维度多样，在审批模型上会有较大的变异，大数据更有识别能力。微众银行运用公安系统数据模型，央行的征信模型，微信、QQ 等社交软件模型等构建风险审批模型表现出先进技术优势。

大数据技术在贷后管理的防控风险方面凸显优势。传统银行模式下，贷后管理主要还是分配到个人，银行普遍都是采取专人专户的方式进行维护，例如针对性的管理都是网点客户经理以电话回访、走访等方式进行。大数据模式的贷后管理一是基于建立的IT平台和数据仓库的贷款风险预警系统跟踪客户的信用变化调整授信策略；二是根据客户用款场景、欠款金额、风险级别进行线上催收（如短信息、微信、邮件等）、委外上门催收等；三是采取“网络封杀”“网络公示”等特色风险管理措施。例如，中信银行信用卡后台运用大数据技术来分析客户每天的行为，不断进行信用卡额度调整和管理。摩根大通银行则借助于大数据技术进行信用卡、借记卡的诈骗检验，使得风险管理措施增强，风险管理成本降低。

大数据促进银行风险数据分析方法的发展，其表现为计算模型优化、运算方法改进、模型精确度提升等。例如在银行卡的行为评分模型中采集客户的支付、收入情况，不断借助经验模型进行矫正，同时跟踪客户的支付交易、消费习惯进行检验，为客户提供更为精准的额度。大数据挖掘中的奇异值分析技术（Outlier Analysis）便可以帮助商业银行解决虚假交易问题。通过运用支持向量机（SVM）、BP神经网络和多层感知机（MLPS）等人工智能方法，可以使破产风险预测精度提高到80%以上。

六、大数据技术驱动银行营销精准化

针对银行客户的营销，大数据应用更为广泛和具有针对性。银行业本身就是数据属性强的行业，其数据涵盖了客户的基本信息、财务状况数据、交易数据等。同时，外部数据包括电商、社交软件、公共服务等场景数据也能供精准营销所用。大数据技术通过分析和挖掘客户的信息，准确地预测客户的行为，在精准营销、风险防控上做到有的放矢。

大数据的用户画像驱动精准营销。银行业务的前提就是客户，业务的发展来自对客户的精准定位，精准分析客户需求，就是“了解你的客户群体”。在技术的不断推动下，仅通过客户的基本信息、合法性验证这些传统的客户营销模式不足以真正地了解客户多样化的需求。在竞争日趋激烈的压力下，以银行的产品为导向的金融服务逐渐转型为以客户为中心。以客户为中心的核心表现在对客户的内在价值的挖掘，只有真正做到了解客户，才能设计出更加贴合客户的产品，实现精准营销。如图6-3所示为大数据精准营销的过程。

运用大数据技术进行客户画像是一个较为有效的方法。一般来说，用户画像主要是根据用户的浏览和购买行为，抽取典型特征，形成用户的个体画像。

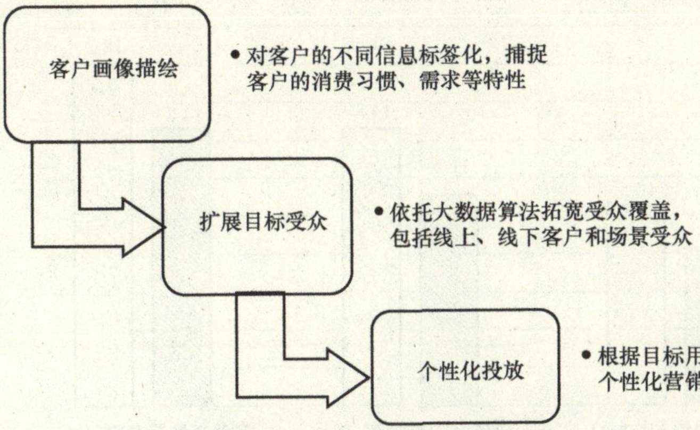

图 6-3　大数据精准营销过程

银行客户画像，主要表现在大数据技术结合用户的特殊需求、兴趣以及银行存储的客户个人信息、交易信息等实现银行客户更加精准的客户画像。其数据维度更为多元和广泛，例如，客户个人属性数据、交易行为数据、风险收益状况数据。其中客户的行为数据结合频率、时间、客户量等维度可以衍生为行为偏好数据，交易数据包含客户的首投、复投时间、金额、数量等。结合多维度因素及大数据技术，在不侵害客户的隐私情况下，判断用户的融资或者理财需求，为客户提供更加精准的理财产品，为分期产品降低营销的成本。当然，对于小微企业，结合电子商务平台积累的数据，参照小微企业的信息、意愿和能力进行数据的收集、整合、分析，运用大数据技术就能提供个性化、精准化的金融服务。传统营销强调大范围的覆盖，在大数据背景下，银行更加关注贴近自己需求的客户，而客户更加关注贴近自己需求的产品。精准营销实现了银行数据充分应用及效果的量化。通过精准画像，银行依托大数据技术手段，突破时间和空间限制，同时也在一定程度上减少客户信息的不对称，实现了客户与银行充分有效融通和更直接且透明度的接触。

恒丰银行的大数据客户关系管理系统能够有效地实现客户经理通过产品分析生成的流失客户预警进行客户挽留，降低客户流失率。同时通过产品推荐和智能获客，提高了新客户增长率和产品持有率。图 6-4 所示为客户指标在系统投入使用前后的对比，从图中可以看到新客户增长率、价值客户增加率和重点产品持有率明显提升。⊖

⊖ 源于《恒丰银行——基于大数据的客户关系管理系统》一文，来源：数据猿，详见 http://www.sohu.com/a/150376929_400678。

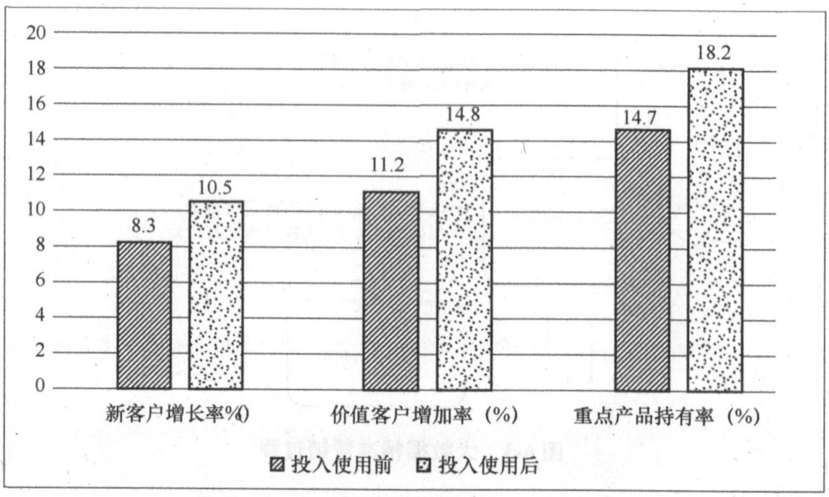

图 6-4　系统投入使用前后客户指标对比

第二节　大数据与保险机构转型升级

随着大数据技术的兴起与快速发展，数据密集型的保险行业也在积极探索大数据的应用。大数法则是保险行业立身之本，在保险公司开展经营与管理业务过程中，所需数据的充足性和数据分析技术的成熟水平是保险行业赖以稳健发展的重要基石，大数据对于保险公司具有至关重要的意义。首先，经营与管理风险是保险行业的本质属性，对于风险的预测与厘定能力是保险公司的核心竞争力。大数据技术帮助保险公司利用海量的数据通过生存模型、风险模型和其他数理技术来测算保险标的风险，并保证了风险厘定的准确性。其次，保险公司需要预测风险发生的概率，大数据技术的核心应用就是预测并为保险标的风险的准确测定提供工具。最后，大数据对于保险经营管理的每个过程都至关重要。保险公司运用销售数据、理赔数据、投资数据、定价数据、风险管理数据、财务数据乃至宏观经济数据等各个经营管理过程所积累的大数据，不断丰富和完善保险行业自身的数据内容，为后续的精准营销、保险产品开发与定价、保险服务与理赔、风险管理和运营优化等工作提供支持。

本节从保险机构经营管理过程中大数据管理的特点出发，分析大数据在保险业的应用场景，分别从既有传统问题的大数据的应用和现代新型问题的大数据应用两个方面，来阐述目前保险业在大数据应用中的探索和实践以及大数据对保险机构转型升级所产生的影响。大数据对保险机构的影响路径如图 6-5 所示。

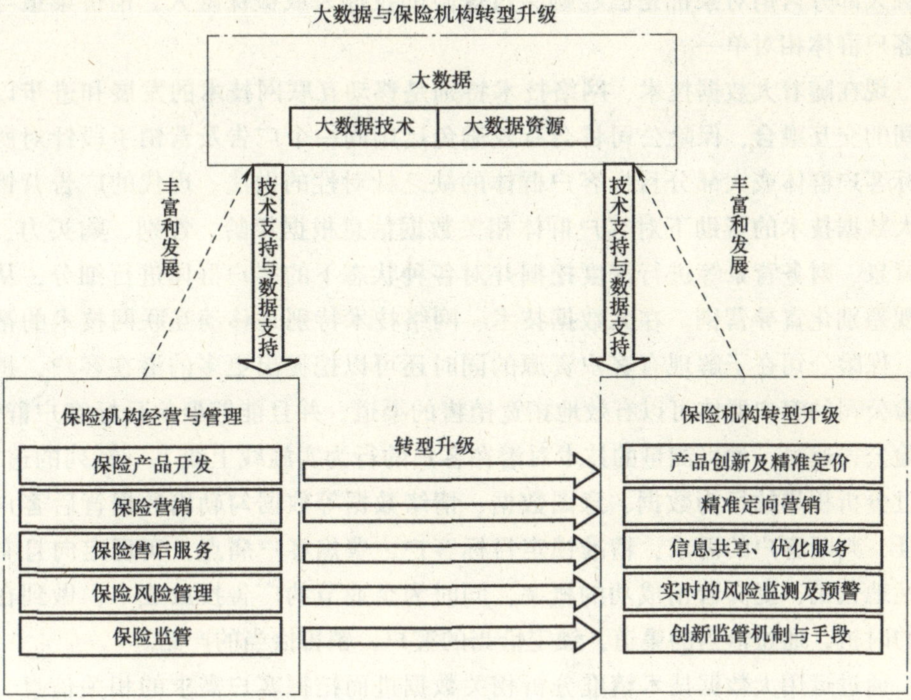

图 6-5 大数据对保险机构的影响路径

一、大数据与保险营销

保险营销活动具体包括：保险市场需求的调查；保险市场的细分；保险险种的组合与设计；保险营销渠道的比较以及保险促销策略的制定与手段的选择等。如何将正确的产品推荐给恰当的客户是保险营销中的关键问题。大数据在保险营销活动中的主要应用有保险市场细分与客户流失管理等。

而保险产品开发是保险营销等保险公司其他经营管理活动的起点，因此，如何将海量的大数据资源与大数据技术应用到保险产品开发与定价方面，已经成为当前保险业首先应当重点关注的问题之一。

（一）大数据与保险市场细分及精准定向营销

传统上，保险行业主要是通过传统的媒体如电视、广播等手段进行宣传，每个用户看到或听到的宣传内容并无不同，若该用户在相关方面没有保险需求，或者对于宣传的理解无法满足自己的预期，则此广告宣传就没有产生效果。而传统的保险营销则主要是通过传统媒体与保险代理人来实现的，通过人与人之间的面对面进行有关保险产品需求的沟通，存在波及面窄、宣传周期长的缺点；

并且大部分营销对象都是已经购买过保险的投保人或被保险人，销售渠道与目标客户群体相对单一。

现在随着大数据技术、网络技术特别是移动互联网技术的发展和进步以及之间的交互融合，保险公司将会有效避免运用同一个广告及营销手段针对所有目标客户群体或大部分目标客户群体的缺乏针对性的做法。现代的广告营销是在大数据技术的帮助下对客户群体相关数据信息根据年龄、性别、购买力、教育背景、财务背景等进行深度挖掘并对各种状态下的客户群体进行细分，从而实现差别化宣导营销。在大数据技术、网络技术特别是移动互联网技术的帮助下，保险公司在了解现有客户资源的同时还可以挖掘出更多的潜在客户，扩大保险公司的客户群体可以有效地拓宽销售的渠道，并且能够聚焦目标客户群体。保险公司通过一种可测量的技术对潜在客户的行为实施线上线下一系列的追踪，通过分析积累的行为数据、意图数据、情绪数据等数据勾勒出数据背后客户的特征，判断客户的需求，精准锁定目标客户，聚焦客户痛点，实现定向且有针对性地营销，提高营销成功的概率，同时为企业节约广告投放成本，做到在恰当的时机，通过恰当的渠道，锁定恰当的客户，销售恰当的产品。

通过运用大数据技术精准分析相关数据进而挖掘客户需求的相关信息，保险公司将有针对性地推送保险产品及服务信息，将无目的的销售变成有针对性的营销，营销过程中部分客户的抵触和反感情况得到有效规避，在营销成本得到显著降低的同时更将带来营销效率的飞跃式提升。

（二）大数据与客户管理

客户是保险企业的根本资源，也是最大的“无形资产”。以老客户为目标市场进行营销的成本较小，老客户流失，也就意味着企业资产流失，因此为避免客户流失而进行客户管理分析十分重要。近年来，保险行业的竞争急速加剧使得各保险机构将大量的时间、人力、财力投入到开拓新市场、发展新客户当中，而大部分保险机构由于对已有客户的管理缺乏足够重视而导致对现有客户因服务不到位而流失。如果这种情况长期发展下去，保险公司将会面对客户人数不断增加的同时人均保费收入值却下降，即“增量不增收”的局面。

大数据背景下的客户管理是保险公司通过对长期的客户流失数据进行挖掘，分析可能退保或不再续保客户的特征，在客户遇到体验不佳、信息不对称以及效率低下等可能产生不满的问题时及时采取措施以避免客户流失的发生，从而提升客户满意度和忠诚度。这对降低运营成本，提高保险机构盈利水平和竞争力有着极为重要的意义。

二、大数据与保险服务

在保险市场竞争激烈的今天，作为影响保险公司与客户关系关键的保险服务，变得越来越重要。广义来看，保险服务是指保险公司向社会提供一切有价值的活动，贯穿于保险经营的每个环节，在售前、售中、售后均有体现。本节重点介绍保险售后的相关服务。

（一）大数据与保险服务中的再次销售

在大数据时代，保险行业可以实时地更加精确地捕捉客户的保险需求。保险公司利用大数据技术分析各种历史大数据库当中与保险客户需求相关的各种数据，将客户海量的行为数据转化为信息流来分析客户需求体验、客户满意度等方面的信息，通过提供高质量的售后服务，留住老客户。在全面掌握客户的需求后，对客户群细分，分析及预测哪些客户具有保险需求以及对哪些保险产品的需求，并将满足客户需求的保险产品以客户接受的方式推荐给客户，从而实现再次销售，避免保险公司与客户之间由于信息不对称导致的销售误导等问题，提高续保率，提高保险公司的竞争力，同时实现企业价值最大化。

（二）大数据与保险索赔

在大数据资源与大数据分析技术的帮助下，保险公司可以通过保险信息共享平台（例如保险公司与交通管理系统或医院等合作建立的信息共享平台）实时获得客户的出险信息，主动联系并向客户提供理赔等服务，提高保险理赔的及时性并减少索赔时的烦琐流程，从而提高客户对保险服务的满意度。例如，某客户驾车出险并向交警报案，保险公司可以通过信息共享平台获得报案信息，并及时主动向客户提供理赔服务；保险公司通过与修理行业合作获取汽车的维修情况，现场查勘变得极为快捷并迅速完成赔付；当客户遭遇意外伤害事故时，医院将客户信息直接传输给保险公司，保险公司对赔款进行预付，并在客户出院时多退少补。

（三）大数据与避免保险欺诈

大数据技术在提高保险索赔的准确性与及时性的同时还可以防止保险欺诈。保险欺诈的根本原因是信息不对称，具体而言，由于当下保险行业的共享信息平台与行业内的协作机制尚未建立，保险欺诈相关证据的取得与否主要依赖理赔人员的素质、经验和责任心以及与公安机关的合作。并且，保险公司与理赔部门在面对大量新型保险欺诈时往往措手不及、疲于应付。而在大数据技术的帮助下保险公司对海量的长期历史数据进行专业化的挖掘与分析，建立保险欺诈预测模型，以此对可能出现的保险欺诈行为进行及时的监控与防范，可以有效降低信息不对称的程度，从而避免赔付成本上升，保障所有投保人的正当权益。

近年来，国内与国外的健康保险欺诈案例的数量日益增多且呈现出隐蔽性、专业化和规模化的趋势。为了防范并杜绝健康保险交易与理赔当中的欺诈行为，大量保险机构呼吁建立行业内与行业间的信息互动共享平台，并应用大数据技术对平台中海量的数据进行分析，从而追踪鉴别和侦破可疑的健康保险索赔数据。此举将大大提高健康保险的理赔和管理效率，对医疗保险客户正常的医疗活动与理赔提供了保障。

随着保险行业内部各部门以及行业间的深入合作与经验的积累，逐步建立并健全信息共享互动平台，对数据的完整性及质量不断进行改进，建立基于大数据技术的反欺诈鉴别机制，也许只是时间上的问题。

三、大数据与保险风险管理

保险风险的本质是面临尚未发生的不确定性的损失，保险风险管理是指保险经营风险方面的管理，不仅包括保险公司承保业务的风险还包括保险公司的投资风险。随着大数据技术带来的保险业各方面的技术变革以及保险公司对大数据的积累，保险公司的经营管理将会受到很大影响，保险公司面临更多新的风险，对这些风险的有效管理，显得至关重要。下面主要分析大数据时代保险公司的主要风险，进而为保险公司风险管理提出优化建议。

（一）大数据有助于提高保险公司风险管理能力

随着大数据技术等新兴技术的飞速发展，保险市场发生着日新月异的变化，特别是近几年我国保费收入呈现爆发式增长，如何在保险公司规模迅速扩大的同时，将大数据等方法应用到保险风险管理实践中建立有效的风险预警与防范机制，成为保险业亟待解决的问题之一。保险公司主要面临市场风险、信用风险、保险风险等诸多风险，而保险风险是保险公司区别于其他金融机构所特有的风险。保险风险包括承保风险和投资风险：承保风险主要包括财务风险、逆选择、道德风险、竞争风险、利率风险和汇率风险等风险；投资风险则主要由非系统风险和系统性风险引起。

保险行业传统的风险管理方法主要偏向于定性分析，即通过对风险的调查研究做出逻辑判断，使得风险管理常常出现主观化等问题，从而容易导致风险。大数据时代，保险行业传统的风险管理方法已经难以有效预警和监管各种新型风险，包括新型的保险风险。而大数据技术等偏向于定量分析保险市场上日益增长的海量大数据资源，通过对各种风险指标的监测从而实现有效的风险管理。保险公司全面风险管理的体系也亟待优化，而大数据技术等新兴科学技术可以帮助保险公司解决这一问题。在保险市场上，保险公司借助大数据技术等新兴技术收集并分析海量的有关投保人身份信息、人际关系、消费行为、信用评价等数据信息，对投保人的信用进行评估，进而预测相应的保险风险；在保险风险管理方面，保险公司可将随机森林算法等大数据技术应用到承保风险的管理中，以实现有效的保险风险管理，进而提高保险公司风险管理方面的能力。

（二）大数据有助于提高风险监测能力

大数据时代，保险公司利用大数据技术通过对长期积累的海量历史数据的分析判断各类理赔案件的风险程度，并由此建立预测模型从而对保单的生命周期内每个风险暴露水平下的索赔倾向进行监测，同时对可能出现的保险欺诈行为进行及时的监控与防范，最终达到降低风险、降低成本，从而拓宽保险公司的利源的目的。

保险公司可以利用大数据技术对公司长期积累并形成的各种历史大数据库进行挖掘与分析，以建立统一的风险防范体系。保险公司可以借助大数据技术与统一的风险防范体系，实时监测各种风险行为并对可能发生的欺骗、诈骗等保险欺诈行为进行预测，同时借助于大数据技术还可以评估这些保险欺诈行为给保险公司和可能造成的各种损失，包括财务损失、品牌形象损失、区域市场损失等。保险公司风险监测能力的提高对于公司风险防范体系的建设、利润损失程度以及长远经营具有重要的意义。

四、大数据与保险监管

随着大数据技术与互联网技术等新兴技术在保险行业的广泛应用，保险行业在改革创新趋势将日趋强化的同时所面临的风险也在不断加大。大数据技术等新兴技术不仅会改变保险业自身经营所依赖的技术基础，也将会改变保险业的商业模式、组织结构和竞争格局，并给保险监管带来不容忽视的机遇与挑战。

（一）大数据将推动保险监管机制现代化

大数据资源与大数据技术的应用有助于推进保险监管机制的现代化。大数据背景下，保险监管部门有必要在保证行业稳定发展的基础上依托大数据资源与大数据技术来创新保险监管机制，促进大数据技术的深度挖掘与应用。首先，保险监管部门可以借助大数据技术将长期积累的海量监管数据与股东、高管等外部背景信息数据进行关联挖掘，推进公司治理监管机制与保险市场行为监管机制的现代化。然后，大数据技术可以通过帮助保险监管部门建立保险监管信息系统与各级监管部门之间的信息共享协调机制，以实现优化监管流程并减少监管资源错配问题，形成更加合理的内部与外部的协调机制以有效防止和规避监管套利。其次，保险监管部门对利用现代新兴技术的创新型业务的监管难度较大且容易造成风险跨行业传递，对保险监管模式形成新的挑战。而复合型专业人才队伍的建设是保险监管部门运用大数据技术等技术进行监管创新以防范创新型业务风险的有效途径，因此，保险监管部门应大力加强保险与大数据技术复合型人才队伍建设。最后，保险监管部门应当完善大数据保险的法律环境，推进保险与大数据结合发展的法制化。同时，还应推进保险业的行业自律，使监管过程更加阳光透明。

大数据资源与大数据技术应用有利于推动监管手段的现代化。首先，保险监管部门可以利用大数据技术加大信息披露力度，有效发挥大数据技术在市场监督方面的积极作用。其次，保险监管部门通过利用大数据技术深度挖掘保险机构积累的海量多维数据，建立非现场监管的模型与框架，从而对保险行业内的各种风险的进行有效预警与防范。再次，保险监管部门借助大数据技术等新兴技术结合网络舆情研判、投诉语音识别等数据分析手段，保护保险消费者的合法权益，优化保险公司服务评价体系。最后，保险监管部门可以运用大数据技术对保险机构经营管理中积累的数据与偿付能力监管指标进行关联分析，从而实现偿付能力监管手段的现代化。

（二）保险监管相关部门联动配套措施

针对大数据技术将给保险行业带来的变革，监管相关部门应顺应大数据时代的发展潮流采取相应的联动配套措施。

1）保险监管部门应当完善组织实施机制并健全保险监管制度。保险监管部门应当积极承担起保险业领导者的角色，引导保险业建成保险业内与其他相关行业间可以实现数据交换的保险信息共享互动平台，建成保险业重要的基础设施，实现大数据资源的统筹协调管理。监管部门还需研究制定大数据、云计算、互联网等相关领域的监管规则，并且积极支持保险机构在产品、服务和管理方面运用大数据资源进行创新，为创新留有政策方面的余地。保险监管部门应当引导保险业研究并制定保险业大数据的采集标准、技术标准和质量标准，从而深化保险统计改革，为实施保险行业的大数据监管奠定基础。

2）保险监管部门在加快推进信息共享的同时应当重视数据信息安全。保险监管部门应当积极引导保险业汇集全方位的大数据信息建立多个层面的网上信息共享平台，在全行业层面拓展大数据深度应用领域。保险监管部门要推动保险业与银行业、公安部门、交通部门、医疗部门以及征信部门等行业部门建立保险信息共享平台以实现行业内外的数据共享和互联互通，实现跨行业、跨部门、跨层级的信息同步共享和公开透明机制，从而为发挥大数据在各方面的作用奠定基础。

然而，虽然数据的共享是大数据的应用基础，但是若不能保证共享信息安全则建立的信息共享机制也是徒劳的，因此，保险监管部门还要引导保险行业进一步配合研究信息保障方面的措施，对数据采集、传输、存储、利用、开放等实施全流程的规范管理，制定共享数据安全规则、改进数据安全技术并健全数据风险预警机制，从而完善与大数据时代相适应的信息安全保障体系。保险监管部门还应引导保险行业高度重视大数据时代保险消费者个人隐私保护问题，重视对消费者信息安全意识的教育服务，建立对滥用大数据等行为的惩戒机制，从而确保保险监管信息的安全。

3）保险监管部门应当重视大数据专业人才的培养。大数据技术的广泛应用对具备大数据技术的人才的需求迅速膨胀，对大数据人才的培养提出了新的要求，因此，保险监管部门需要有针对性的完善大数据人才培养机制。首先，保险公司应当建立大数据人才的内部培养机制，培养既精通保险业务又精通大数据技术的复合型人才。其次，保险监管部门应当鼓励保险机构与高校等人才培养机构开展人才培养合作，大力培养兼具经济管理、金融保险、精算统计和大数据技术等综合知识与能力的全才。再次，还要支持保险机构与互联网机构等开展合作，加大行业外大数据人才引进和培养力度，完善大数据人才职业发展机制。最后，建立吸引并留住大数据人才的组织机制，为实现大数据保险监管做好人才储备工作。

第三节 大数据技术与证券行业

随着大数据技术的快速发展，证券行业掌握的客户资料、交易记录及后台服务等数据信息呈现爆炸式增长。通过对这些海量数据信息的综合分析，为预测市场经济变化提供了丰富的数据支撑，也为证券行业的发展提供了重大的历史机遇与挑战。本节介绍大数据技术在股票市场、债券市场、衍生品市场的应用，及大数据对证券业监管的影响进行探讨。通过典型案例分析我国证券市场中的大数据技术应用的现状、问题与未来前景。

一、证券市场的大数据发展概述

与银行业和保险业相比，我国证券业起步相对较晚。自20世纪90年代初上海证券交易所、深圳证券交易所成立以来，作为一个新兴的证券市场，我国证券市场在短短的二十余年的时间里培育出了相对成熟的股票市场、债券市场、衍生品市场和基金市场，形成了多层次发展的资本市场并在逐步完善。我国证券市场正逐步走向规范化和现代化，取得了举世瞩目的成就。截至2018年年底，我国131家证券公司的当期实际营业收入为2262.87亿元，主营业务的收入分别为代理买卖证券业务（包括席位租赁）、证券承销与保荐业务、财务顾问业务、投资咨询业务、资产管理业务和证券投资收益（含公允价值变动），其相关业务净收入分别为623.42亿元、258.46亿元、111.50亿元、31.52亿元、275.00亿元和800.27亿元。其中，在当期实现净利润666.20亿元，106家的公司实现盈利㊀。证券市场作为股票、债券、基金投资等有价证券以及其衍生品买卖和发行的场所，证券市场通过有价证券买卖的引导使得资金具有流动性，有效快速地配置了社会资源，进而对经济发展产生了推动作用。

虽然我国证券行业近年来发展速度迅猛，然而，我国资本市场发展并不完善。例如，我国股票交易市场换手率不稳定，追涨杀跌、题材炒作等非理性交易较为严重，内幕交易及财务造假屡禁不止。大数据技术的出现，通过对交易数据及海量客户行为数据进行整理和分析，对投资者的情绪和内幕交易行为等进行监测，有助于证券市场的稳定与健康发展提供一条新的道路。

现阶段国内与国外在大数据的技术应用上还存在较大的差距，但随着我国金融市场对大数据技术需求的增加和政策支持，将加速助力我国大数据产业的跨越式发展。表6-1为2015—2018年我国大数据相关政策和法规的颁布总结。

表6-1 2015—2018年我国主要大数据相关的政策和法规

颁布时间	颁布主体	政策/法规名称	支持对象
2015年7月	国务院	《国务院关于积极推进“互联网+”行动的指导意见》	大数据
2015年7月	国务院办公厅	《关于运用大数据加强对市场主体服务和监管的若干意见》	大数据市场监管
2018年5月	中国银行保险监督管理委员会	《银行业金融机构数据治理指引》	金融大数据

二、大数据与证券市场应用

我国证券市场经过三十多年的完善与发展，证券市场中产生了巨量的基础数据，其潜在的数据价值亟待深度挖掘。对于证券公司来说，除了获得更多的

㊀ 数据来源：中国证券业协会。

客户、提高自身竞争力之外，如何提升证券投资保值增值也是证券市场投资者一直思考的主要问题。在证券市场中，大数据技术应用已日趋成熟，利用大数据技术挖掘海量证券交易的数据信息，进而分析投资者、证券市场、投资者情绪，分析投资者行为以及预测证券价格为投资者提供理性的投资策略，对于证券公司提高自身竞争力、促使投资者理性投资、有效提升投资成功率、在市场中获利具有重要的作用。下面将介绍证券金融机构如何利用客户关系管理的优势进行自我发展、充分挖掘公司内外的数据价值以及为客户进行的咨询服务。

（一）大数据时代下的客户关系管理

在大数据背景下，大数据技术已成为分析和研究证券行业基础数据、进行深度挖掘有效信息的工具。证券行业不仅需要借助先进的大数据技术与客户建立有效的、快捷的沟通渠道，还需根据自身行业的特点构建合理的管理方法，不断满足日益增长的客户个性化需求，建立稳定的群体客户。首先，根据用户交易数据统计出客户的交易情况，按照每个客户的行为特征进行分类。其次，通过建立数据仓库用来存放客户群的交易数据，并且通过数据仓库进行数据挖掘和关联分析，以达到面向主题的信息提取。最后，对客户的需求特征和盈利模式进行分类，找到最具价值和盈利潜力的客户群体。基于此紧紧把握最有价值的客户群体，大数据技术分析与客户管理平台框架如图6-6所示。根据对客户信息资源的全方位挖掘，全面了解客户群体的指标，例如忠诚度、盈利率、资产贡献和持仓比率等。通过上述对客户群体进行的聚类和分类分析，可以将不同类型的客户对证券公司的贡献程度进行划分，也可以根据客户分类标准的交

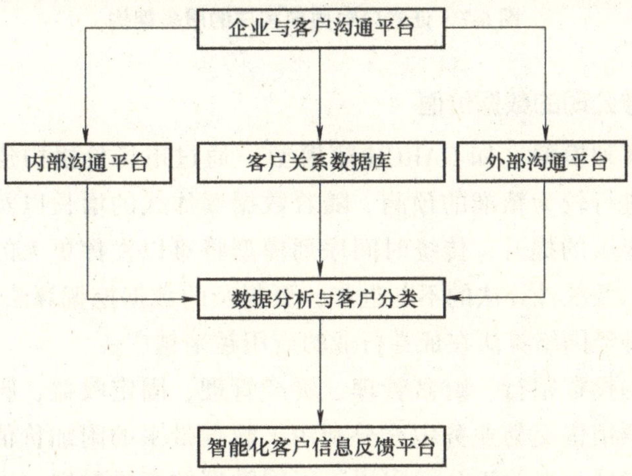

图6-6　大数据技术分析与客户管理平台

易行为或其他特点将用户进行分群，证券公司根据客户贡献度的大小对客户采取相应的政策照顾，吸引了具有特定行为的较低贡献度的客户发展为较高贡献度的客户。

目前，大数据技术应用于客户的程度不断深化，主要应用在技术层面与服务层面。第一，技术层面，大数据技术的运用将有助于实现券商投资产品的创新，例如智能投顾、黑天鹅预警等业务，并通过端到端自助服务平台缩短分析周期、丰富数据探索、增加数据洞察力，从而快速调整业务以满足不断变化的需求。第二，服务层面，大数据技术的应用将有助于提高券商的服务水平，一方面，通过精准营销的方式提升所拥有的客户质量，从用户、业务、留存、成本等多个维度进行评估；另一方面，通过精细化管理和运营，加强现有客户的业务转化和留存，在保证活跃用户体验的同时，不断提升用户生命周期的价值。证券公司面向客户的服务架构如图 6-7 所示。

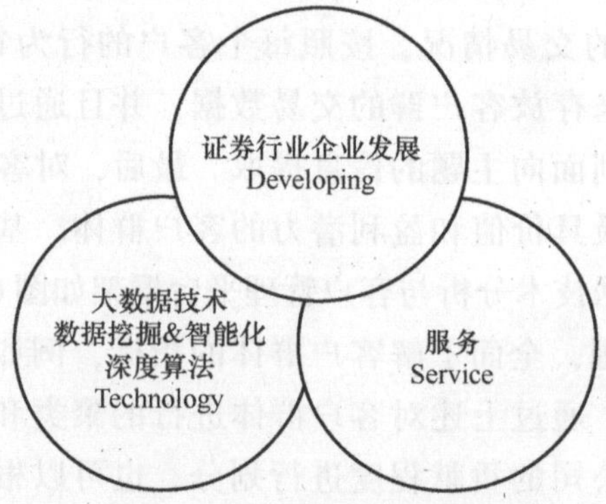

图 6-7　证券公司面向客户的服务架构

（二）证券公司的数据价值

传统时间序列模型（如 GARCH 簇模型）通过市场价格构建时间序列模型对其价格能够进行较为精准的预测。随着数据爆炸式的增长以及投资者对未来价格预测精度要求的提升，传统时间序列模型将难以发挥更大的作用。随着计算机存储技术以及统计算法的不断进步，更复杂的数据挖掘算法，如随机森林、支持向量机、神经网络算法在证券行业的应用越来越广。

券商内部的投资银行、财富管理、资产管理、固定收益、股权衍生品、证券金融以及股票销售交易业务中充分利用了数据带来的附加价值。证券公司的业务能够飞速发展，得益于公司积累了不同类型的海量数据，这些数据具有来源广、规模大、价值大和增长快等特征，且亟待整合、管理以及发挥深度价值。

证券公司在其内部构建了自上而下、协调一致的数据治理体系，以便解决上述问题。券商的大数据平台建设分为三个阶段。第一阶段，其建设目标是形成统一集中的大数据中心，这一目标旨在通过开源大数据技术，自主建设基于 Hadoop 和 Kyligence Enterprise 的大数据技术平台，并在此基础上自主研发各类大数据应用，包括经纪业务经营管理分析平台、两融大数据分析平台等，打破数据孤岛，并在数据治理体系下全面提高数据应用质量；第二阶段，将致力于数据应用支持范围和深度的扩大与完善，同时丰富数据应用服务场景；第三阶段则将探索深入数据挖掘和人工智能等专业的数据分析应用，建立数据为核心的数字生态体系。

（三）大数据与证券公司咨询服务

各大券商基于营业状况、利润、资金和客户群分布等信息，采用数据挖掘算法对证券行业各营业部经营情况进行横纵向比较分析。然后，根据营业部的营业情况进行分析，并提出经营建议。证券投资涉及微观、中观、宏观层面的分析，大数据技术对证券行业的冲击有公司、产业、市场及外部环境等。下面将详细介绍大数据技术如何影响证券投资的各个层面。

1. 大数据技术对证券投资的微观效应

发行证券的公司对证券投资的微观分析需要了解本身的经营状况，因此，需要借助于大数据技术对相关业务进行分析。目前，虽然大数据相关企业如雨后春笋般涌现，但真正的大数据技术应用仍然处于初期阶段，广大的传统企业正是大数据技术落地应用的重要载体。为了大数据技术有效地应用于企业，找到合理的赋能切入点是重中之重，前提是除了对大数据相关技术有全面的了解外，大数据技术会给企业带来哪些影响也是分析的重点。

在证券市场中，大数据技术的本质是数据的价值化。通过数据采集、整理、传输、存储和分析等一系列操作来完成数据的价值化过程，这便是大数据产业链。所以大数据的相关技术都是围绕数据进行展开的，而数据对于企业的运营来说至关重要。一方面，数据能够体现出企业的运营情况；另一方面，通过挖掘数据的深层信息能够围绕产品的一系列决策，进行包括设计、生产、营销、物流、售后服务等策略的设计。未来企业的管理将越来越依赖大数据，谁若能对数据进行更大的价值化操作，谁将可能占领市场的先机。

当下，互联网行业的发展正在进入到产业互联网阶段，而产业互联网正是利用大数据、物联网、云计算和人工智能等技术来赋能传统企业，随着产业互联网的不断发展，未来更多的产业互联网方案将逐步落地实施，更多的企业也将能够更加充分的利用大数据相关技术实现自我管理和获利。

2. 证券投资中大数据应用的数据服务与安全

2015 年 9 月，国务院正式发布了《关于印发促进大数据发展行动纲要的通知》，其旨在推动大数据在各个领域的广泛应用。在证券投资行业中，关于大数据应用的基础资源主要包括商业数据和个人信息在内的海量数据。因此，需要维持数据的充分流动性和便利性，当前社会对个人信息的保护和商业秘密的保密工作对证券机构提出了更高的要求。在保证应用中服务的完善基础之外，同时也需要防止个人信息被滥用。在数据获取过程中也应该遵循相应的法定规则。而在现实行业发展中，应该在数据流动和私权保护间寻求适度的平衡，这对各行业都提出了挑战。

同时会涉及数据安全的问题还包括个人信息保护、不正当竞争、商业秘密保护、著作权保护及计算机信息系统安全等。

三、大数据与证券市场监管

证券监管制度及监管手段随着时代发生着变迁。大数据时代，大数据和 AI 技术应用于证券市场，证券业产品和制度不断创新，给证券市场的监管也带来了不小的压力。

1. 大数据对证券监管制度的影响

大数据对于证券监管领域的影响主要包括以下三个方面。

第一，监管对象发生转变。大数据监管对象由主体在证券市场上直接活动行为延伸至直接行为前后的关联行为。大大减小了延误预警的时机的概率。

第二，信息收集发生转变。大数据监管通过互联网技术在全社会收集信息，并通过中央超级计算机对数据挖掘分析，以实现信息间的相互验证，发现异常信息及时提供预警。避免了传统信息收集过程环节多、成本高、信息失真率大的缺点。

第三，工作中心转向数据分析。传统监管工作重视调查取证。通过大量证据来论证处罚违法行为的合理性。这种模式有利于完善事后监管的惩罚力度，但对已发生的损失不能起到弥补作用。大数据监管重视对数据的挖掘分析，从分析中寻找数据的关联，强化对损失的防控。因此，其工作重心在于数据收集、分析方法选择以及工具性能的优化。

2. 证券监管部门应当采取的调整措施

在大数据时代下，证券监管制度需进行适度调整。①调整证券监管制度有利于扭转现有监管制度滞后性的局面；②有助于证券行业充分利用大数据技术的优势设计制度规避其带来的不利影响。

第一，监管部门应重视对监管制度观念的转变。大数据监管的首要任务就是将大数据思维引入监管领域。监管部门应将监管侧重点由管理向监督倾斜；将监管主体由行政主体向整个市场参与主体延伸；将监管手段由惩罚向预防转变等。

第二，监管部门应重视大数据立法。大数据立法一方面指在立法时要参考大量数据，尊重数据分析产生的结果，使得立法依据更加具有说服力，立法依据由定性向定量转移。另一方面指强化对大数据的立法，对大数据立法又包含两层含义：①数据标准化立法。数据标准化在于打通不同数据系统的接口实现全社会数据共享；②数据使用标准立法。大数据挖掘在改变促进监管效率的同时，也留下侵犯参与者权利的隐含，通过使用标准立法可以有效约束规范大数据分析行为（孟琳，2015）。

第三，监管部门应强化事中监控、动态监控，放宽事前和事后的监管。传统的监管措施之所以牺牲市场效率强化对于事前和事后的监管，最大的原因在于技术条件的不成熟及信息收集和处理能力约束。但在大数据背景下，大数据技术能够弥补传统监管的局限性，对数据全方面收集并进行大数据处理，这样有助于事中监控、动态监控和违法预警的实现。那么就可以放宽对市场准入和对违规者的处罚强度，提升市场的活跃度。

第四节　大数据与信托数字化转型

虽然信托业产品种类多、创新速度快、结构复杂，但是数据量普遍不大，单个应用系统的数据库存储空间一般不超过50G（杨叶平，2017），严格来说，信托公司在大数据技术方面的应用基础较为薄弱。但大数据在电子商务、授信审批、客户营销等不同领域的广泛应用，也对信托业的产品、业务和经营创新起到了推动和提升作用，大数据技术对信托的影响路径如图6-8所示。

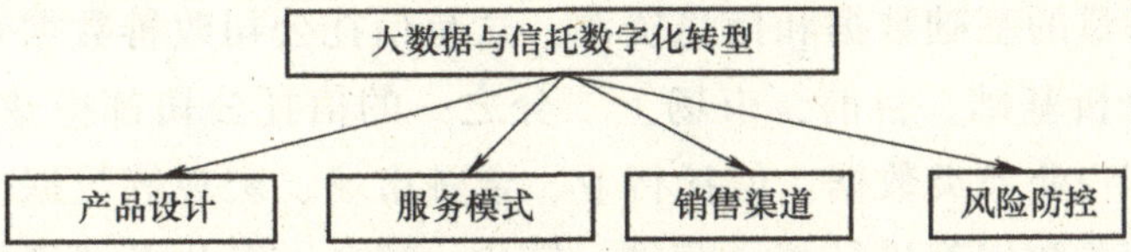

图6-8　大数据技术对信托的影响路径

一、大数据技术适合信托产品个性化设计

大数据和互联网技术的发展有利于信托业务模式、经营模式不断创新。“以市场为导向，以客户为中心”，结合客户资料运用大数据模型完善对客户群体的细分和精确定位，从而设计出个性化的信托产品。以2013年中信信托推出的“嘉丽泽国际健康岛”（张清，2015）为例，该项目是包括医疗养老、旅游、地产等一系列综合性消费信托项目，就是大数据应用的一个经典的案例，消费信托项目要素见表6-2。中信信托在该项目的创新过程中，结合采集的客户样本，运用大数据技术挖掘了客户和产业链的各类信息进行分析研究出该产品。截至停售前，项目成交金额近亿元，项目实现了多方共赢的局面，项目方提供了更广泛的金融化的销售渠道，消费者获得了更大的消费优惠，中信信托打通了产业链和消费端，提供了更加便捷、安全的互联网体验。

表6-2 “嘉丽泽国际健康岛”消费信托项目要素表

信托受益权期限	5年
信托受益权类型	H类信托受益权交付资金8.8万元，其中7.5万元作为保证金，5年后到期全额返还，1.3万元作为会籍费收取，每年会籍费2600元，按年扣除 G类信托受益权交付资金18.8万元，其中15万元作为保证金，5年后到期全额返还，3.8万元作为会籍费收取，每年会籍费7600元，按年扣除
消费权益	以享有H类信托受益权客户为例，客户将拥有下列会员权益： 1. 居住权益，每年拥有14天五星级温德姆度假公寓居住权，市场价值约12000元 2. 健康消费权益，每年可获得4000元健康消费卡，在嘉丽泽国际健康岛所有自营项目中消费 3. 投资权益：可在3年内拥有原价优先购房权
信托认购起点	8.8万、18.8万
信托认购渠道	招商银行

二、大数据技术改变信托机构服务模式

数据仓库用于信托行业数据的储存。信托业务快速发展的同时，也为信托公司存贮了海量的基础数据和信息资源，这是信托公司改善数据管理，使用大数据工具的分析基础。目前，市场上二分之一的信托公司都搭建了数据仓库，包括产品、客户业务类数据、信托行业、金融市场、宏观等数据，将各个不同应用系统的相关数据都进行统一存储、转化、整合，以此来满足信托公司经营和决策。

信托公司借助大数据技术和数据储量对客户信息进行挖掘，从而掌握客户的需求和风险特征。一方面，信托公司逐渐将现有的成熟信托产品有针对性地推送给潜在信托投资者，实现精准营销。另一方面，针对特殊需求的信托客户群体，运用大数据技术进行个性化的产品设计并推广，增加了客户黏性，使得客户群体挖掘和推广更具有针对性和更为多元化，避免无效营销和营销资源的浪费。同时，依托于大数据和互联网技术，信托公司不断提升客户服务水平、改善客户体验。例如，借助互联网，信托公司可以快捷地处理客户提出的意见、建议和投诉，迅速响应客户的诉求。高效的沟通方式符合现代人的习惯业务办理方式，为客户带去更好的体验，提升客户黏性和忠诚度。

同时，大数据技术的发展实现信托服务从提供产品转向提供方案。随着财富管理业务的发展，大家逐渐意识到资产配置的重要性，尤其是2008年全球金融危机之后。在信托行业，未来在以资产管理为核心的理财产品运作中资产配置方案显得尤为关键。随着大数据技术的发展，大数据将依据市场的供求、客户的需求、采取多种金融工具相结合的方式科学合理地为客户制定资产配置方案，大数据技术将有利于实现提供产品服务向提供产品方案的转变。

三、大数据技术拓宽信托销售渠道

大数据与互联网技术的发展使得信托业务从线下逐渐向线上发展，渠道拓宽促进了投资方和融资方的交易，实现了资金端和资产端线上高度匹配。在资金端，投资者参考大数据分析的方案和平台信息，根据自己的风险偏好进行项目的选择和投资。在资产端，融资者结合互联网平台发布自己所需要的融资需求。信托公司通过线上、线下结合的方式进行资质审核，大数据和互联网技术的发展逐渐缩小了信托销售的半径。

目前，信托公司不能设立分支机构，为此信托业务、信托产品上就存在一定的区域性限制。互联网的发展，突破了地域的限制，信托公司建设移动终端APP，形成微型平台进行产品推送，实时地把行业状况、公司发展状况、公司业务内容、公司产品信息、公司的产品推介、收益、分配等推送给订户，让更多的人了解信托业务和公司，从而发现其感兴趣的业务和产品。大数据技术分析信托订户的购买、关注等痕迹，从而进行客户画像和产品的个性化设计，以此来增加了客户的黏性，拓展了客户资源，拓宽了信托的销售渠道。杨叶平（2017）调查发现三分之一左右的信托公司开发了信托APP为客户提供信托受益份额、实时查询、产品推介和预约等。还有部分信托公司开发了自己的微信平台，中航信托推出了线上品牌，包括中航财富、中航资管、中航研究在内的多个微信公众号。近一半的信托公司开通了网上信托，实现了信托持有份额的查询功能。建信信托提供信托产品网上直销业务，用户可以在线购买、签约、支付等。同时，互联网模式的信托通过与第三方合作设立信托产品二级流转平台，为客户提供了多元化的融资服务。随着大数据技术的发展和应用，信托多样化的服务模式不断推出，增强了销售接触面和销售便捷性，拓宽了销售渠道。

四、大数据技术提升信托风险防控能力

大数据技术实现信托业务过程化监督和管理。大数据技术通过虚拟化技术、云计算平台等，支持信托多结构类型、高频交易、海量数据的信息处理。信托设立之后，应不断的平衡委托人、受托人和受益人之间的利益。但由于信息不对称，委托人并不知道受托人对信托资金的使用方式及实际经营状况，信息不对称将产生风险。大数据技术将实现有效地跟踪财产运营状况，表现在委托人能有效地知道自己财产风险如何，受托人能动态地进行经营调整。同时，开展信托的金融机构运用大数据进行自身风险的监控。例如，在家族信托中，由于家族信托的高门槛，资金量巨大，容易引起金融机构的非系统性风险，运用大数据思维和技术，对众多的家族信托方案实现网络动态信息的追踪，实现监控信托资产的运行，尽可能地降低了风险。

信托公司运用大数据技术提升风险的管理水平。信托公司面对客户群体的多样性，为此常规的调查显得力有不逮，也难以掌握交易对手的情况，通过现有互联网的公开信息，搜集个人和企业的海量数据，例如，市场主体、行业财务指标、法律法规、商标数据、专利数据等等，大数据技术挖掘公司关联方，帮助信托公司全面深入地获取企业和个人信息，勾勒出交易对手的全貌，发现隐蔽的风险点，避免一些潜在风险。近些年，信托业务资产规模、交易对手数量的快速增长，加之经济下行压力，使得信托公司“踩雷”事件高发。依靠传统的人工判断的风险管理模式不能有效的防控风险，为此，结合交易对手财务数据、外部评价、股东结构、信用记录等运用大数据技术进行客户画像，设置风险预警模型能够有效地实现风险客户的事前甄别，事中提前防范。

第五节　大数据与证券投资基金

大数据时代下，证券投资基金行业如何借助互联网平台优势及技术实现创新发展，一直是近些年来金融领域内的热点话题。深度融合互联网行业天然信息优势与证券投资基金成熟的研发技术是推动本行业创新发展的关键。如今，

证券投资基金行业应用大数据技术的成果已初步显现。如大数据技术助推证券投资基金产品创新，大数据技术优化证券投资基金资产配置，以及大数据技术提效证券投资基金风险管理体系等。

一、大数据证券投资基金发展概况

大数据证券投资基金与传统证券投资基金相比，其核心竞争力在于其融入的大数据技术。传统证券投资基金的数据覆盖面基本局限在历史交易的行情、技术分析指标和宏观经济运行等信息中，而大数据证券投资基金将可利用的信息范围拓展到社交网络平台、搜索引擎、电商平台等记录了投资者众多“足迹”的领域。这些数据中隐含着大量能够反映投资者投资心理或者其他对指导投资有用的信息。互联网巨头拥有海量数据资源，如做社交网络的腾讯和新浪，做搜索引擎的百度和360，做电商的阿里巴巴和京东等。

大数据指数是基金产品融合大数据技术最早的产物。中证腾安价值100指数，2013年5月上市发布，是国内最早的大数据指数。此后又有中证百度百发策略100指数、中证淘金大数据100指数等。而与证券投资基金相关的，即专门应用了大数据指数的基金，如博时中证淘金大数据100指数型基金等。但这个时期的指数基金一般只做选股，不做择时，因而不能规避发生系统性风险时带来的损失。

随着主动管理的混合型基金产品的出现，大数据基金发展到第二阶段。这个时期的大数据基金与之前的指数基金相比，其优点是基金经理可以主动择时，且基金资产中权益类的比例也开始变得宽松。但是，择时的依据主要仍以基金经理的主观意愿为准，因而缺乏规范的度量。

到了第三个阶段，大数据证券投资基金逐渐发展出量化择时能力，即应用大数据技术对海量数据进行分析，找出其中可以判断市场情绪及走势的投资信息，并使用这些信息决定最终的投资策略。

二、大数据技术助推证券投资基金产品创新

基金公司可以应用大数据技术捕捉经济行为人的情绪。世界范围内，保罗·赫汀（Paul Hawtin）是第一个应用大数据技术成功开发基金产品的人，即对冲基金 Derwent Capital Markets。他曾经说过，“金融市场受投资者恐惧、贪婪等情绪的影响，但现在还无法有效量化这些情绪。”现如今，仅就国内而言，市面上早已流通着许多大数据指数基金，如博时淘金大数据100A、天弘云端生活大数据E等。

传统投资者对数据的获取及应用能力极其有限。在应用大数据技术优化量化投资之前，传统的基于财务数据、估值成长因子、技术指标因子的多因子模型研究框架已经非常成熟，很难再实现超额收益。正因如此，促使了量化投资者对新闻事件、公司事件等投入更多的关注。但是，这些投资者往往也只是能够捕捉到较为有限的具有价值的投资信息，而通常是停留在对事件本身影响股价的理解层面上。因此，他们不仅获取不到足够多的数据信息，而且对新闻事件所带来的互动信息数据的研究也较为粗浅。

基金产品融合大数据技术实现创新。大数据时代下，行为金融理论在投资领域也具有更多的指导意义。基金公司得以运用大数据技术挖掘的潜在投资信息，表现出更好的绩效。一个具体的国内应用案例是，2013 年年底南方基金与新浪财经共同推出的南方新浪财经大数据策略指数。一方面，新浪财经作为国内运营高效的财经数据平台坐拥着大量的财经数据。如其开设的股票频道、财经新闻、股吧论坛等板块和新浪微博中与财经相关的账号中，隐含着海量对投资具有指导意义的信息。这些信息不仅涵盖了更具时效性的有关上市公司的资讯，且源自于具有投资经验的用户。因此，类似这种财经相关的互联网媒体上的所有与投资相关的信息，通常都要比来自其他社交媒体或互联网用户的信息更具价值。投资者通过如股票等论坛中进行的互动及这些互动的用户参与程度等，涵盖并展现了投资者们对经济形势、行业动向、上市公司、财经新闻等投资相关信息的看法，这其中自然隐含着可供挖掘的对于投资有价值的信息。另一方面，对于这些互联网平台给予的海量投资信息，只有那些具有专业的、具有洞察力的、同时又在行业内积累过丰富经验的基金公司，才能最先、最大可能地应用大数据技术实现产品创新。如在 2013 年底，南方基金与新浪财经达成合作意向，计划凭借双方在各自领域内的专业优势，合作开发一款大数据策略指数。最终两款财经大数据策略指数，即 i300 与 i100，于 2014 年 9 月在深交所上市。这是国内最先推出的大数据指数。

财经大数据策略指数的诞生，标志着证券投资基金行业成功将大数据技术应用于投资领域，实现证券投资基金产品的创新。由于大数据基金能够提前并快速地捕捉市场情绪及热点，许多基金公司希望能够凭借大数据基金的这种优势实现超额收益。

三、大数据技术优化证券投资基金资产配置

个人理财需求的快速膨胀加上大数据技术的迅速发展，促使智能投顾逐渐成熟地应用在证券投资基金的资产配置领域。智能投顾，又称机器人理财，指

的是应用云计算、智能算法、机器学习等技术，应用资产组合理论等模型，结合投资者个人具体的财务状况、风险偏好和收益目标等，为投资者提供低门槛、定制化投资方案。

国内的智投产品，底层资产基本以国内公募基金为主，最终投资标的主要集中在国内股票或债券上，市场较为单一，相关性偏大，很难分散风险。不少智能投顾产品，资产配置方式偏保守，货币市场基金的配置比例高达50%，收益率很低。

2019年2月，华盛证券与弘量研究合作推出一款智能投顾产品，投资标的以香港上市的ETF为主。弘量研究推出的智投产品，沿用的是国外智投模式，其投资标的不局限于A股市场，底层资产也主要以全球ETF为主。

智能投顾的出现，使得证券投资基金可以以便捷、低门槛、高流动性的方式跟踪美国、欧洲、新兴市场等的股票、债券、另类投资ETF如黄金等，甚至在个人资产组合中囊括全球资产。而这在过去，单是处理全球数据，就需要耗费大量人力，亦意味着转嫁到投资者身上的高额成本，更不要提全时段交易以及风险控制等。

四、大数据技术提效证券投资基金公司风险管理体系

大数据时代下的投资和风险管理，其决策都将更加依赖对数据的挖掘和分析，而不是单纯地依靠经验或直觉。善于运用大数据技术挖掘更多、更高质量信息的投资决策者，将会应用这些信息做出更准确的研判，从而获取超额收益。当下层出不穷的金融创新使得传统“应对”式的风控体系逐渐失去效用，这也要求风险管理经理能够更加严格地管控市场风险、信用风险和流动性风险等诸多风险。在风险管理方面，证券投资基金行业能够借助大数据技术实现更高效的风险管理体系。

以天弘基金为例，其“预测+应对”相结合的风险管理模式充分发挥了大数据技术优势，其基金产品也因此运行得更加稳健。“预测+应对”相结合的风险管理模式是，不仅应对式的关注各种风险指标，而且主动研判市场波动及其风险传导。要想实现这样的目的，可以考虑借助大数据、云计算等互联网技术，结合行业开源技术框架等，协同构建一个同时考虑各类风险管理模型的系统。

在市场风险管理方面，基金公司可以通过针对性地侦测、归因分解能够导致货币基金偏离度的资产，辅助基金经理做出更加准确的投资决策。同时，基金公司若能掌握场内市场和场外市场的交易信息，计算两个市场在内的收益率曲线，便能够对偏离度进行即时分析，运用试算功能帮助基金经理精准把握每

一单交易对偏离度造成的影响，以便基金经理根据既定目标调整投资决策。

在信用风险管理方面，基金公司内可以组建专门负责信用分析的团队，通过利用类似“鹰眼系统”和“财务稳健模型”等工具，在获取企业信用资质的基础上，对企业的信用资质进行筛选，将那些不符合标准的（如产能过剩行业等）投资备选标的排除在外。此外，基金公司也可以跟踪监控、定期分析持仓债券，及时卖出那些在信用资质上具有潜在恶化风险的债券，严格控制信用风险。

在流动性风险管理方面，基金公司可以针对货币基金专门设计一套流动性风险管理体系，应用大数据技术来提升基金申购赎回的预测能力。这种流动性风险管理体系，一般同时包含资产端和负债端。基金公司通常将协议存款到期、正逆回购到期、管理费、利息、清算备付金等纳入资产端，计算出 T_0 的资金缺口和未来的资金流入流出分布。在负债端，则引入大数据与用户分层刻画等技术构建投资者申赎预测模型，实现涵盖 T+0、T+1、T+30 的预测。

五、大数据技术在证券投资基金中的应用

（一）被动型大数据基金

被动型大数据基金即是指跟踪大数据指数的证券投资基金。到目前为止，已有一些大数据指数成立了基金产品，如博时中证淘金大数据 100 指数型证券投资基金、南方大数据 100 指数型证券投资基金等。这些基金大多是互联网巨头与大中型基金公司联合推出的。表 6-3 中列出了部分被动型大数据基金产品概况。

表 6-3　被动型大数据基金概况

简　称	跟踪指数	基金公司	发行规模（亿元）	股票仓位（%）	最大行业占比（%）
南方大数据 100A	大数据 100 指数	南方基金	29.83	88.6	制造业 49.90
博时淘金大数据 100A	中证淘金大数据 100 指数	博时基金	9.68	94.07	制造业 48.93
南方大数据 300A	大数据 300 指数	南方基金	4.56	89.94	金融业 38.30
广发中证百发 100E	中证百度百发策略 100 指数	广发基金	3.82	93.36	制造业 52.71
广发中证百发 100A	中证百度百发策略 100 指数	广发基金	2.30	93.36	制造业 52.71
博时淘金大数据 100I	中证淘金大数据 100 指数	博时基金	1.78	94.07	制造业 48.93

数据来源：wind 数据库。

表6-3中，按发行规模列出了6支被动型大数据基金。可以看到，大数据指数基金的股票仓位大多维持在90%左右，且行业配置中制造业偏多，占比在50%左右。

（二）主动型大数据基金

主动型大数据基金是应用大数据技术获取能够指导投资决策的信息，以期取得超额收益的一种基金。表6-4按发行规模列出了部分主动型大数据基金产品概况。

表6-4 主动型大数据基金概况

简称	基金类型	基金公司	发行规模（亿元）	股票仓位（%）	最大行业占比（%）
东方红京东大数据	灵活配置型	东方基金	19.73	81.88	制造业56.34
天弘云端生活大数据E	灵活配置型	天弘基金	3.02	82.88	制造业84.34
嘉实腾讯自选股大数据	普通股票型	嘉实基金	2.68	90.51	制造业50.47
广发百发大数据策略成长A	灵活配置型	广发基金	1.23	93.09	制造业73.53
广发百发大数据E	灵活配置型	广发基金	0.37	85.18	制造业32.08
海富通东财大数据	灵活配置型	海富通基金	0.06	18.56	—

数据来源：wind数据库。

如上表所示，主动型大数据基金按资产配置形式可分为普通股票型和灵活配置型。从持仓比率看，主动型大数据基金并没有表现出与被动型大数据基金明显的差别。而行业配置上看，主动型大数据基金的第一重仓行业以制造业居多。

（三）大数据基金的风险与绩效分析

大数据基金伊始，与主动型大数据基金相比，被动型大数据基金具有较好的盈利能力。在风险方面，与传统基金相比，不同种类的大数据基金均表现优异。且在对比传统基金与大数据基金的风险调整后收益发现，被动型大数据基金相比于传统基金具有巨大优势。此外，被动型和主动型大数据基金的业绩均不具有持续性，亦即在某一段时间拥有较好绩效的基金可能不会一直持续下去。因而投资者不能根据某种基金的前期表现作为判断依据进行择股。但随着基金管理者对基金量化模型的不断优化，大数据技术与基金投资的深度融合，大数据基金的市场绩效表现可能会更好。且对于选股和择时能力而言，大数据基金在这两个方面均表现出要优于市场。其中，大部分被动型大数据基金具备一定的选股能力，但对市场时机的把握仍相对较弱。而主动型大数据基金的择时能力略优于其选股能力，但也仅是其中的少数具备选股或择时的能力，大部分此类基金均未表现出较好的市场绩效。因而整体而言，被动型大数据基金的表现要优于主动型大数据基金。投资者可比较两种基金各自的优劣势进行选择。因此，对于风险偏好型的投资者而言，可以把资金更多地投向主动型基金，而较为保守、风险承受能力较低的投资者应更多地投资于被动型基金。

大数据基金曾一度受到资金热捧，但大数据基金的市场绩效并不尽人意，甚至曾经火热的大数据基金面临清盘。虽然大数据基金业绩整体惨淡，基金规模也在缩水，但不少业内人士认为，由于利用大数据各种算法来指导投资，在我国仍处在发展初期，因此大数据基金仍有优化空间，未来借助大数据辅助投资仍有很大发展潜力。

【本章小结】

技术进步在促进经济增长的同时，也为金融机构转型发展提供了保障。本章全面地分析了大数据技术对传统金融机构的影响。首先，大数据对商业银行的影响巨大，主要体现在对组织机构、营销渠道、银行技术、风险防控等方面，相较传统模式，大数据体现出了其优越性；其次，保险业是大数据应用广泛的行业，从产品的开发到营销再到售后的风险防控等方面，大数据的应用表现出了其相对优势和特长；再次，大数据技术在资本市场中的证券公司、交易所，客户关系管理，金融衍生工具和证券市场风险管理也有其广泛的应用前景；最后，大数据的发展对于信托和投资基金也会有很大的冲击和应用。

【复习题】

1. 简述大数据技术对商业银行数字化转型的具体影响方面和表现形式。
2. 简述大数据技术对保险行业的影响。
3. 简述大数据技术在证券行业的服务与监管。
4. 简述大数据技术在信托行业的应用状况。
5. 简述大数据技术对证券投资基金业的影响。

第七章 大数据与金融产品创新

【学习目标】

1. 了解大数据在银行贷款业务中的产品创新应用和难点；
2. 了解大数据对供应链金融的影响和存在的风险；
3. 了解大数据在票据业务中的创新应用和存在的问题；
4. 了解大数据在征信行业中的应用发展和存在的问题；
5. 了解大数据在保险领域中的产品创新应用；
6. 了解大数据在金融交易投资领域中的创新应用。

【导入案例】

PICC客户车险出险大数据图

当前，大数据技术正在经历前所未有的快速演变，大数据技术的不断进步不仅加快了传统金融机构转型的步伐，也带动了金融产品的创新，不同领域的创新型金融产品以大数据作为底层技术，充分发挥其应用优势，挖掘金融机构内生发展潜力，为所在产业创造了新的价值。

在保险领域，中国人民财产保险股份有限公司浙江省分公司依靠长年积累的车险事故发生地的地理特征、不同车型的事故发生频率等基础数据，绘制了PICC客户车险出险大数据图。该大数据图清晰地展现了车险事故高危地点，帮助客户规避事故风险，守护行车安全；大数据图合理分化勘察理赔区域，提高车险理赔效率；其还能够结合当地天气变化为拥有多种车型的客户提供安全行车时间和路线，优化客户服务。除了保险领域外，大数据在银行贷款、供应链金融、票据、征信、金融交易投资等领域也有丰富的创新产品应用。

第一节　大数据在银行贷款领域的产品创新应用

一、大数据在银行贷款领域的创新应用

大数据可以应用在银行贷款领域和非银行金融机构贷款领域的各个环节，包括但不限于产品开发应用、客户准入应用、贷款催收应用等多个方面。

（一）产品开发应用

金融机构可合理利用内部和外部数据进行多维度挖掘，开发出新型的大数据金融贷款产品。

1）利用金融机构内部数据可开发出基于传统业务的新型贷款产品。例如中信银行开发的 POS 贷，工作人员判断是否可以进行授信的主要手段就是分析商户在自有 POS 机上的交易流水数据，主要筛选出现金流稳定、交易量达到一定门槛的商户，在此基础上再结合商户工商信息、业务信息等基本信息，最终向目标客户推送无抵押信用贷款。该模式不仅可以在现有的银行客户广泛运用，也可以应用和推广至非银行的金融机构，例如支付宝的花呗，其基本原理也是采取该模式。

2）利用外部数据可以衍生出新型贷款产品。鉴于数据的真实有效性，目前市场主要利用和分析的是政府官方数据。例如工商银行的税易贷，基本思路是通过对商户的纳税信用等级、增值税、营业税、企业所得税等纳税数据的深度挖掘、分析，筛选出预期还款信用优质的客户进行推广授信，在该模式下，企业无须提供抵押担保，即可获得信用贷款。

（二）客户准入应用

贷款数据采集范围的扩大和建模技术方法的更新，使得贷款业务的客户准入环节更具有操作便利性和服务时效性。一方面，数据采集范围的扩大，完善了传统的贷款客户的评估模型，贷款机构可从客户资产信息、社交网络信息、客户消费偏好、征信信息数据等上百个、上千个甚至上万个数据标准进行评分，评价因子有了指数级的上升，同时利用人工智能进行计算分析、自动审批，准确性和及时性均有效提高。另一方面，利用大数据进行贷款模型的设计可及时更新评估模型，传统贷款数据基于固有的模式和缓慢的调整流程机制，无法实现快速调整，而大数据和人工智能的运用，即使在信息变量不断增加的今天，也能随时快速做出模型变量调整，从而不会因单一因子错漏而对整体评估模型

造成重大影响。例如招商银行的信用额度自动评分调整机制，招商银行通过线上数据的评分模式对客户信用额度进行自动调整，调整时间从之前的数天缩短到数秒，极大提升了客户的服务体验。

（三）贷款催收应用

大数据对贷款领域的催收环节也有广泛和深入的应用。一方面，大数据有利于失联客户信息的重建。例如学生贷款，由于学生毕业后常出现异地工作的情况，电话和地址都容易发生变更，若发生贷款逾期，有的时候很难与学生取得联系。而如果通过运营商移动电话信息、网络购物物流配送信息等对互联互通信息的数据进行抓取，将能重建客户联系渠道。另一方面，大数据在催收策略中也有所运用，催收机构通过对贷款客户的行为特征、地域特征、年龄特征、职业特征、额度使用情况、历史还款情况、行业情况等多方面进行分析，可将催收客户进行分级分类，之后根据风险状况再匹配相应的差异化催收工具手段，将有利于提高催收的成功率。

二、大数据在银行贷款领域的难点

（一）数据库需进一步完善整合

目前，贷款的大数据分析来源主要包括三方面，政府数据、征信数据和行业数据，具体如图 7-1 所示。

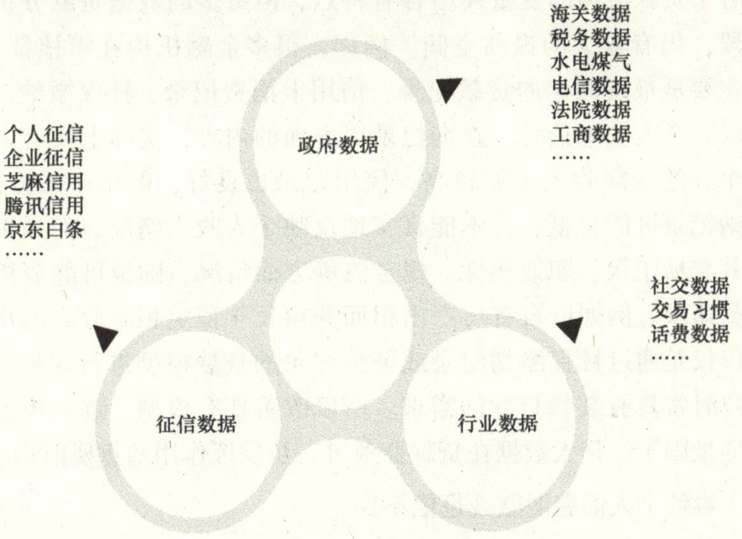

图 7-1　贷款的大数据分析来源

首先，政府数据主要包括海关、税务、水电煤气、电信、法院、工商等数据，此类数据主要关系民生，具有一定私密性，而且需授权方可公开。

其次，征信数据主要包括央行个人/企业征信和互联网征信数据，目前国内央行数据实际上仅覆盖了约3.8亿人口，覆盖比率相当低，还有很高的填补空间，而互联网征信是现各大平台公司自身逐步建立的自有征信体系，包括芝麻信用、腾讯信用等，基于数据的构建方，此类数据具有相对个性化的特征，例如芝麻信用更注重于使用对象的购买交易习惯的数据收集和分析，腾讯信用则更多的与个人社交数据相关，由于此类数据尚未建立衡量标准，至今尚无一家征信机构获得正式的营运牌照。

最后，行业数据是指各自平台自身产生的各类数据，主要侧重社交分析。例如联通、移动、电信等电信运营商产生的个人电话消费账单、通话时长、通话地点等，再如社交上的大量数据，例如微信登陆时间、在线时长、支付频率、支付对象、社交范围等。

上述三方面的数据来源并不统一，目前而言均有一定的获取成本，并未实现互联共享。若能将上述三方面的数据进行统一整合调取，将能从征信和行业数据等多个维度同时评价与衡量客户的贷款能力、还款能力，从而更利于贷款业务产品的开发、营销和风险把控。

（二）贷款评估模型需进一步完善

目前各个贷款机构的变量模型各有特点，但更多的数据贷款分析模型还处于试错阶段，仍有较大的提高空间。例如，很多金融机构在审核征信报告时，审核要点主要是最近两年的贷款纪录、信用卡消费记录、社保缴纳、征信报告的打印时间、个人基本信息、查询纪录等方面的内容，实际上具有一定的片面性，有些个人的实际收入可能较高、信用记录也良好，但出于某方面的考虑，其社保缴纳纪录可能很低，并不能真实地反映个人收入情况。而如果通过多维度的分析其交易纪录、职业属性、现金流等方面情况，则很可能分析出另外一方面的贷款需求。例如以自有房产出租而获得长年稳定租金收入的房东，如果贷款机构仅仅是通过社保缴纳纪录或征信纪录的贷款模型进行评价，可能无法得出该客户时常具有装修贷款的需求。所以改善现有模型，进一步完善贷款评估模型的变量因子，是大数据在贷款业务进一步发挥作用的重要前提。

（三）导致个人信息泄露或征信不良

互联网本身涉及的重大风险之一就是操作风险。一方面，计算机网络信息容易遭遇黑客攻击、出现系统故障等问题，因为利益驱使，甚至会出现平台兜售客户信息资源的情况，这类问题无疑是大数据贷款业务面临的最敏感问题。另一方面，大数据贷款的便捷应用也可能导致个人征信数据出现不良。频繁使用网络进行小规模贷款，必然导致征信的频繁使用。若个人征信在一年内被多方金融机构频繁查询一百余次，则证明贷款方对资金极度饥渴，此类过度透支的客户很可能会造成后期无法偿还贷款的现象，因此个人频繁查询征信最终将导致后期金融机构不予审批通过贷款需求。而实际上，大多数人频繁查询征信并非出自贷款人的实际意愿，可能仅仅是出于网络贷款的好奇或尝试心理，或无意识下的查询授权和信息泄露所导致的，而这种情况最终造成的结果却可能是个人线上和线下都无法继续贷款。

三、案例——微众银行微粒贷

微众银行成立于2014年，是国内首家民营互联网银行。微众银行通过科技创新，把传统银行需要在线下完成的开户、审批、放款等业务均转移到互联网完成，为长尾的大众客户和小微企业提供了个性化、便捷化、高效化的金融服务产品。

2015年，微众银行即实现了为个人提供小额信用贷款——微粒贷的商业应用。该产品具有不同于传统银行个人贷款产品的许多特征，包括无抵押、无担保、按日计息、随借随还等，而最关键的是脱离了线下实体的申请和审批程序，是一款纯线上的互联网贷款产品。微粒贷是通过对腾讯旗下的微信、QQ产品用户产生的个人数据，包括社交信息、消费纪录、交易习惯以及第三方数据等大数据进行有效分析、数据挖掘，从而综合评判客户的贷款需求和还款能力，最终实现对客户的审批和放贷。

微粒贷首先开创了民营企业在互联网贷款的另类挑战，从而有效服务了征信数据未能覆盖的长尾人，最终实现了7×24小时服务、全程线上服务、快速评估贷款额度、急速放款等特征。微粒贷在急速用户体验感受的背后，是微粒贷强大的数据库基础、数据分析能力和风险管控能力。微粒贷具有以下特征。

1）微众银行开创了邀请制的白名单机制。微粒贷以科技为核心，除了利用央行征信数据、政府数据外，还整合了腾讯体系内丰富的社交数据，从而打造出自有的金融风控体系。微众银行会不定期对现有客户进行综合评估，评估的范围包括个人账户、朋友圈信息、毕业院校、交易信息等多方面内容，最终完成白名单的筛选。例如用户朋友圈的稳定性，如果用户在深圳，而且最近三五年内朋友圈比较稳定，主要与银行系统相关，说明客户在深圳从事与银行相关的金融工作，关系较为稳定，履约还款可能性也会较高。

2）智能生物技术构建与逐步完善。智能生物技术的发展和大数据的存储与应用，使得线上的个人识别成为现实。微粒贷在审核过程中的远程人脸识别、公安信息比对技术，可有效验证申请用户是否为真实本人操作。“人脸识别”技术的加入，不仅可以保证本人操作的安全性，顺畅的线上体验保证了夜间操作的可行性，减少了整个流程中的人工成本和时间成本。

3）利用人工智能、大数据分析，微粒贷不断把审核所需的时间进行了缩减。能够进入微粒贷入口的客户是已经筛选出来的白名单，客户选择了申请开通，后台即可根据个人实际情况评估计算出贷款额度，若绑定了银行卡，几分钟内就能获得银行借款，相对于传统的银行现场申请贷款，效率有了质的提升。而这种提升，主要就是基于大数据分析和人工智能的深入应用。

4）微粒贷基于大数据分析，有效实现了精准营销和差异化服务。微粒贷利用大数据了解客户、构建产品，营销策略贴近用户个性化需求。例如大型国有上市企业的正式员工，享受的贷款利息会比平均值低，而如果是信用记录尚未建立的年轻客户，利率会有所提高，目前单笔贷款额度区间为5～20万元，贷款期限为5～20个月，贷款日利率区间为0.02%～0.05%，比一般信用卡的日贷款利率的0.05%略低。

5）微粒贷应用大数据进行欺诈风险防范。贷款前后，系统会主动监测个人微信转账、微信红包、社交数据等有关数据，以识别和防范可能存在的信用风险。

第二节　大数据对供应链金融的影响和风险

一、供应链金融的现状和瓶颈

供应链金融是利用供应链思维为关联企业提供有关的金融服务。供应链金融应用较为广泛的行业包括零售、制造、物流等行业，区别于传统抵押思维和历史财务数据为判断的融资模式，供应链金融更看重企业未来的发展及价值，所以放贷机构对贷款机构即时产生的生产经营数据更为重视。

目前，供应链金融至少还存在以下瓶颈。第一，“链主”无法定位到优质发展潜力的朝阳公司。目前，大部分的供应链金融主要还是围绕着优质的央企、国企、上市公司、外企这种“链主”进行，而这类企业很多因为自身资金相对充足，贷款意愿相对消极。实际上市场上还存在很多具有优秀整合能力和风险控制能力的民营企业，而该类企业很多时候需要贷款机构通过大数据分析深入了解企业所处行业发展情况方能予以挖掘。第二，授信对象具有局限性，金融企业对核心链主企业的授信，一般也只能局限于一级供应商或经销商，对于二级供应商或经销商往往无法提供融资需求。第三，传统供应链金融服务水平相对较低，能将信息流、物流、资金流等多方面同时进行有效集成的供应链服务商还相对较少，供应链金融产品的有待进一步创新。

二、大数据对供应链金融的影响

（一）大数据可加强借款方的资信评估和贷款方的风控管理

通过供应链金融构建的借贷关系，主要建立在借款方日常生产经营活动的数据基础上，包括借款方的资产负债、利润数据、存货数据、进出库数据、税务数据、订单数据、水电消耗、客户情况、供应商情况、现金流量、成本费用变化、物流数据、行业情况等多方面的数据维度上，相对于以财务报表或抵押为依据的传统贷款方式，其构建的多维度评测模型将能有效避免可能发生的造假行为。因为企业的财务数据、生产数据、销售数据及上下游数据均实现了联动，通过系统的敏感性分析将能有效发现变动的异常，一方面可排除人为因素的造假可能，另一方面即使确实出现风险，也能提前从业务数据或上下游企业中提前获悉，而不必等到最终形成财务报表才发觉。

实际上可以用投资银行的思维来看待行业、融资对象未来的发展前景，同时也可以运用投行尽调的手段和方式对企业进行风险管控，建立起来评估模型。其大数据的变量参考模型可以包括业务调查、公司治理、财务调查、合法合规等，其中在贷中对公司采购订单、生产订单、销售订单、库存订单、资金流水、往来款等多方面情况进行实时跟踪，并结合上下游、同行业公司进行纵向和横向对比分析。

（二）大数据能提供个性化的金融贷款服务

传统的金融机构借贷行为，由于仅通过财务报表平台的研判，或出于足额抵押的要求，往往将很多中小型的贷款企业拒之门外。很多金融机构无法深入了解产业行规或潜在交易规则，而出于风险厌恶的考虑，金融机构其实很多时候无法从业务上理解和支持贷款需求企业的发展。而通过大数据技术搜集的高质量信息，特别是宏观环境、行业发展等具体的信息流，金融机构恰好能缓解与中小企业之间的信息不对称情况。金融机构通过科学分析的手段对行业主体及上下游的运营情况进行实时把控和分析，可以更好地掌握客户行为特征和消费习惯，精准把握中小企业的需求，从每一个经营环节中挖掘数据的价值，为企业提供个性化供应链金融服务。

（三）大数据降低了供应链金融的贷前和贷后管理成本

大数据给供应链金融带来的另一个重要变革是无纸化、数据化，这种方式极大地降低了金融服务的业务和管理成本。首先，数据化降低了实地考察、纸质单据交接等昂贵、烦琐的贷前操作成本；其次，通过对比交易历史、交易习惯和即时交易信息、物流信息，可以利用数据实时掌控企业运营情况，降低财务数据后期分析带来的滞后风险；最后，快速的数据传送，可以加强金融与企业实时信息传送，而不是传统的频繁抽检工作，节约贷后管理成本。

三、供应链金融存在的内外部风险

大数据下的供应链金融产品，涉及的风险主要包括外部风险和内部风险。

（一）外部风险

外部风险主要指系统性风险，包括宏观经济环境周期、行业周期等风险。因为供应链金融主要针对核心企业上下游、某一行业上下游和区域性企业，具有一定的集中性特征。当出现群体性的小规模系统性风险时，可能会导致群体性的外部风险。由于大数据下的供应链金融产品，放贷机构可能较难通过历史数据的分析有效预判此类外部风险。例如产业政策发生变化，可能导致上下游企业整体经营经营情况迅速发生恶化，从而影响整条生产链条的所有企业，最终对多个企业造成巨大冲击，而这种风险一般难以通过历史数据分析的方式进行预警。

（二）内部风险

第一，大数据供应链金融产品采集的数据主要是核心企业的数据，而其上下游的中小企业数据相对不多，且均为轻资产运营，其资信可能较差，同时违约成本较低，容易出现债务延缓或违约风险，扩大了供应链金融的融资风险；第二，供应链交易背景真实性存在风险，存在部分企业通过提供虚假不真实的贸易单据或合同进行融资，之后将资金转入房地产或其他投机业务，最后导致本金和利息损失的风险，而审核人员可能较难通过历史上的大数据分析进行准确判别；第三，大数据管理的运营风险，因供应链金融很大程度依赖财务数据、业务数据、征信数据的分析与反馈，如果监管过程中出现数据源混乱、数据源丢失，可能影响个别甚至所有企业的异常管理，最终出现对供应链金融的巨大冲击。

四、案例——腾讯微企链平台

基于国家政策大力支持与亟待填补的小微企业融资需求背景下，腾讯搭建了微企链平台，打造开放式供应链资产服务平台，实现应收账款的拆分、流转与变现。通过核心企业在区块链上对其应付账款进行确权后，形成数字债权凭证，应收账款通过区块链不可篡改、双重记账的方式流转至多级，穿透覆盖至长尾端供应商，提高小微企业融资可获得性、降低融资成本。腾讯微企链平台的运作模式如图 7-2 所示。

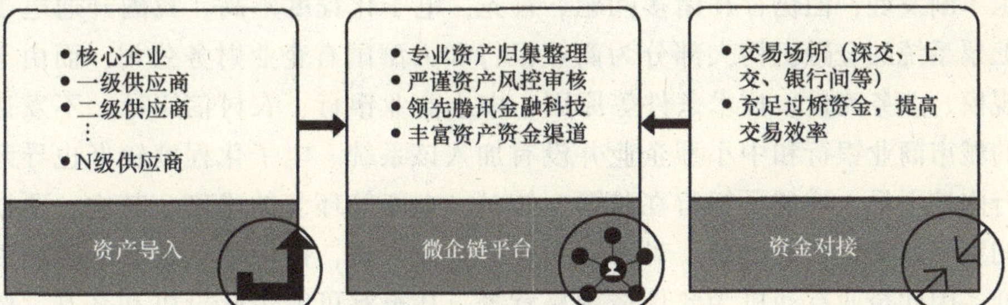

图 7-2 腾讯微企链平台

相对于其他供应链金融产品，腾讯微企链至少具有以下意义和特点。

（一）打造应收账款流转平台，实现债权拆分、多层流转与变现

资产端模块结合腾讯金融科技能力，基于市场痛点，打造具备远程获客、债权可拆、自动风控、秒级放款、闭环可视以及系统定制化等特色服务的资产获取模块，实现债权通过平台拆分、向长尾供应商流转以及变现的职能，降低长尾供应商融资成本，帮助金融机构触达小微企业、挖掘低风险高收益资产，满足核心企业产业链管理诉求。

（二）基于数据化和人工智能，有效审核资产

数据连接的有效互联互通，使得人工智能审核从可能变成现实。一方面，微企链通过批量获客，结合人脸识别功能、实现批量上传底层资产相关材料，降低传统模式下人工操作成本，批量服务用户；另一方面，通过发票信息自动查询功能、底层资产多人审核、中登批量登记功能、线上签约等功能，实现全线上化流程，提升审核效率，高效审核贸易背景真实性。

（三）利用数据化和区块链实现债权拆分流转变现

基于大数据和区块链技术，数字债权凭证持有人可将其进行无限拆分。持

有人也可基于贸易合同将部分或全部数字债权凭证转让至其上游供应商，解决短期结算、资金流短缺等问题。并且持有人可在链上向资金方发起融资申请，通过核心企业信用以及各资金方市场化报价进行融资变现，降低融资成本、扩大融资渠道。

第三节　大数据在票据市场的创新应用

我国票据市场发展至今仅有数十年，虽然在此期间市场逐渐成熟，交易规模也不断发展，但仍存在诸多问题。首先，电子化程度不高。我国开通电子商业汇票系统的金融机构大部分为商业银行和大型国有企业财务公司，而由于自身规模、业务流量、技术条件等原因，中小商业银行、农村信用社、不发达地区的城市商业银行和中小型企业并没有加入该系统。电子化程度较低也导致了银行内控不足，增加了银行在验票、核对、查库等环节的难度。其次，票据背后的贸易真实性核查困难。对需要融资的企业来说，银行承兑汇票贴现融资成本低，因此企业有动机为此伪造贸易背景，甚至有可能借此投机和套利；票据中介也有可能从中分一杯羹，帮助无真实贸易背景的企业从银行套取资金。最后，票据交易过程中存在逆向选择与道德风险，其交易规范性仍有待提高，有效的信息披露制度也有待形成。而如今大数据技术的蓬勃发展，有助于解决如今票据市场的一些问题。

一、大数据技术助力票据融资问题的解决

小微企业由于其自身的缺陷以及市场的不完善，在利用票据融资时存在诸多难点。一方面，小微企业的贸易背景资料不规范。小微企业经常存在财务管理流程不完整，自身管理能力不足等问题，因此会出现交易证明不完整的情况，例如合同的签订过程不够规范、发票的收集存在延迟等。多数银行在对小微企业签发银行承兑汇票时也会提出一些限制条件，例如高比例保证金、要求有其他抵押品作为担保等，这大大增加了小微企业的负担。上述原因致使企业在贸易背景资料审核时被银行所拒，从而错过票据贴现这一没有严格授信评级要求的便利的融资工具。另一方面，票据中介虽然可以较为快速便利帮助企业进行票据贴现，但是其高额的费用却增加了企业的融资成本，并没有为小微企业带来实惠。

但是大数据的应用可以在一定程度上解决此类问题。大数据技术能够帮助小微企业进行无差错的大体量数据收集，包括合同、发票等。并且大数据技术

能根据审核要求的不同进行不同的数据提取，大大提高了审核通过率。此外，大数据的应用会提高票据市场的安全性与交易效率，使银行更容易甄别出适合开展业务的小微企业，保证其票据融资的畅通性。

二、大数据技术助推票据业务风控与信用评级的发展

票据业务风险控制的核心在于核算体系，其数据体量巨大，建立一套科学的系统有着天然的重要性和复杂性。而大数据则相当适配这一缺口，可以帮助票据系统进行统一管理，对相关的票据业务和数据进行存储和处理，使数据得到集中。

以中国建设银行小微快贷系列产品为例，银行系统会根据企业及企业主的各类信息和数据自动计算出其信用贷款额度。企业在需要贷款时，只需通过网上银行或手机银行发起申请，即可获得相应的资金。对于企业来说，它是一种纯粹的信贷融资，虽然成本略高于传统的票据融资，但资金的使用相当方便。不过对于银行而言，“快贷”产品从客户筛选、配额分配后依靠系统自动计算和检测，其中可能存在一定漏洞，若银行对贷款资金流动的监督不到位，企业就有机会骗取银行资金，最后变成银行账上的不良贷款。若将该系统与票据业务相结合，将向企业提供信用贷款额度改为提供相同额度的银行承兑汇票授信额度，这样一来，企业在需要资金时可以选择签开银行承兑票据，并按照银行要求提交对应的合同与发票，方便银行与其他相关单位查验。这种方式一方面可以监控企业的交易情况，在一定程度上能够避免企业挪用信贷资金，降低道德风险；另一方面，企业的融资成本也将会降低。

票据赖以生存和发展的基础是票据的信用。当前我国社会信用环境仍存在改善空间，企业尤其是小微企业信用观念较为薄弱，因此票据信用的甄别尤为困难。在传统的信用评级过程中，评级对象的数据相对简单，难以通过简单的数据分析来探索数据本身的关系。随着数据挖掘等大数据技术的发展，其强大的信息收集、深入分析和贷后跟踪能力可以获得比传统方式更多的数据，而其数据处理技术可以有效地筛选目标群体，进行实时监督与预警。在票据市场中，票据的交易信息可以用于捕获和整合企业之间的关联，通过相关性分析获得相应的风险评估。

以商业承兑汇票为例，由于商业承兑汇票通过企业自身信用进行业务往来，不需要通过银行承兑，因此它拥有降低财务成本、减轻企业间债务纠纷、丰富企业支付手段等优点。尽管如此，商业承兑汇票在实际应用中的份额仍远小于银行承兑汇票。这是因为企业自身的信用评级体系不完善，行业法规发展不健

全，市场对商业信用的接受度远小于银行信用。而大数据技术可以使用科学客观的信用评级体系模型，利用定量的财务数据和定性的企业基本情况，对小微企业签发的商业承兑汇票的违约概率进行计算，并通过对违约概率的分级处理最终得到评级结果。

由此可见，使用大数据评级可以更好地解决票据市场中广泛存在的信息不对称问题，降低企业票据的违约风险，从而促进票据市场的进一步发展。

三、案例——数字票据

数字票据是一种新型票证，它将区块链技术与电子票据相结合，从而实现自动和安全的交易。2018 年 1 月 25 日，数字票据交易平台实验性生产系统在上海证券交易所成功投入试运行。

当前中国有大量的中小企业无法获得传统金融机构的短期金融服务，他们只能够通过票据进行贴现、质押等多种形式的融资。在此背景下，市场上产生了大量的票据经纪人和中介。企业、银行、中介机构等其他关联方可以通过相互勾结以获取高额利润，在此背后隐藏了大量的风险。同时，传统账单、票据通常都以纸质形式保存与流转，极易遗失或破损，还存在被篡改、伪造的可能性，在实际交易时也需要大量的时间成本进行编制、认证等。数字票据的出现可以效地解决上述问题，它基于区块链技术，并结合了智能合约、密钥加密、数据恢复等其他先进技术，可以帮助建立一个易于监督、安全稳定、方便高效的票据市场。

数字票据交易平台经常使用联盟链（区块链的一种），在联盟链中，监管部门和交易管理部门等上级部门或机构可以与平台连接。数字技术还可以标记每个账单行为发生的时间，相关部门可以使用此功能查询和监督每个时间点的票据行为以及票据交易状态的变化，并通过智能合约技术自动监视和控制故障，从而连接到平台的各个部门可以实时监督和控制数字票据的发行、流通和存储的各个方面。此外，由于联盟链只针对特定成员，因此在该技术下生成的数字票据无须依赖专用的中央服务系统，而只在其专属的交易平台进行操作，这大大降低了因系统缺陷、信息泄漏、黑客攻击等问题所导致的风险。由于它可以在任何地方和任何时间由任何网络、移动客户端、计算机和其他设施即时完成，这也减少了数字票据的流通时间，提高了工作效率。

私钥和公钥的签名则是数字票据的另一个重要特征。数字票据通过密钥操作，私钥一一对应公钥，用户需要用两个密钥同时签署票证，这种方式为签章的真实性提供了保障，同时也能够通过信息公开来限制中介机构的行为，从而促进了票据市场的有序发展。

然而总体而言，电子信息形式的数字票据主要依赖网络和计算机等设施，在我国仍处于起步阶段，由于目前的《票据法》是围绕传统的纸质票据设立的，有些规定不适用于数字票据，这在一定程度上限制了数字票据的发展，所以改善相关法律法规显得极为迫切。

第四节 大数据征信业务的发展

传统信用和大数据信用在很多方面存在差异，其中包括征信的数据来源不同、数据建模不同以及征信的规模不同等。在大数据时代，互联网中心的主体是多样化的，获得的信息也是基于在线行为数据。大数据信用弥补了传统信用报告的缺点。传统信用报告和大数据信用的信用评估体系不同。传统的信用记录不能够覆盖那些没有历史信用记录的人，也无法确定未来信用交易中存在高风险的人群，因此存在一定缺漏。大数据信用评估模型应用广泛，它可以基于信用绩效信息和基本信息的分析判断相互关系下的个人信用状况。此外，传统信用信息与大数据信用的区别也体现在信用信息产品的应用范围上。大数据信用信息的收集也更全面，应用场景更加多样化和人性化。

一、大数据征信技术的形成与应用发展

如今，随着互联网金融和大数据技术的不断发展，阿里巴巴集团等一些大数据公司纷纷涌现。利用自己的大数据技术开发，阿里巴巴和蚂蚁金融平台已经积累了大量关于网络经济用户和商家的数据，包括交易数据、物流信息、金融服务信息以及用户上传的其他数据等，基于此，其旗下的芝麻信用可以更好地评估个人信用状态。除芝麻信用外，腾讯征信、前海征信和拉卡拉征信等也正蓬勃发展。但总体而言，目前我国的大数据征信业仍处于起步阶段。2015 年，中国人民银行为芝麻信用等 8 家互联网代理机构授予个人征信的资格。2018 年，百行征信有限公司成立，并于 4 月 1 日起正式上线百行征信“信联”。这是中国人民银行建立并批准的首个以市场为导向的个人信用报告机构，是由中国互联网金融协会与芝麻信用等 8 家市场机构共同发起成立的。从国际横向对比来看，我国的征信体系建设起步较晚，企业征信业从 20 世界 80 年代开始起步，而个人征信在 21 世纪初才开始崭露头角。美国拥有信用数据的人群超过 90%，而我国则不到 40%。在大数据技术蓬勃发展之前，我国的征信以政府主导的公共征信为主，缺少具备公信力的社会征信。大数据的出现为征信带来助力，其可以以

较低的成本处理大量数据，并且满足各个机构的数据诉求。

首先，大数据技术有助于建立新型的信用模型。虽然银行拥有许多的风险管理和定价模型，但这些模型经常遇到数据不足且难以估计参数等问题，因此对现实的预测存在一定偏差，其准确性较低。具体来看，银行传统的数据来源通常只有其他机构的研究报告或评级报告，以及公司自行上报的财务数据。一方面，其数据的来源总体较为单一，且都是静态的历史数据；另一方面，报告与数据的准确性和可靠性也有待考证。在大数据的背景下，企业与个人的动态行为数据也能够被纳入信用模型的计算之中，它们与实时收集的真实历史数据一起，能够帮助银行等机构得出更为精确的评估结果。一些国外信用报告公司引入信用数据模型，并通过在信用报告中引入新数据来进行修订。公司通过数据挖掘功能开发模型进行综合多维学习，并最终获得消费者的信用评分。此外，社交网络和互联网行为数据也将包含在指标中。这些非传统的信用数据也反映了主体的状态以及背后信息之间的关系。这些数据在当今的互联网社会中变得越来越重要，添加这些数据可以确保模型尽可能准确和完整，从而更有效地提供信用分析服务。

其次，大数据技术还可以拓宽传统征信的路径。例如大数据有助于扩大数据范围，传统信用信息的很大一部分只收集和处理分散的信息，信息来源狭窄，信息量小。基于大数据的互联网技术可以极大地扩展信息渠道。这些数据信息以各种非结构化形式（如文本、图片、音视频等）存在，难以通过传统的信用信息技术收集和处理。大数据还可以与多维数据源组合，将非结构化数据纳入信用数据范围，从而分析判断信用主体的经济实力等多方面的信息。此外，大数据技术还可以将性格特征、个性偏好等相对抽象的数据加入个人或企业的信用行为的分析过程之中，与其他数据信息一起对个人或企业的信用进行评估和预测。同时，大数据技术还可以对数据的历史状态和弱相关产品的各个方面进行数据挖掘和分析。

最后，通过大规模计算机集群所组成云端储存的大数据，数据传播的成本将会降低，各个机构之前的数据互通将大大增加。而相互间的数据传导和分享，也可以帮助各个机构获取更多的信息，并进行剖析，对多样的客户细分需求，多方位进行信用的评估。同时，不同维度数据的处理可以很大程度上减少数据误差带来的影响，从而保证了数据分析以及征信结果的正确性。

二、目前我国大数据征信存在的问题

近年，大数据征信以革新之势在我国蓬勃发展，但是它的出现总会伴随着一定的负面影响，或者与原有的体系产生冲突。由于我国法律监管体系仍不够完善，技术水平仍需加强，目前我国的大数据征信仍存在一些问题。

首先，当前大数据技术所依托的数据质量有待提升，数据信息的共享也有待加强。尽管互联网的出现大大降低了数据采集和共享的难度，但是由于我国在互联网上采集到的用户群体信息基本包含于央行征信信息数据库中，因此数据采集的维度和广度依然存在缺陷，缺口很大，尤其农民的数据采集较为困难，信息不对称问题严重。另一方面，数据收集也缺乏统一的规范管理，在后期也没有相应协调机制，因此并不能算实现真正安全高效的信息互联。与此同时，金融机构并不完全信任互联网信用报告平台收集的数据，这使得互联网信用报告平台与中央银行信用报告系统衔接不畅，互联网信用信息无法得到有效利用。

其次，数据安全与隐私保护等问题受到了广泛关注，仍需寻求有效的解决方案。在大数据的背景下，信息收集涵盖了所有方面，包括个人信息、经济条件和人际关系等。为了进一步增加客户数量、扩大业务类型、增强行业竞争力，互联网公司如在线借贷平台和电子商务平台采用各种合法或“非法”手段收集和获取消费者信息数据。在此背景下，个人隐私泄露、在线欺诈时有发生，用户的隐私泄漏问题日益严重。然而当前我国监管机构对互联网信息的使用和管理仍存在缺陷，缺乏对个人隐私泄漏等问题的有效监管，使得隐私信息保护和在线欺诈预防主要依赖本就脆弱的公共预防。在此背景之下，消费者为保护个人隐私通常不愿提供个人信息，这增加了收集客户信息的难度。

从征信监管角度来看，为规范我国征信市场，相关部门出台了《征信管理条例》《征信机构管理办法》《个人信用信息基础数据库管理暂行办法》《征信机构监管指引》等相关措施。作为一种新兴技术，大数据征信不再局限于商业银行等金融机构，它已扩展到数百个第三方组织。然而监管目标的多样化，信用信息系统、评估方法以及数据应用的差异使得监管工作难以有效开展。与此同时，目前我国的信息监管体系对大数据信用信息的收集和使用并没有明确的规定，尤其对敏感信息没有严格的监管手段，因此大数据征信技术的出现和快速发展对监管者的能力提出了更高的要求。

最后，相较于发达国家，我国征信的普及率仍然较低，而在互联网发展如此迅猛的当下，大数据产品层出不穷，因此需要社会公众、相关部门机构通力合作，提供社会对大数据征信的认知。大数据征信模式的出现逐渐降低了金融业中广泛存在的信息不对称问题，从而提高了资金本身的利用率，完善了早期的金融服务。不仅如此，大数据征信平台也可以披露一些潜在的违约行为，使得系统本身更加规范。为此，金融监管机构应制定政策，以促进行业本身的发展，并为其风控模式提供绿色通道。并且，还可以通过网站本身的权威完成新闻讲解工作，从而提高大数据征信的普及程度。

三、案例——芝麻信用

近年来，通过机器学习、云计算等新兴IT技术，第三方信用报告机构为客户提供了更加全面的个人信用状态。芝麻信用作为蚂蚁金融旗下的独立第三方信用报告机构，即是其中的佼佼者。

芝麻信用实际为由阿里巴巴旗下蚂蚁金服子公司芝麻信用管理公司开发的芝麻信用分，它产生于2015年1月，是在用户授权的情况下，根据其在互联网上的各类消费及行为数据，结合传统金融渠道的借贷信息，对各维度数据进行综合处理和评估分析，最后多维度客观呈现个人信用状况的综合评分体系。其评分最高为950分，最低为350分，分数越高，就代表着个人信用状况越好，不同的信用分档次所享受的信用生活不同。

芝麻信用运用了一些先进的技术和算法，此外，它还不断探求新的发展模式，并进一步拓展自身的服务功能与应用范围，为公众提供更多样化的服务。除了立足国内市场，芝麻信用也尝试进入国际市场。2018年11月26日，芝麻信用与加拿大签证合作上线，只要芝麻信用分高于750，即可申请芝麻签证报告用作财力证明和履约能力证明，这标志着芝麻信用已然走向了全世界。

阿里巴巴集团拥有极为丰富的产品线，其数据库中积累了大量客户网络行为的数据资源，可用于为客户进行有效的信用评估。具体来看，芝麻信用使用的数据来源主要为阿里巴巴的电子商务业务、蚂蚁金服的金融数据，以及阿里云计算平台[㊀]。

电子商务业务作为阿里巴巴最重要的业务，在电子商务板块中，芝麻信用开发了6个业务平台。每天，其主要业务平台都有无数的订单和庞大的云计算数据，在商家和买家之间积累了大量的原始网络行为数据，芝麻信用可以利用这些数据对用户进行初步信用分析。

2014年9月，阿里巴巴成立了蚂蚁金融集团，并推出了各种财富管理平台，为其用户提供了多种互联网财富管理产品和各种金融服务，基于此，芝麻信用可以通过信息收集和分析来提取用户数据，分析用户的财富水平与金融投资习惯，并评估其互联网金融行为和能力。

阿里云计算平台的功能则包括弹性计算、云数据库、管理和监控、应用服

㊀ 资料来源：芝麻信用。

务、云盾和底层技术平台等，该平台如今也囊括了在中国多个省市建立的大数据建设合作和智慧城市项目，[㊀]平台数据量在近几年呈指数级增长，为芝麻信用提供了更为强大的数据支撑。

发展至今，芝麻信用已经在国内征信市场中占据了重要地位，它在提供信用评价的同时也为使用者带来了诸如“免押金骑单车”“免押金借充电宝”等多种场景下的便利服务。然而在很大程度上，芝麻信用仍主要依靠由支付宝等相关产品产生的信息与数据，与其他互联网公司进行信息共享的难度依然较大。

在互联网技术快速发展的今天，大规模的客户数据与信息已然成为公司的主要核心竞争力之一，除蚂蚁金服之外的互联网公司或多或少都在大数据收集与管理上进行了布局。然而尽管一些互联网巨头已建立起了各自独立的大规模数据，但也仅限于各自的领域。在此激烈的竞争背景之下，芝麻信用难以与他们合作或以购买的形式获取核心数据。举例来看，与微信相比，支付宝的社交系统并不完善，因此腾讯等公司掌握了更多的用户社交行为信息数据，支付宝却难以利用这部分数据对自身的信用评价系统进行完善。此外，我国的国有银行拥有强大且严格的风险控制体系，但它们的信息资源并不会对芝麻信用等企业开放。芝麻信用通常不能共享和使用其他一些传统征信机构的信息，而这些数据恰恰都是相当有说服力的关键数据。

第五节 大数据在保险领域的产品创新应用

一、大数据促进保险产品的创新和定价应用

随着数据收集的完善、挖掘技术的开发及商业模式的逐步形成，大数据在保险领域的应用已经越来越广泛，并逐步影响企业的商业模式和投保人的消费习惯。

1. 开拓新产品

保险其实是一门数字计算学科，商业保险的逻辑更是建立在概率统计学的基础上。由于缺乏足够的大数据支撑，传统的保险业务更多的是通过对大样本进行分析后进行承保，例如传统的车险、生命险等，其分析的样本和承保的范围都非常巨大。而随着消费者社会行为的数据化，保险公司将能根据各种类型的数据开发出更多具有个性化和小额化的保险产品。例如，贷款机构可以通过

㊀ 资料来源：阿里云计算平台。

分析各种人群患上一两种特殊疾病的风险概率，再统计分析该类疾病不同程度下的医疗费用，并根据跟进患者的病情发展情况，最终推算出该病种的报销额度并给予产品定价。保险机构利用医疗数据、社交数据、交易数据等多方面的大数据进行有效分析，将能开发出各类新奇的保险产品，大数据和人工智能正在逐步成为保险科学创新的动力引擎。

2. 实现产品精准定价和个性化定价

保险产品的精算能力和风险管理能力是保险公司的核心竞争力，而拥有大数据资源并利用大数据技术对保险产品进行准确定价则成为保险公司能否具有上述核心竞争力的重要手段。保险公司可以利用大数据资源与大数据技术把客户细分为成千上万种，当客户数量足够多时，就可以开发针对不同客户群体的具体产品，而当客户信息数据量足够大时，保险公司就描摹出更精准的用户画像，从而为不同特性的客户给予更多个性化关注和定价，而这也将给保险公司带来独特的竞争优势。例如，车险的个性化定价应用，随着汽车移动物联网和数据化，更多有关车辆的数据将得到储存和使用，包括客户的驾驶年龄、驾驶习惯、驾驶区域、车辆用途、车辆年限、使用频率、保养习惯等，而保险公司可以通过对上述数据的分析和挖掘，对每个不同的客户进行深入的、准确的个性化关注，从而实现保险定价的千人千面。

二、大数据提升保险产品的高效理赔和风险防控

1. 高效理赔

高效理赔和反欺诈理赔一直是相互矛盾的痛点。由于欺诈性理赔造成的信息不对称，保险公司只能对理赔事项设立严格的审核程序，除了烦琐的理赔文件之外，大部分都增加了人工现场勘察的理赔措施。一方面极大提高了保险公司的成本，另一方面也加大了理赔难度。随着大数据时代的来临，这些问题将得以解决。大数据分析能利用模型、数据库搜索、异常报告等分析方式，在理赔过程的各个阶段更有辨别力地进行判断，实现反欺诈。如果出现异常情况或人工智能无法明确判断的时候，再增加人工判别程序，而如果没有出现，则可直接由机器进行即时赔付。

2. 风险防控

大数据分析是保险行业进行风险防控强有力的手段，无论是核保环节还是核赔环节，均有广泛的应用领域。首先在核保环节，能更高效地实现信息互联，提升业务便捷性。例如通过投保人授权，保险公司可直接获取其在全国所有联

网医院的就医信息，准确推断出投保人健康状况，从而免除投保人填写繁杂健康信息的过程，不仅避免了投保人可能存在的反感，也避免了投保人数据填补可能存在的虚假风险。其次在核赔环节，大数据分析更能分析并识别欺诈理赔风险。传统的人工理赔，可能存在人为制造保险事故、夸大保险金额、虚构非真实保险案件等风险，而在大数据的风险防控下，可汇总历史各类虚假核赔信息的类别、特点，建立起反欺诈核赔模型和算法体系，把所有理赔申请都先由反欺诈核赔模型进行检验和分析，将能形成有效的隔离防火墙。

三、案例——平安保险

平安保险作为中国第一家股份保险企业，依托集团综合化经营和平安科技的全面支持，在大数据运用上属于国内保险行业的领先者之一，其在寿险和产险等方面均有成熟的应用。

平安保险打破传统投保方式，提升客户体验度和核保效率。在寿险方面，平安保险 2018 年全面启动的平安人寿智能核保模式，不仅打破了传统依赖函件收件资料的模式，主要通过大数据和人工智能的综合应用提升客户体验度和核保效率，其中一个重要的大数据应用就是智能互动。

智能互动一是将强大的知识库导入系统，二是通过众多客户的选择回答形成数据样本，最终通过大数据分析得出初步的投保数据和客户画像。智能互动不仅免去了保险代理人上门收取资料、客户填写资料等一系列消耗人力和时间的环节，同时，能更精准地获得并分析投保人的基本健康状况和生活习性。智能互动获取的信息和分析结论将传递到空中契调环节，空中契调即通过远程视频的模式了解客户的情况。传统的保险模式中，保险代理人负责收集投保人的纸质投保书，契调人员负责上门了解客户情况，服务和信息的链接欠缺连续性。而空中契调人员在计算机面前通过视频进行远程契调，既可以获得智能互动的相关数据和分析结果，又节省了人力和时间成本，让契调变得更加高效和有效。空中契调完成后即进入在线核保，完成从投保到核保的全过程。

第六节　大数据赋能金融交易投资领域

一、大数据助力财富管理智能化

（一）实现过程

大数据在财富管理行业的应用，主要包括以下四个阶段：客户定位、资产配置、投资组合再平衡[1]和产品推荐，向终端客户销售资管产品，追求实现客户财产的保值增值，其过程如图 7-3 所示。

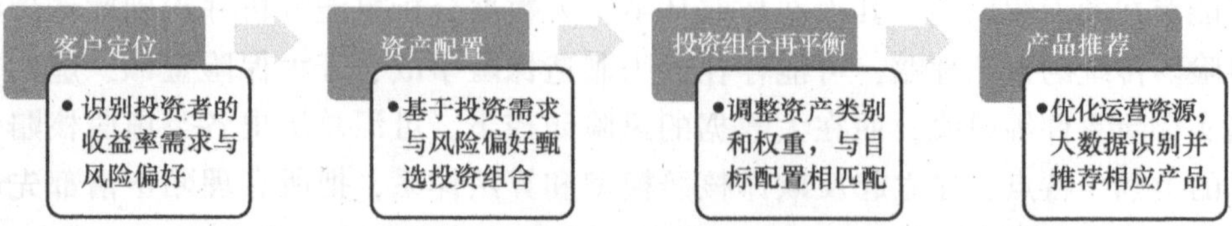

图 7-3　大数据应用于财富管理行业

在客户定位阶段，企业运用大数据技术对投资者进行画像，从而更加精准地对其收益率需求和风险偏好进行识别，而并非仅仅依赖投资者对标准化问卷的主观输入。在资产配置阶段，企业应用大数据支持产品与底层资产的尽职调研，并使其成为智能化形成投资组合的基础，大数据能够基于投资者的投资需求与风险偏好在投资池中对投资标的进行筛选并组合。在投资组合再平衡阶段，企业不仅可以通过大数据把握宏观经济形势最新动向，还可以识别微观信号，调整各类资产类别和权重以实现客户目标。在产品推荐阶段，企业以大数据为基础，优化运营资源配置，并通过大数据交叉识别销售商机，形成“下一个产品”的最佳推荐。

（二）大数据应用于财富管理的优势

1. 消除金融信息不对称

解决信息不对称问题，根据用户的风险承受能力及投资偏好为其进行资产配置是财富管理行业的基础。企业通过大数据等手段，实现了为不同类型的用户高效匹配相应的资产，大数据根据用户的个人行为数据，进行智能数据的密集算法，为企业实现了对用户的专属资产匹配服务。进一步地，大数据技术根据不同阶段用户的累计交互行为，对其进行对应分层，为用户精准动态匹配资产。

2. 压缩成本，提升资产匹配效率

大数据赋能财富管理，首先体现在成本节约上，通过移动互联网、人脸识别、OCR[2]、智能客服等手段做到客户线上化、业务线上化、产品线上化、服务

---

[1] 投资组合的再平衡是指当投资组合当前资产配置与目标配置出现偏差时，及时调整各类资产的权重以实现投资组合的资产配置初始目标水平的策略。

[2] OCR 是指 Optical Character Recognition（光学字符识别）技术，能够将图片、照片上的文字内容，直接转换为可编辑的文本。

线上化、运营集中化，大大降低了企业的整体运营成本。其次，在资产筛选层面，大数据全面覆盖市场上的所有资产，并实时监测，跟踪，全方位分析不同类别的资产，根据其收益率动向，风险高低，匹配给不同类型的投资者，提升资产配置精准度。

3. 提供个性化金融服务

大数据一方面通过收集多维度投资者信息，充分挖掘数据价值，并以此为重要因子建立个性化投资者偏好模型，精确感知投资者需求，帮助企业为投资者提供独一无二的资产配置建议。另一方面，大数据通过追踪投资者的资金动向等，帮助企业建立潜在动态模型，能够及时调整权重，提升投资者满意度。

（三）面临的挑战

1. 数据采集和数据源开拓

在很多金融机构中财富管理通常仅作为一个业务分支，很少将该业务创建为一个财富管理专用系统，受业务规模等方面的制约，相关数据搜集成为一大难点。除了数据的采集，在新数据源的开拓方面，财富管理行业也面临着挑战。例如，在客户信息方面，由于客户对于收益要求与风险偏好的认知仍在发展过程中，因此相关机构要在业务流程中提高更改嵌入数据的可能性，实时开拓新的有效数据源。

2. 技术融合

财富管理行业除了大数据之外，仍缺乏相适应的数据处理技术，包括分析引擎、数据处理模型等。财富管理行业适用于批量数据处理的分析引擎，需构建一个具备低延时、高吞吐量、可扩展、能容错的数据处理系统。除此之外，大数据和机器学习的融合也是必不可少的。随着财富管理行业数据类型、维度和数据量的增加，基于机器学习的结构化数据挖掘被更广泛地应用，一个直接的例子是利用机器学习来构建和使用用户画像。

（四）案例分析——通联浙商大数据智选消费基金

1. 背景介绍

传统用于宏观经济、行业分析研究的数据大都存在时间滞后、统计误差、成本高昂等问题。另外，随着上市公司的数量增加，涉及行业范围不断拓展，传统投研方法也会遭遇瓶颈。

2. 主要功能

通联支付通过对自有的消费类数据，包括细分支付行业、成交笔数和金额、刷卡数以及实际的销量和价格等进行分析，可以实时了解行业（尤其是消费行业）销售需求的情况，按行业汇总各商户的刷卡支付情况，获得行业最新的景气边际变化，进而将资金更多的配置在景气向好的行业上，然后利用经典量化模型[一]，精选相应行业内的上市公司，并基于此发行了一支名为“浙商大数据智选消费”的偏股混合型基金。

3. 成果概述

该基金于2017年1月11日成立，截至2019年7月12日，基金规模达1.77亿元，近一年收益率22.30%。2019年第一季度，基金份额净值增长率超同期业绩比较基准收益率1.97%[二]。

二、大数据在市场情绪与行情预测上的应用

罗伯特·希勒（Robert J. Shiller）[三]曾于20世纪80年代设计了一个投资模型。该模型的创新之处在于将市场对投资的反应（市场情绪）纳入成为其中的一个主要变量。罗伯特·席勒认为，市场情绪可以通过影响投资者投资行为进而影响资产价格，该模型被业内沿用至今。在大数据技术产生之后，市场情绪的量化逐渐成为可能。

（一）实现过程

市场情绪分析是通过搜集全网相关信息，扒取交易和资讯平台大数据，进而统计投资者看涨看跌情绪，在此基础上做出预测。大数据市场情绪分析具体方法如图7-4所示。首先采集社交平台的网络大数据。其次，利用先进的语义分析等方法捕捉市场情绪的关键词和相关指标，例如，买卖、涨跌、评论长度等。最后，将其一一与情绪状态量表进行对应，据此统计市场看涨看跌情绪。市场情绪指标的选取具有多样化，包括B级基金折溢价率[四]、两融余额、市场成交量、VIX指数[五]、SKEW指数[六]等。

[一] 经典量化模型包括CAPM、Fama-French三因子、Dual Thrust、R-Breaker等模型。

[二] 数据来源：浙商基金管理有限公司官网。

[三] 罗伯特·希勒（Robert J. Shiller），2013年因“资产价格实证分析方面的贡献”获得诺贝尔经济学奖，现就职于耶鲁大学Cowles经济学研究基地。

[四] B级基金折溢价率＝（B级基金收盘价－B级基金单位净值）/B级基金单位净值。

[五] VIX指数是CBOE提出的根据多合约期权价格计算的无模型隐含波动率，衡量市场未来一个月的风险预期，亦被称为“恐慌指数”。

[六] SKEW反映了市场的尾部风险，是极端事件发生的度量指标，描述了隐含波动率曲线的偏斜情况，SKEW指数围绕100上下波动。

相应地，市场情绪分析也产生了一种交易策略：在消极情绪高于平均时卖出，因为过高的消极情绪往往预示着市场价格未来会下跌。在积极情绪高于平均时买入，因为这预示着未来市场情绪仍会持续乐观，价格将会走高。这也在一定程度上提高了投资者的择时能力。

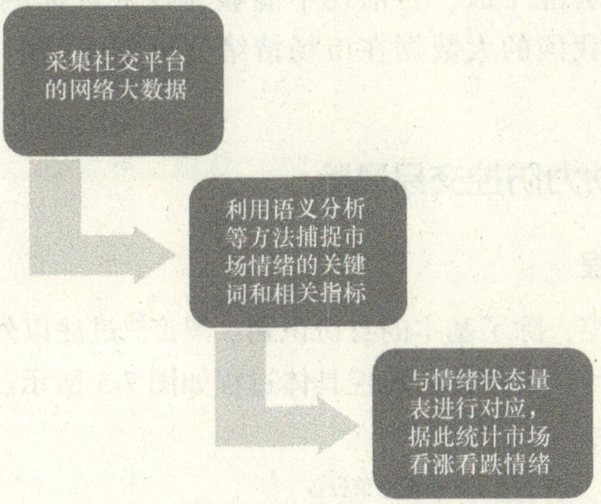

图 7-4　大数据市场情绪分析实现过程

（二）大数据助力市场行情预测

大数据能够拓宽数据来源，帮助企业完善投资模型，增加分析维度，深度洞悉市场未来走向。大数据技术的数据规模几近指数型增长，应用领域也在不断扩张，大数据时代的到来迫使企业不断提升数据的分析处理能力，进一步挖掘和拓宽量化投资数据源，创新量化因子，提高投资模型精确度。

以证券企业为例，大数据技术能够持续追踪海量的个人和机构投资者的交易行为及相关信息，宏观统计一系列相关指标，例如，投资收益率、账户资金流向等，帮助企业进一步了解投资者交易行为发生变化的原因、投资周期的长短、预测其对市场的信心指数等，将以上信息进行加权汇总，助力市场行情预测。

国外已有具体的应用实例。2011 年，伦敦德温特资本市场（Derwent Capital Markets）就设立了规模高达 4000 万美元的对冲基金，该基金从社交平台推特感知市场情绪，将相关信息数据化，并以此为依据进行投资。

（三）面临的挑战

市场情绪分析并非万能。一般地，相比单个资产而言，利用大数据进行市场情绪分析预测整个市场的行情更为有效。另外，社交网络平台大多对突发事件缺乏预防性和前瞻性，同时也存在一定数量的网络用户充当资产投资者的现象，其数据的真实性难以辨别。另一方面，我国大数据在市场情绪分析方面的应用仍处于起步阶段，相应地，行情预测能力也有待提高。以证券市场为例，我国的证券软件大多只提供单一的信息服务，往往只涉及较为简单的数据分析，向投资者推荐看涨个股，目前还不能够为投资者提供具象信息。相较于其他领先的国家，我国的大数据在市场情绪分析方面的应用仍有很大的提升空间。

三、大数据助力防控交易风险

（一）实现过程

大数据智能风控，除了基本的身份识别、黑产[⊖]过滤以外，还从三个维度对欺诈和信用风险进行严格把控，风控具体过程如图 7-5 所示。

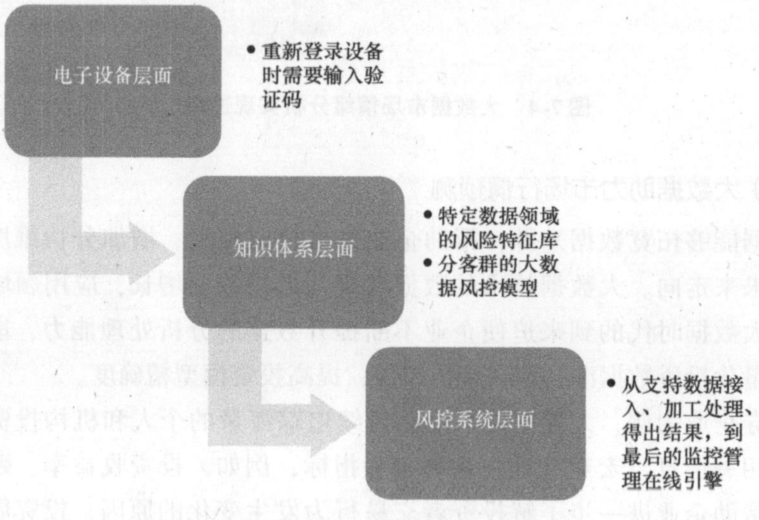

图 7-5　大数据智能风控实现过程

第一是电子设备层面，目前手机等大多数电子设备在重新登录时都需要输入相关验证码，这些基本的验证措施既是过滤黑产的第一道防线，也是智能风控的坚实基础。

第二是知识体系层面，其核心有两点：一是知识工程；二是模型。目前最

⊖ 黑产，指以互联网为媒介，以网络技术为主要手段，给计算机信息系统安全和网络空间管理秩序，甚至国家安全、社会政治稳定带来潜在威胁（重大安全隐患）的非法行为。

领先的消费金融机构都有一套相对成熟的针对特定数据领域的风险特征库和分客群、分目标的模型，例如反欺诈模型、申请评分模型、风险行为预测模型等，贷后还会有催收模型、客户流失预测模型等。

第三是风控系统层面，大数据智能风控与具体的业务系统对接，成为实时的数据服务。从支持数据接入、加工处理、得出结果，到最后的监控管理在线引擎，实现大数据智能风控的一个完整过程，其中，数据智能自动化引擎是大数据智能风控体系“跑起来”的强大推动力。

（二）大数据智能风控优势

1. 全维度、多视角精准画像

大数据智能风控的外部数据来自客户在网络上、外部机构的一系列消费、借贷等行为痕迹，丰富多样的场景使得外部大数据智能风控不再局限于以往的账单、信贷、逾期记录，还包含信息主体的网络行为轨迹、社交、消费偏好、潜在风险等。大数据基于信息主体的多样性可进行多维度和多视角的深层数据分析和挖掘，能更有效地帮助机构了解客户真实画像，实现行内行外信息全面整合。

2. 底层技术强大，应用场景丰富

大数据智能风控有着强大的底层技术架构能力、良好的产品输出能力，以及数据清洗、建模能力，并结合 AI、区块链等技术，能够形成智能的风控和反欺诈平台。进一步地，大数据智能风控借助技术手段，采用大数据方法实现系统自动预警，通过预警信息的跨部门共享，实现联控预警。对于不同的应用场景，根据理财，保险，汽车金融，消费金融等金融服务的不同需求，大数据能够对标客户，了解其业务场景，深度理解业务需求，从而有针对性地进行建模，充分适应行业特征。

3. 依托智能风控体系，实现自动化管理

随着大数据和云平台技术完善、风控系统更加成熟，大数据智能风控体系在降低实际运营成本的同时，也大大提高了管理效率。如网商银行的“310”（3 分钟申请、1 秒钟放款、0 人工介入）全流程线上信用贷款模式具备互联网的规模扩张效应，而其依托于蚂蚁金服的大数据风控体系，实现了智能化管理，可将不良率控制在 1% 左右，具备商业可持续性[㊀]。

㊀ 资料来源：网商银行。

（三）面临的挑战

1. 数据孤岛问题严重，准确性不足

首先，目前大数据智能风控行业由于各家数据机构的数据没有打通，数据质量参差不齐，数据的有效性会降低，影响数据连贯性。其次，数据搜集和筛选方式的不同，会导致数据质量出现相当程度的污染，降低了风控模型的准确度。最后，风控模型所运用的数据还存在一定的滞后性。

2. 数据滥用，泄露用户隐私

部分公司存在的侵犯用户隐私等行为，将直接导致个人信息数据的滥用，并引发用户对于数据安全问题的担忧。大数据在金融领域还处于发展初期，未来还需要结合人工智能等技术，提高在数据收集和使用方面的及时性和安全性，从而更好地为金融服务。

3. 资金数据分布不对称

资金和数据的匹配存在分布不对称的问题。传统金融机构拥有较为充足的资金但数据的储备量不足；互联网巨头拥有庞大的数据但缺乏资金支持。因此，传统金融机构和金融科技企业的合作模式需要不断的开发和升级。

（四）案例分析——蚂蚁金服智能风控引擎 AlphaRisk[⊖]

1. 背景介绍

面向 8.7 亿支付宝用户如此超大规模金融级应用，蚂蚁金服自主研发的风控技术已发展为第五代风控系统 AlphaRisk，其愿景是实现金融风控领域的“无人驾驶”，使风险拦截更实时、精准及智能。

2. 主要功能

蚂蚁金服智能风控引擎 AlphaRisk 用于基于业务场景设计，根据行业及自身业务安全挑战，实现针对性、个性化及系统化风控。其主要功能如下。

1）营销保护：精准识别“薅羊毛”欺诈行为，使用户避免因被“刷”而造成的经济损失。

2）渠道保护：精准识别短信渠道被恶意占用，点击流量作弊等行为，避免资源被恶意消耗。

3）交易保护：精准识别盗卡支付、恶意逃单、虚假占座、扫码诈骗等行为，保障交易安全。

⊖ 资料来源：浙江蚂蚁小微金融服务集团股份有限公司。

4）内容保护：精准识别文本、音频中的垃圾广告、恶意言论等不良内容。

3. 核心竞争力

1）自动化：风控行业首次全链打通风险预警自适应、风险模型自学习、风险策略自动推荐、模型一键部署上线，实现风控系统运营的全自动零人工干预。

2）自学习：风控行业首创风控系统自进化方案，自动生成风险特征、自动训练模型调参，极大提升风控系统的性能稳定性和响应黑产攻击的对抗性，1小时内完成风控引擎的自动进化。

3）高准确率：可跨场景全局识别风险的变化，使得蚂蚁金服的资损率降至千万分之五以下，为全球最先进的第三方支付公司资损率的千分之一，处于金融风控行业绝对领先水平。

4）高计算性能：行业首创的分布式E2C风控系统模式，可同时在客户端和服务端完成风险检测计算，支持近30万笔/秒峰值风险扫描，远高于其他全球顶级支付清算平台公开披露值；每笔交易在0.1秒内完成200多个机器学习模型和1万多个风险特征的复杂计算。

5）自适应：可提前预警风险出现的频率，预警准确率超过95%，可分析风险环节，在风险爆发前1秒内完成系统的自动快速调整来应对风险攻击。

【本章小结】

本章着眼于大数据在金融行业的创新产品应用，将市场应用中较为典型的案例作为由理论到实际的延伸，探索金融市场现在或将来可能成为大数据应用的创新模式。

在银行贷款领域，大数据在产品开发、精准营销、客户准入、贷款催收等方面得到广泛应用。在供应链金融领域，大数据的应用一方面能够加强借款方的资信评估能力与贷款方的风控管理效率，从而提供个性化的金融贷款服务；另一方面，在提升金融机构差异化竞争的同时，也降低了供应链金融贷前、贷后管理成本。在票据领域，大数据助力小微企业票据融资，把控票据业务风控，推动票据信用评级的进一步建立和完善。在征信行业，大数据有利于建立新型的信用模型，拓宽传统征信路径，加强征信数据互通性。在保险领域，大数据具有规模性、多样性、高速性、价值性等特征，在一定程度上助力开拓新产品，精准营销，高效理赔，风险防控等。在金融交易投资领域，大数据积极赋能，助力财富管理智能化；通过市场情绪分析，大数据技术能够提高机构行情预测能力；大数据还能够智能化防控交易风险。

【复习题】

1. 结合具体案例，分析大数据在银行贷款领域的应用瓶颈，并提出相应解决方法。

2. 简述大数据为供应链金融带来的影响。

3. 简述大数据如何推动票据信用评级的进一步完善。

4. 结合国外大数据征信现状，简述我国大数据征信存在的难点。

5. 简述大数据提升保险产品高效理赔和风险防控的具体途径。

6. 简述大数据在财富管理智能化、市场情绪分析以及智能化防控交易风险方面的实现过程。

第八章

大数据融合技术的新金融业态

【学习目标】

1. 了解新技术的技术特点；
2. 熟悉大数据与新技术之间的联系；
3. 掌握大数据与新技术结合在金融领域中的应用。

【导入案例】

恒生电子面向B端市场的实践

在新技术的发展进程中，大数据技术并非孤立的存在，而是与一系列新技术的发展密切相关。诸如物联网、云计算、人工智能、区块链等技术的发展，推动了大数据资产的形成，也跟大数据技术协同发挥了巨大的作用。物联网是通过各种终端设备实现数据收集；云计算是数据存储和运算的重要载体；人工智能是在大数据基础上诞生的新算法和新应用，能够更高效地处理和分析数据；区块链是一种客观公允的数据记录及授信方式。这四项新技术与大数据技术密不可分、相辅相成。

在大数据技术融合人工智能发展上，恒生电子从金融应用软件供应商向数据应用分析服务商过渡，研发的AI产品助力数据服务的效率提升，旗下产品梵思（FAIS）系列为智能咨询类产品，其主要提供“机器人”“智能选股”“智能推荐”“A股F10”四项功能，具备强大的人机自然交互能力，投资者只需输入自然语言即可获得关联股票和咨询信息。BiRobot3.0为恒生电子旗下的智能投顾产品，其不仅提供个性化推荐、智能演算、智能择市、优选Beta、交易优化、一键调仓等工具，还具有个人化资产配置模板。

金融业务可以抽象看作信息流、数据流和资金流的交互过程，大数据及其相伴相生的物联网、云计算、人工智能、区块链等新技术，在扩充数据、分析数据、提高流通效率、推动金融业发展等方面具有积极显著的作用。

第一节　物联网——无限延伸的数据源

在大数据时代发展的背景下，物联网通过各种终端设备实现数据收集，为大数据提供自动采集的数据资源，同时物联网也是大数据分析和运算结果落地的重要承接力量。“物”这个字体现了物联网与互联网的最大不同，即更多的终端被信息化、数据化，从而可以接入网络。由于“物”的接入，数据量较之前的互联网时代有几何级别的增长，因此需要一张更先进的“网”，这就是5G。如果说3G是互联网时代，4G是移动互联网时代，那么5G将要开启的就是万物互联的时代。海量的终端及传感器加上5G网络，将成为大数据记录和汇集的源泉。

一、物联网时代的发展

1. 物联网的理解

物联网的英文名称是The Internet of Things，简称IOT，而中文这三个字更是浅显易懂，即将物体连入网络，或者说物体通过网络进行连接。在物联网这一节中我们将讨论两个主要的板块，一个是“物”，一个是“网”。

根据2012年7月国际电信联盟的定义：物联网是信息社会的一个全球基础设施，它基于现有和未来可互操作的信息和通信技术，通过物理的和虚拟的物物相连，来提供更好的服务。

虽然物联网这一术语早已提出。但是，由于思考的角度不同，不同研究者对物联网的理解各不相同，并未形成一致的看法。但是，学术界将物联网的定义归纳起来有四大技术特点：第一，通过将物体改造成相互之间可协同、可寻址、可交互以及可识别的智能物体，进而实现物体数字化的特点；第二，将智能化、数字化的物体接入互联网中，实现泛在互联的技术特点；第三，在网络互联的基础上，进行信息的感知、采集以及在此基础之上的响应、控制，进而实现信息感知与交互的技术特点；第四，物联网技术支持信息处理，为用户提供基于物物互联的新型信息化服务，拥有信息处理与服务的技术特点。

简而言之，物联网是连接到互联网的设备网络，这些设备具有内置的传感器，可以生成数据对外发送，可以相互通信，也可以与分析系统进行通信。

2. 5G 助力物联网发展

近几年得益于4G 网络、NB-IOT、局域网等技术的快速推进，物联网行业的发展得到进一步的提升。曾受限于传统移动通信，无法实施的服务应用，都可以在5G 高速率、大容量、低时延的良好特性下获得实践，这些良好特性也成为物联网依托的技术承载基础，将成为承载和发展物联网的核心技术，能充分满足物联网对数据传输的每一项要求，使物联网应用的传输能力得到提升，朝着更加全面、深度的方向发展。

提高各类网络信息数据的传输速度和效率是5G 技术最为显著的特点。在物联网发展的背景下，为了融合时代发展需求，5G 技术需要具有连接多类型设备以及能够承载高带宽迅速接入的能力。相较4G 技术，5G 技术具有高强度的信号，能够保证用户快速接入到5G 移动通信网络中，进而减少接入时间以及提高办事效率。此外，当5G 网络技术达到理想状态后，可以极大缩短接入过程的网络延迟时间。

二、物联网各层次与大数据的联系

1. 物联网的层次结构与数据分类

物联网的层次结构方面，根据欧洲电信标准组织（ESTI）的结构标准，物联网自下而上包含感知层、网络层以及应用层三层。

具体到各层次与大数据之间的联系。第一，感知层方面，主要是利用感测组件针对特定的场景进行数据收集或者是监控的动作来实现全面感知的目的。其中，作为物联网实现的基础和前提的传感器，又是感知层中的重要组成部分。在大数据飞速发展的背景下，随着物联网应用的逐渐普及，作为数据的主要产生部分——传感器，这一最前端设备发展势头十分强劲；第二，网络层方面，主要目的是确保数据的可靠传递，可通过各种网络通信技术实现，将物联网终端装置上的数据传递至特定目标上；第三，应用层方面，以云端运算与储存技术为基础，进行大数据的分析与处理，以提供智慧化的服务。

“物联网平台”彼此之间存在较大差异，目前市场上常见的“物联网平台”有以下三类：第一类是连接/M2M 平台，这类平台主要专注于物联网终端设备之间通过电信网络实现互联（如通过 SIM 卡），而很少涉及对不同传感器数据的处理；第二类是专用于特定硬件设备的软件平台，一些出售物联网终端设备的公司也建立了它们专有的软件平台，并把其称为“物联网平台”；第三类是客户/企业的软件扩展，一些企业的软件包或者是操作系统，例如微软的 Window10 操作系统，开始越来越多地接纳物联网的平台功能。

2. 物联网与大数据的联系

物联网为大数据提供自动采集的数据资源，同时物联网也是大数据分析和运算结果落地的重要承接力量。

随着物联网建设深度的增加，不同类型的物联网装置数量迅速扩充，所采集的数据量也因此呈现几何级数的增长。这些数据可以用于终端之间的信息联络，也可以集合上传进行统一分析处理，通过后文将提到的云计算的运算存储能力，来提升人工智能等应用场景。

从终端数量看，物联网时代相比互联网时代具有更大空间。据 Gartner 估计 2020 年全球物联网设备数量将达 208 亿个㊀，达到 2016 年三倍以上规模；在数据部分，依据思科全球云端指标报告观察，由于物联网应用的快速发展，全球各地云端数据中心每年需处理从物联网装置传送的数据量将大幅提升，到 2020 年，将累积达到 600ZB。由此可见，物联网市场的发展与大数据具有高度关联性，面对物联装置倍增所牵引的复杂系统与庞大数据量，将促使更多大数据储存、统计与分析的技术实现，引领产业的发展变革，成为未来信息科技发展的关键。

三、“大数据融合物联网技术” 在金融业的应用

在大数据蓬勃发展的背景下，随着物联网技术的发展，“物联网 + 大数据”的技术条件已经基本完备。从金融行业银行、证券、保险三大板块来看，“物联网 + 大数据”技术主要应用于金融行业的运营支持、内部管理以及风险控制等业务。依托“物联网 + 大数据”技术的金融设备管理、金融抵质押物的物联网监控等典型场景也已经在金融行业的各个机构开展应用。

银行业领域。首先，客服和营销板块，“物联网 + 大数据”技术为商业银行获客、活客和黏客提供了更多渠道和工具。第二，内控和管理板块，利用物联网数据实时跟踪、共享以及相应处置功能，银行内部管理流程中的重要环节——交接、监控、预警，都可以实现由人工到物联网技术的更新换代。第三，在抵质押融资业务中，可以通过物联网的传感、定位等技术，做到对金融抵质押物的全方位监控，银行可从时间、空间、物理状态量等维度全面感知和监控质押动产的存续状态和变化，提高风控精细化水平。

证券业领域。以万物互联为基础的“物联网 + 大数据”技术能够解决传统

㊀ 资料来源 *Magic Quadrant for Industrial IoT Platforms*，2019.

证券公司解决不了的对投资人身份识别的问题，生物特征识别技术的不易复制、窃取，安全性相对较高等特性是传统身份识别方式所不具有的优势；此外，生物特征识别技术不需要投资者记忆结构复杂的密码，而是通过指纹、虹膜等生物特征识别验证个人身份信息，操作便捷。

保险业领域。基于“物联网＋大数据”技术的保险产品可以更加快捷地为保险客户制定个性化的服务，以及提供增值服务，为投保人打造量身定制的风险解决方案和保险产品，从而帮助保险公司实现业务价值。另外，依托物联网技术的产品研发有利于获得真实有效的标的物状态信息，做到“险前预防、险中响应、险后处理”，主动管理风险事故，进而可以降低风险事故的发生率和理赔成本，进一步提高企业风险管控能力。

在大数据时代背景下，“物联网＋大数据”技术在金融行业的定价、风控、监管方面拥有良好的业务竞争力。“物联网＋大数据”技术在金融行业的这些优势，促使各金融机构不断推动物联网技术的发展。各大金融机构争当国内“物联网＋大数据”技术在金融行业的领军者，将充分享受这种新的融合技术为金融行业带来的巨大市场。

四、案例

浩云科技打造“物防＋技防＋人防”的综合性防范系统。浩云科技的金融安防综合管理平台就是早期的智慧物联管理平台，基于在智慧管理平台和智能硬件方面的领先优势，公司于2012年起融合物联网、云计算、大数据、人工智能、移动互联网、边缘计算等新兴技术，以工业4.0思想构建全新的智慧物联管理平台。

公司智慧物联管理平台4.0产品采用一系列人工智能领域技术搭建智慧物联管理平台，实现从“有没有”到“是何人、是何物”再到“基于识别的应用”一系列的产品和解决方案的开发，浩云科技的智能系统运行理念的逻辑结构图如图8-1所示。其核心优势在于轻开发甚至无开发、柔性定制、敏捷生产、迅速实施且快速实现，能为客户提供更尖端、更柔性、全面物联、智慧管理的综合服务。

智慧物联管理平台精髓在于“配置需求，自动生成”：应对规模性多需求场景；平台产品化、功能模块化、管理智慧化；以“平台内按需求配置，自动生成定制模块”的方式，实现客户各种需求；打破传统定制项目软件及技术人员密集、开发周期长的困境，快速、高效和精准实现客户目标，创造全新体验。

智慧物联管理平台具有规模性定制、智慧管理和价值发现的特点。

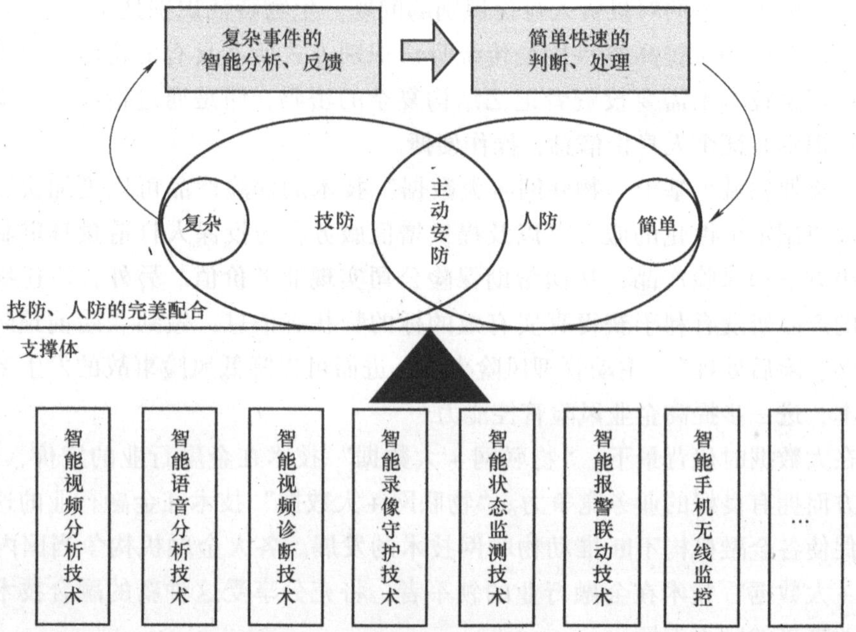

图 8-1　智能系统运行理念

资料来源：浩云科技官网

规模性定制：融入工业4.0思想，实现平台柔性配置，使用数字工具等新技术，使行业规模性应用移植及实施时间降至原来消耗时间的10%左右。

智慧管理：通过对现场情况进行一、二次感知，借助物联网及相关技术，在设备控制/执行、信息流、综合管理数据流等方面，实现自动化、智慧化管理。

价值发现：利用人工智能、大数据技术，对数据进行关联分析/推理预测等，实现包括态势感知、趋势预判、辅助决策和流程优化等价值创新。

第二节　云计算——承载大数据的大平台

从技术层面来看，云计算的大规模分布式并行计算技术、分布式数据储存以及管理系统正是大数据产业的核心技术。大数据类型的多样化使得大数据存储管理系统必须具有处理多种数据类型的能力，特别是对半结构化和非结构化数据进行高效管理的能力。传统的存储和管理技术在性能和运营成本方面都难以胜任大数据的存储和管理工作，且传统的单机或并行计算技术在速度、可扩展性和成本上都难以适应大数据计算分析的需求。而云计算的海量数据管理技术能够满足大数据的多样化需求，分布式数据存储技术采用冗余存储的方法为同一份数据存储多个副本，实现数据的高吞吐率和高传输率。云计算作为大数据产业中的基础设施技术，在大数据生命周期中扮演重要的角色，亦是承载大数据的平台。两者犹如硬币的正反面密不可分，相辅相成。

一、大数据融合云计算技术的发展

1. 云计算依托大数据产业发展迅速

云计算技术与大数据生命周期中的数据存储与计算处理环节相互融合。根据云计算技术的层次差异，可以将云计算分为三个子层：基础设施即服务层（Infrastructure as a Service，IaaS）、平台即服务层（Platform as a Service，PaaS）及软件即服务层（Software as a Service，SaaS）。

我国 IaaS 市场正处于高速增长阶段。相较于海外市场头部集聚效应较弱，阿里云作为头部企业市场份额不及国外 AWS，近几年科技企业进入 IaaS 市场，改变传统软件行业业态，加速 IaaS 市场的发展，同时推动 SaaS 市场规模的扩大。

国内 SaaS 市场近几年随着移动互联网的发展，呈现 B 端重点发展的特点。未来随着企业信息化程度的进一步提高，大数据产业的进一步发展，传统软件的转化是 SaaS 市场规模扩大的重要动力。

作为 SaaS 应用的生态系统，PaaS 市场将成为云生态博弈的重点。特别是软件行业巨头升级转型进军云计算行业或者现已占据云计算市场核心的 IaaS 提供商，为进一步扩大自身市场份额，优化大数据环境，PaaS 市场厚积薄发。

2. 云计算对大数据产业的变革

随着大数据技术不断发展，并且与各领域的业务应用进一步深度融合，以数据为核心的大数据产业链正在加速构建。大数据产业链主要包括：基础设施提供商、数据资源提供商、分析技术提供商及业务应用提供商。云计算虽然采用了很多大数据技术，但本质上是旨在整合和优化各种 IT 资源，并以一种特定的商业模式为有需求的用户提供各种存储和计算资源。云计算技术渗透在大数据产业链的各个环节，并且随着云计算自身的变革与发展影响的大数据产业的方方面面。

云计算产业链由基础设施层、平台与软件层，和终端的应用服务组成，如图 8-2 所示。其中云厂商部署云，搭建云基础设施，提供 IaaS 服务，并在 IaaS 上构建 PaaS 与 SaaS 服务。

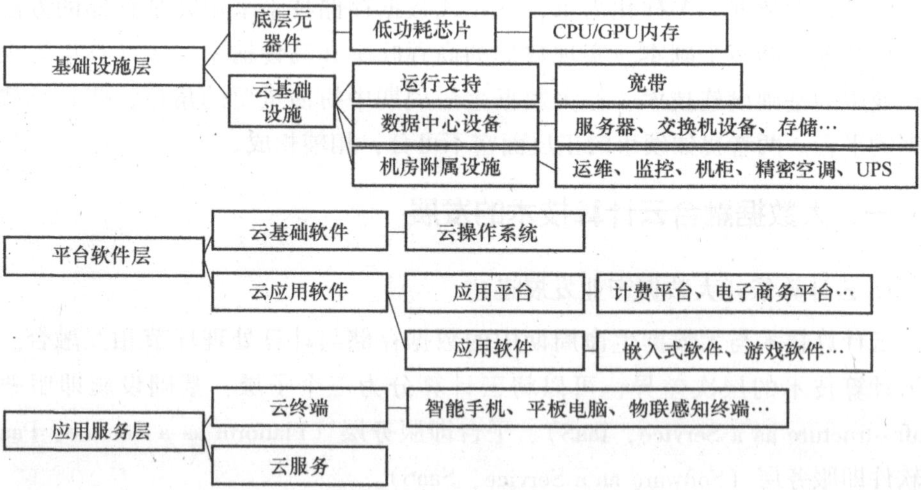

图 8-2　云计算产业链

云计算的发展推动大数据产业发生改变。例如，大数据产业链中的基础设施提供商包括传统 IT 企业和云计算服务提供商，而随着云计算技术的不断成熟，云基础设施更新迭代为平台软件以及应用服务提供强劲支持，传统 IT 企业逐渐向云计算行业转型，以战略合作或技术转型的形式进军云计算行业，以满足大数据时代海量数据处理与储存计算的需求，那么未来大数据产业中的基础设施提供商，云计算服务提供商将逐步成为主流。

二、"大数据融合云计算技术"在金融行业的应用

大数据背景下，金融机构智能化、数字化转型需求提升，技术创新主要围绕"数据""连接"进行：一方面，机构的交易信息、客户信息等都逐渐的数据化，并且逐渐成为金融机构的基本单元和重要资产，他们的核心竞争力主要表现在对于已有数据的经营和挖掘；另一方面，随着互联网的兴起和发展，网络使得空间联系更为紧密，连接无处不在，互联网技术、区块链技术等也逐渐将信息互联互通推向了数据价值互联共享。在此大数据环境推动的变革之下，科技企业通过战略合作等方式取得金融牌照，基于云计算技术为金融机构提供从基础设施、平台软件到应用服务的业务解决方案。

大数据融合云计算技术的发展一方面改变金融 IT 细分行业业态，另一方面对整体金融行业产生影响，即金融机构上云。主要表现为具备云服务业务的互联网企业与金融机构、金融 IT 企业的相互渗透与战略合作。私有云将成为金融企业内网标配，公有云便利 C 端服务。当前银行、证券、保险、基金等各类金

融机构的IT系统架构按照大框架基本可以分为4大类模块：渠道类、业务类、管理类和其他类。而各个模块下依据金融机构的角色和所提供的服务不同，又包含多个系统。金融机构上云，具体到银行、证券、保险等机构在各个系统的转型升级，以满足大数据时代海量的数据处理以及数据资产变现的需求。

具体来看，大数据背景下的商业银行，组织机构更加扁平化、服务渠道更加多元化、营销更加精准化。与之匹配的主要需求是业务系统的升级转型，包括核心业务、中间业务、支付与清算业务、直销银行，此外还包括企业管理和风险管理。银行的理财子公司业务开展，依托当前“大数据+云计算”架构核心业务系统，主要包括投资和运营系统、销售和风控系统。投资和运营是指投资管理系统、估值和对账系统，销售和风控主要指分销、代销，以及实时风险管理和全面绩效风险管理。

大数据背景下，证券行业不仅需要借助先进的大数据技术与客户建立有效的、快捷的沟通渠道，还需根据自身行业的特点构建合理的管理方法，不断满足日益增长的客户个性化需求，建立稳定的群体客户。证券公司的传统信息系统体系架构存在较大的滞后性，各信息系统间存在割裂的问题，在大数据时代无法满足全面私人化的客户服务。证券公司通过运用“云计算”技术形成能够减少数据间异构性的平台，搭建软件平台实现系统间的互通互联。主要是利用一个统一的储存中心来实现数据的分析挖掘，这样一个具有普遍性的平台能够大大降低券商之间的沟通成本。

经营与管理风险是保险行业的本质属性，对于风险的预测与厘定能力是保险公司的核心竞争力。大数据技术帮助保险公司利用海量的数据通过生存模型、风险模型和其他数理技术来测算保险标的风险，并保证了风险厘定的准确性。大数据背景下云计算的运用更是提高了保险行业信息化的程度。例如保险公司的保险云构建其服务对象的精准画像，具体包括客户的经济情况、历史理赔记录等，根据以上这些信息数据判断服务对象的风险等级，从而提供私人化、具有针对性的保险服务。当保单生效，即理赔发生时，保险机构可利用大数据融合云计算技术与相关定损部门实现数据信息共享，提高保险理赔的效率。

大数据背景下的传统金融行业业态发生改观，而云计算技术可以在降低成本、改善运营、防范风险和数据集中化管理等方面推动金融行业的发展。首先，云计算技术能够降低中小金融机构大数据转型的研发成本，并降低金融机构对IT设备的运维成本；其次，云计算技术能够实现大数据时代万物相连的专业化高效的管理，传统金融机构的系统服务器、基础设施等较为分散，云计算技术很好地满足了大数据背景下金融行业设备统一管控的需求；再次，不同云之间在网络间整合，形成统一的服务能力，可以降低系统性风险；最后，大数据融合云计算技术通过将各个系统中的数据整合形成云数据库，搭建一个能够整合所有金融行业重要信息系统的平台，来实现大数据时代金融行业海量数据的集中化管理。

三、案例

润和软件细分行业 SaaS 应用平台。企业的金融企业核心 IT 系统产品“事件云平台”（Events Cloud）是 IT 事件收集分析管理平台，打通 IT 运营与运维的连接通道，从系统监控、日志监控到交易监控、业务风险监控再到用户行为分析和营销事件管理，提供全面和智能的运管监控分析服务支撑。该产品能够进行实时的事件采集、指标计算、预警监控、事件查询等，为金融机构提供日志事件管理和分析、统一运维管理、合规与审计以及事件预警监控服务。润和软件 Events Cloud 事件云平台的技术结构图如图 8-3 所示。

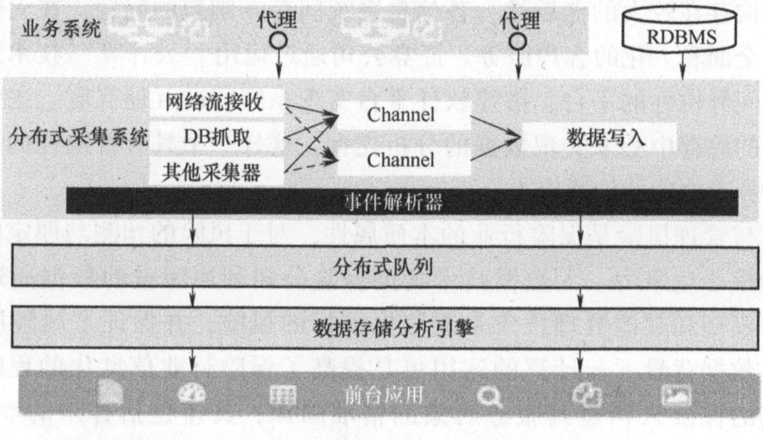

图 8-3 润和软件 Events Cloud 事件云平台

资料来源：润和软件官网。

与长亮科技进军金融大数据领域的战略相似，润和软件也与互联网企业实现战略合作。2016 年 1 月 20 日润和软件与阿里云在云栖大会上海峰会上正式签署了战略合作框架协议，建立“金融行业战略合作伙伴关系”。由阿里云提供成熟的 IaaS 基础与 PaaS 平台，润和软件依托其在金融 IT 解决方案细分领域的领先地位，提供优质的金融领域 SaaS 服务，由此，双方旨在实现产品与解决方案的深度融合，最终实现“大数据 + 云计算”在金融行业的深耕落地。

第三节　人工智能——大数据练就的利器

进入大数据时代后，给拥有大量数据的金融行业带来数据处理的新需求。海量数据为人工智能算法的训练和应用提供了基础材料，并推动市场引进新的技术和方法以便进一步挖掘数据的潜在价值。从大数据产业角度看，人工智能技术既是大数据资产的来源，又是将数据资产变现的重要输出口。金融企业数据应用的第三个阶段是人工智能应用阶段，这是大数据平台数据运用能力进一步提升以及大数据应用场景进一步丰富的结果。未来人工智能技术将在金融服务的各个领域得到十分广泛的运用。利用大数据来推动的人工智能技术可以模拟人的思维过程和智能行为，实现计算机的更高层次应用。随着大数据融合人工智能技术的不断成熟和应用，金融机构可以从辅助投资决策、客户服务、产品研发等多个领域进行创新。

一、大数据与人工智能的关系：　算法和数据是人工智能的核心

人工智能（Artificial Intelligence，AI）是一种新兴技术科学，它基于人的智能方法技术和理论延伸出相似的计算模式。从学术角度看，人工智能是一门由系统理论知识构成的学科，其融合了计算机科学、数学、心理学等传统学科，并依托当前迅速发展的科技对传统科学思想、理论和技术的补充和延伸。

人工智能的核心是算法和数据。算法作为数据产生的机器，同时需要大数据提供支持。相比于传统的计算机技术，人工智能与数据的关联性更加密不可分，因此大数据时代离不开人工智能技术。过去十年里，人工智能取得巨大发展的重要原因，是监督学习和强化学习模式研究领域的突破，当然大数据时代带来的数据红利必不可少。大数据时代随着物联网的发展，优质数据将作为人工智能算法训练的重要材料。算法方面，现在主流应用的基于多层神经网络的深度学习算法之一——无监督式学习，是数据挖掘的重要工具。无监督式学习算法之所以能够应用于更为广泛的场景，其得益于自行归纳物体特征的特殊能力，这既能提升基于深度学习的多种人工智能技术的准确率，又能最终推动人工智能技术进一步发展。

二、大数据融合人工智能技术的发展

1. 从软件到硬件，从云端到边缘

人工智能的发展最早可以追溯至 20 世纪 50 年代，人工智能最早由麦卡锡

(McCarthy) 于1956年提出，被当时的人们称为世界三大尖端技术之一，经过将近60年漫长的等待，人们逐渐看到这一技术大规模运用在日常生活中的可能。历经60多年的起起伏伏之后，人工智能终于迎来了第三次爆发。第三次爆发的核心引爆点是深度学习算法的出现，但其背后的支撑是大数据和算力。

由于人工智能需要大数据与算力支持，所以在模型研发阶段离不开云计算技术和高速率芯片。大数据时代为满足进一步深挖数据的新计算强大需求，正在催生出新的专用计算芯片。算力需求提升推动IT基础设施（芯片）前行，每一轮科技革命都是基础设施先行，基础设施条件不足阻碍IT创新成功。目前来看，大数据时代随着云计算、物联网技术的发展，对于海量数据的处理获取更加容易，同时算法得益于各种学习模型的发展实现不断的优化，人工智能能否在大数据时代实现质的飞跃，并且进入下一发展阶段的重要因素就是算法和数据的载体——芯片。当前AI芯片行业的主流，GPU、FPGA以及ASIC各有优劣。在人工智能应用阶段，为了提高信息回传和处理效率，可以将算法内嵌到芯片中，并将功能载体布设在网络边缘，实现大数据时代从云端到边缘的转化。为满足人工智能在实际应用中实时性、高效率、数据安全等要求，边缘计算作为数据第一接口弥补云计算缺点而产生，使得人工智能在大数据时代更具现实应用意义。

2. 大数据与人工智能技术相互推动发展

大数据时代海量数据为人工智能提供重要基础材料。传统数据大多是结构化数据，而且数据来源和数据类型都比较单一。而大数据时代，这种状况发生了根本的改变，数据来源众多，从企业应用、学术研究、政府治理到个人的生活消费、休闲娱乐等都在源源不断地产生大量数据。而且数据类型包罗万象，有传统的结构化数据，但更多的是未加工的、半结构化和非结构化数据，如网页、邮件、音频视频、图片等。为进一步挖掘数据价值，算法优化使得人工智能的发展不断契合大数据时代需求。

互联网企业依托大数据成为人工智能的排头兵。脸书、谷歌、亚马逊等大型互联网企业近几年凭借大数据的快速发展积累了大量的数据资产，利用这些数据资产发展人工智能产业具有极大的优势，基于产业数据协同的人工智能层出不穷。例如，海尔借助拥有上亿用户数据的SCRM大数据平台，建立了需求预测和用户活跃度等数据模型。

人工智能的算法又能产生数据，为大数据提供新的数据资产。人工智能算法抓取大量数据进行分析处理后得到具有运用价值的数据，犹如“永动机”为大数据提供源源不断的数据资产。大数据融合人工智能技术不断创造海量数据，两种技术相互促进共同发展。

三、“大数据融合人工智能技术”在金融业的应用

人工智能技术的发展和成熟将是大数据技术在金融行业应用发展普及的一项重要技术突破。金融企业数据应用的第三个阶段是人工智能应用阶段，这是大数据平台数据运用能力进一步提升以及大数据应用场景进一步丰富的结果。借助新兴的信息通信，通过对网站、智能移动终端设备的数据进行分析和研究，大数据融合人工智能技术能够为金融消费者设计出更为精准的金融产品和更加优质的金融服务模式。

大数据融合人工智能技术用于辅助投资决策，对多因子量化模型有提升。得益于机器学习的蓬勃发展，基础处理数据的能力大大提高，特别是机器学习中的基于深度神经网络深度学习可以通过数据的分析、拟合、预测实现市场运行规律的理解，能够完美应用于量化交易的各个环节中。首先形成有效的投资组合；其次完成交易后利用风险监测系统进行监测，并在获得收益/损失后对交易进行业绩评估并反馈机器学习系统。

大数据时代的金融行业，数据呈现爆发式增长，而真正有价值的数据往往隐藏于海量的数据中。人工智能技术利用算法提高网络信息抓取效率，精确提取有价值的信息与数据，可以为投资决策提供更多元的信息。人工智能领域的语言识别数据爬取等技术，可以用来采集与市场有关的数据资料，不仅仅是单纯的数字，更可以通过采集语音、文本等非结构化数据，将这些资料进行结构化处理，从而实现量化交易模型的强大。例如引入相关新闻社交网络中的文本，以此来判断企业产品的影响力。总的来说，大数据融合人工智能技术能够提高信息获取的效率和利用率，不仅局限于传统的宏微观经济数据以及证券的历史价格，更将市场信息扩充到了更广的范围，提高了量化模型的适用性。

人工智能技术在大数据时代金融行业的客户服务以及产品研发模块具有不同的体现。特别是在营销、客服和运营需求上大数据时代的金融开启了全面地智能化。目前人工智能关注度较高的落地应用，主要集中在银行业，大数据技术扩展了银行风险管理的数据范围。传统银行的数据多为静态、结构化数据，借助于大数据技术，银行能够扩充风险数据维度，使得数据具体化和准确化，数据延展面拓宽，并且实现银行多种场景、多种类型、多种维度等数据的采集、运算、运用。互联网大数据和人工智能时代，商业银行首先可以通过互联网大数据技术扩容传统商业银行风险管理的数据源并处理半结构化和非结构化的各类数据；其次利用人工智能的人脸识别和手写识别技术控制虚假交易行为，大数据与人工智能技术相融合，可以使原先必须配备指纹识别、虹膜识别等机器才

能进行的过程简化为仅依靠照相机和互联网便可保证安全性，具体包括银行线上线下的身份认证、智能风控、智能客服、智慧网点、刷脸支付。此外人工智能的自然语言技术催生了智能客服，并广泛应用于银行业，例如实体客服机器人。

对证券行业来说，在大数据背景下，大数据技术已成为分析和研究证券行业基础数据、进行深度挖掘有效信息的工具。证券行业不仅需要借助先进的大数据技术与客户建立有效的、快捷的沟通渠道，还需根据自身行业的特点构建合理的管理方法，不断满足日益增长的客户个性化需求，建立稳定的群体客户。目前基于大数据技术的人工智能应用较为广泛的是智能投顾。券商根据大数据挖掘客户独特的需求以及风险偏好等提供相匹配的投顾方案，并且通过收取佣金盈利，这样的投顾服务模式多面向高净值客户，其中收取的佣金也较高。而利用机器学习参与投顾决策，一方面由于工作模式的程序性使得人工智能具有较强的替代性；另一方面人工智能可以替代人工能够服务长尾客户，降低费率从而实现互联网的长尾优势。

对保险行业来说，大数据技术等新兴技术不仅会改变保险业自身经营所依赖的技术基础，也将会改变保险业的商业模式、组织结构和竞争格局。具体来说，利用大数据和人工智能技术对保险行业全流程进行优化，包括营销、定价、承保、理赔和售后服务等。其中，精准的用户画像、动态的风险行为评估以及个性化定价是现阶段智能化尝试的主要环节。例如保险公司通过人工智能的算法对潜在客户的行为实施线上线下一系列的追踪，通过分析积累的行为数据、意图数据、情绪数据等数据勾勒出数据背后客户的特征，判断客户的需求，精准锁定目标客户，聚焦客户痛点，实现定向且有针对性的营销，提高营销成功的概率。

总的来说，基于大数据技术对海量数据进行挖掘储存与初步分析，在此基础上金融机构融合人工智能技术识别客户、便利业务办理、网络支付等。从金融业务开展的端口角度来看，大数据融合人工智能技术在前端可以应用于服务客户，在中台用于支持授信、各类金融交易的金融分析决策，而在后台则支持风险的防控。大数据背景下叠加人工智能技术的应用提高了金融服务的效率。

四、案例

案例一：同花顺立足C端辅助投资金融终端，以数据流量变现为中心布局AI+证券生态圈。

同花顺于2015年5月设立同花顺人工智能资产管理有限公司，在人工智能领域如自然语言语义识别、深度学习等领域进行技术投入，打造面向C端的辅助投资金融终端——iFinD 金融数据终端。iFinD 金融数据终端利用人工智能技术能够实现基本的自然语言交互。为将该终端打造成深度投研交流平台，同花顺不仅增设了金融行业人员业务交流在线互动模式，支持行业研究员、投顾等信息需求者对行业信息的交互，还构建了行业数据知识图谱，使行业数据展现更加清晰，满足金融行业人员的信息获取需求。

同花顺旗下的人工智能产品主要是 i 策略平台上线的智能投顾机器人。i 策略智能投顾机器人主要通过对 iFinD 金融数据库、舆情监控系统、i 问财知识库的深度学习来构建动态复杂的资本市场知识图谱，实时结合事件不断对大盘重大拐点做出判断、筛选高胜率的投资机会。在市场情境发生变化时，机器人会自动切换策略，从而适应市场变化。随着机器人深度学习构建的知识图谱越来越完善，经历的事件足够多，智能投顾机器人将对大盘未来的走势和构建组合的收益做出更加准确的判断。

相较于传统投顾，智能投顾以技术代替人工，具有低成本、高效率、多资产、理性化四大主要优势。①低成本，智能投顾充分发挥互联网技术作用，平台费率可降至千分之一，实现低成本低门槛；②高效率，依托大数据，精确、快速匹配投资需求，精确了解投资人理财需求，快速匹配策略，7×24 小时保持实时数据披露和高流动性，实现服务高效率；③多资产，由于决策交给平台，可同时对多类型标的进行投资管理，具备多资产优势；④理性化，智能投顾由算法决定策略，不易受到主管因素影响，有固定的阈值设定，达到止损、止盈边际自动操作，与传统投顾相比更加理性化。

案例二：恒生电子：面向 B 端提供人工智能解决方案，助推金融行业迈向智能化。

恒生电子从金融应用软件供应商向数据应用分析服务商过渡，近几年公司陆续开发的十多款 AI 产品助力数据服务的效率提升，也更加个性化地满足不同客户的具体需求。其主要面向金融机构，为行业提供人工智能解决方案。

恒生电子旗下产品梵思（FAIS）系列为智能咨询类产品，其主要提供“机器人”“智能选股”“智能推荐”“A 股 F10”四项功能，具备强大的人机自然交互，投资者只需通过自然语言即可获得关联股票和咨询信息。BiRobot3.0 为恒生电子旗下的智能投顾产品，其不仅提供个性化推荐、智能演算、智能择市、优选 Beta、交易优化、一键调仓等工具，还有个人化资产配置模板。

相较人工，大数据提供更加充足的数据来进行分析，机器学习模型的持续优化使得数据分析更加准确。智能咨询、智能投顾、智能投资以及智能客户在金融智能化全流程中扮演相辅相成的角色，降低成本的同时提高了服务效率。

与同花顺立足C端金融终端战略不同，恒生电子主要面向金融机构，从金融业务模块来看，人工智能主要针对产品的研发，基于机器学习和数据挖掘的人工智能技术是整个智能金融产业链的技术基石。通过为金融机构提供智能产品，恒生电子助推金融行业迈入智能化新阶段。

第四节 区块链——公允信用的数据记录

大数据时代，区块链是一种客观公允的数据记录及授信方式，作为新兴数字技术的一种，能够借助算法上的共识机制，实现不同节点相互之间的数据信息共享、建立各不同节点之间的信任，以此获得相应的权益。通过建立价值互联网络助推社会化的大数据互联互通，进而更好地解决数据开放、共享、流通中的问题，我们可以借助区块链分布式账本的技术特性以及加密共享的技术特性，既可以以此来解决大数据发展中的难点，又可以推动大数据的流通。

一、区块链的理解

1. 区块链的定义及性质

区块链的定义，⊖是将数据区块首先根据时间顺序确定先后关系，再使用链接的方式组合而成的一种特殊的数据结构，其不可篡改和不可伪造的去中心化共享总账，是采用密码学的方法保证其平稳运行，并且在系统内储存的可验证的数据具有安全性和时间顺序性。

区块链技术作为比特币中的基础性技术，具有匿名、去中心化、集体维护、去信任、高度透明等性质，如图8-4所示。

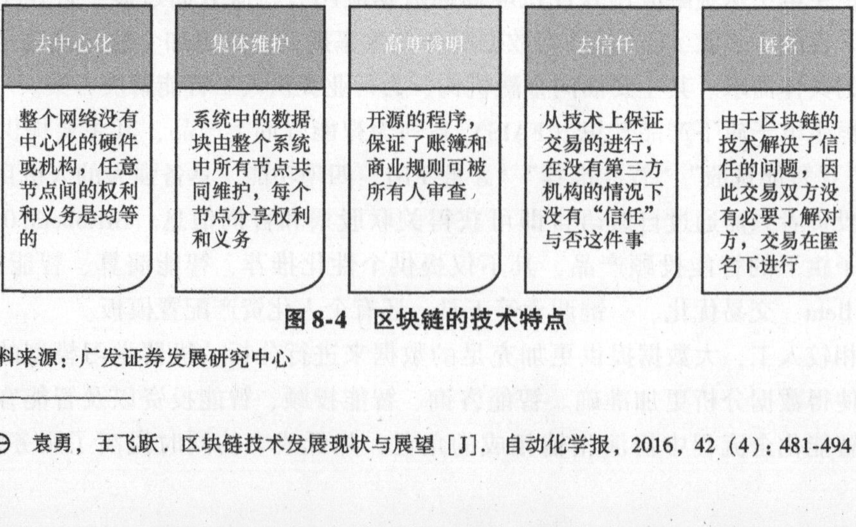

图8-4 区块链的技术特点

资料来源：广发证券发展研究中心

⊖ 袁勇，王飞跃．区块链技术发展现状与展望［J］．自动化学报，2016，42（4）：481-494

2. 区块链与大数据的联系

由区块链的定义可知，其是一种具有时间顺序的链式数据结构，本质上也是一种分布式的数据库系统，通过网络中多个节点参与计算的节点来共同维护，从数据存储上来讲，区块链技术也是一种特殊的数据库技术。通过建立价值互联网络助推社会化的大数据互联互通，进而更好地解决数据开放、共享、流通中的问题，我们可以借助区块链分布式账本的技术特性以及加密共享的技术特性，既可以以此来解决大数据发展中的难点，又可以推动大数据的流通。

一是数据权属问题，为了保证交易记录的透明性、可追溯性以及被认可性，区块链可以注册和认证所储存的数据，以此来明确大数据资产的来源、使用权、流通路径和所有权。确保每笔交易的来源清晰、透明，有助于数据真正实现资产化，并且为了把数据的所有权留给用户自己，更需要进一步规范数据的使用和授权范围。

二是数据安全，当数据被哈希处理后放置在区块链上，数字签名技术使只有授权的人才能对数据进行访问，通过私钥既能够保证数据的私密性，又可以分享给研究机构。

三是数据定价，未来的数据市场需要有灵活的数据定价模型，而区块链的可追溯性和不可篡改性能够明确数据的使用历史和交易历史，有助于衡量各方的贡献，从而设计出灵活的数据定价模型。

四是数据支付，区块链本身就带有价值传递属性，也就是支付功能，基于区块链的交易系统可以很方便地完成数据之间的支付和转换。同时可以根据区块链所具有的廉价和高频交易的特点，实现数据交易的细分。

二、区块链技术的发展

1. 区块链技术的原理：去中心化的分布式账簿

区块链技术是通过去中心化的方式，使得所有当前参与的节点共同维护交易及数据库的一项技术方案，它使交易基于密码学原理而不基于信任，双方只要达成一致协议便可直接进行交易，而并不需第三方中介机构的参与，简化交易流程。

分布式账本能在点对点（Peer to Peer，P2P）网络中的不同节点之间相互复制，且各项交易均由私钥签署。区块链中的分布式存储使参与的节点各自都有独立的、完整的数据存储。如何在分布式系统中高效地达成共识，是分布式计算领域的重要研究问题。决策权越分散，系统达成共识的效率越低，但系统稳定性和满意度越高；与此相对，决策权越集中，系统更易达成共识，但同时更易出现独裁。区块链的分布式存储有以下两个特别之处：一是按照块链式结构区块链上的每一个在节点都存储完整的数据；二是区块链上所有的节点数据都是依靠共识机制保证存储的一致性，并且存储之间都是相互独立的、地位等同的，数据节点可以是不同的物理机器，也可以是云端不同的实例。区块链解决的核心问题之一，就是通过决策权高度分散的“去中心化”系统提升稳定性和满意度，使各节点针对区块数据的有效性达成共识。

传统的数据库分为关系型数据库和非关系型数据库，两者之间在数据特点和应用范围上各有不同，也都有各自的优势，各类数据库技术特征如图 8-5 所示。区块链是一种分布式的、集体维护的、按照时间顺序将事件数据排列的“时间轴数据库”，从这一点来看它与以往的任何一种数据库的形式都不同。

图 8-5　数据库技术的发展及其特征

资料来源：广发证券发展研究中心。

2. 智能合约

区块链作为一种分布式账本技术，除了可以开发数字货币如比特币，其更大的潜力在于可以实现基于区块链的智能合约。尼克·萨博（Nick Szabo）在 1994 年第一次提出智能合约概念，即一种旨在以信息化方式传播、验证或执行合同的计算机协议，能够在没有第三方的情况下进行可信交易。智能合约是已编码的、可自动运行的业务逻辑，通常有自己的代币和专用开发语言，图 8-6 所示为智能合约的业务交易模型。智能合约被安置在可复制和可分享的账本上，它可以维持自己的状态，控制自己的资产，并且对接收到的外界信息或者资产给予回应。合约代码可以被写入区块链网络，一旦条件符合，合约就会自动被执行。此举绕过了传统的第三方中介，使得合约执行效率倍增，且费用大幅降低。

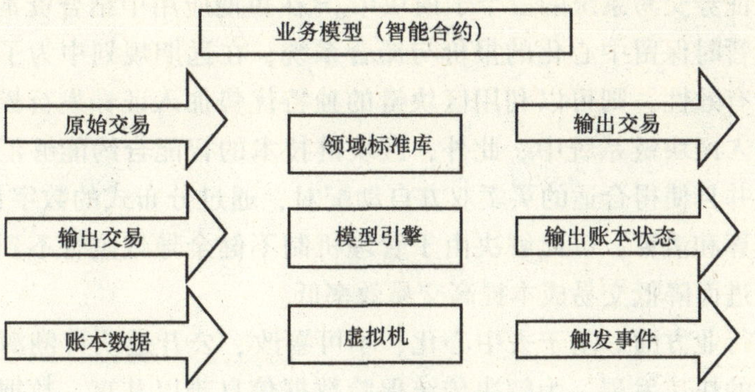

图 8-6　智能合约模型

三、“大数据融合区块链技术”在金融业的应用

大数据时代，区块链是一种客观公允的数据记录及授信方式，作为新兴数字技术的一种，能够借助算法上的共识机制，实现不同节点相互之间的数据信息共享、建立各不同节点之间的信任，以此获得相应的权益。“区块链 + 大数据”技术的出现可在各金融机构之间建立起数字化的支付清算网络体系，资金划拨有中心化的清算系统转变成点对点支付。随着“区块链 + 大数据”技术的日渐发展，依托“区块链 + 大数据”技术的征信基础设施建设也日渐完备，为解决金融行业领域的信息不对称等问题提供了新方案。基于区块链技术的去中心化、时序数据、集体维护、可编程和安全可信等五大特征已经应用在金融行业各个机构。

在银行业方面。区块链的智能合约技术将会取代银行业传统的纸质合同，借助众多链条上储存的海量数据以及加密功能使得交易更加智能化。“区块链 + 大数据”技术融合运用使得传统的交易流程中存在的大量的手工操作、人工验证的审批工作将会更加便捷化、智能化，进而可以减少在交易处理环节由于人工处理操作失误而导致损失的发生。区块链技术中公开透明、不可篡改的特性提供了银行业基于新技术发展的新型信用模式，减少交易环节的欺诈行为、提高交易透明度。此外，融合大数据的区块链技术中的去中心化的特性，让“区块链 + 大数据”技术应用在银行机构的各个领域，其主要应用有跨境支付与结算、个人与中小企业贷款、征信等领域，进一步促进银行业各个机构进行转型升级。

在证券行业方面。为了实现从证券的报价撮合到交易结算的一个完整的系统闭合环路，证券业将“区块链 + 大数据”技术应用在登记存管、清算结算和证券交易的证券交易系统的三个子模块中。[⊖]在短期应用中结合资本市场的实际情况，可以暂时保留中心化的报价与撮合系统，在远期规划中为了全面提升市场透明度和有效性，则可以利用区块链的独特优势加入证券发行模块，并且将一级市场纳入区块链系统中。此外，区块链技术的智能合约能够汇聚大量的买卖方数据，并且使得合适的买卖双方自动配对，通过分布式的数字化登记系统，自动实现结算和清算，以此解决由于管理机制不健全导致监管不到位所引发的诚信问题，进而降低交易成本提高交易效率低。

在保险行业方面。基于去中心化、不可篡改、公开透明可溯源三大特征的区块链技术的快速发展，为解决传统保险数据信息难以共享、数据安全难以保证、信任缺失等问题提供了创新性的解决方案。目前，区块链技术已经应用在保险公司的产品设计环节、产品定价和销售环节、产品理赔环节以及技术系统等方面。为保险公司提高客户参与度，实现个性化定制化保险模式提供思路，为更偏向尝试开发新产品的保险公司提供了新的技术保障。

区块链技术能够以较低的成本来解决金融交易中信任问题；同时由于区块链技术加密算法的特性，正在加快推动金融业进入算法金融时代。区块链技术在金融领域中具有五大特点：高鉴证水平、低运营成本、较高处理速度、严格的风险管理以及价值创新，这将会推动金融服务行业在价值的验证、转移、储存、交换和贷款、融资、投资以及保险、风险管理、核算与审计等功能高质量发展。同时，区块链技术在供应链金融、跨境支付、资产证券化、票据、征信及风险管理等领域中的应用已经达到高水平覆盖程度。其通过解决信息不对称、中介机构的中心化以及“信息孤岛”等问题，区块链可大大提高传统金融业务的广度、深度及效率，降低信息成本等优势，在传统金融业务的内部或边际上，开始出现一些新的业务类别。

四、案例

民生银行与中信银行联手打造 BCLC 联盟链。2017 年 7 月国内信用证信息传输系统（BCLC）成功发布，这是一项基于区块链技术，并且系统是由云象区块链打造的一款由民生银行主导、中信银行合作的联盟链。

国内信用证信息传输系统（BCLC）以联盟链的形式构建，其运行模式具体如下：首先为了保证数据的真实不可篡改，交易双方需要运用数据形式的个人签名，即身份密钥，才能将数据上传至区块链，这样保证了区块链上的数据都

⊖ 周子豪．基于区块链技术的证券交易系统设计［J］．信息系统工程，2019（05）：123 + 125.

具备个人签名且真实可追溯；其次为了保证数字协议的有效性，上传的数据将进一步加密，且加密的标准要完全符合国家标准，加密后的数据只有交易的参与方才有解密数据的权限。该系统基于 Hyper ledger Fabric 开源项目进行深度定制开发、采用“参与机构业务系统 + 区块链前置 + 区块链节点”的系统架构。相较传统业务系统，新系统（BCLC）具有如图 8-7 所示的特征。

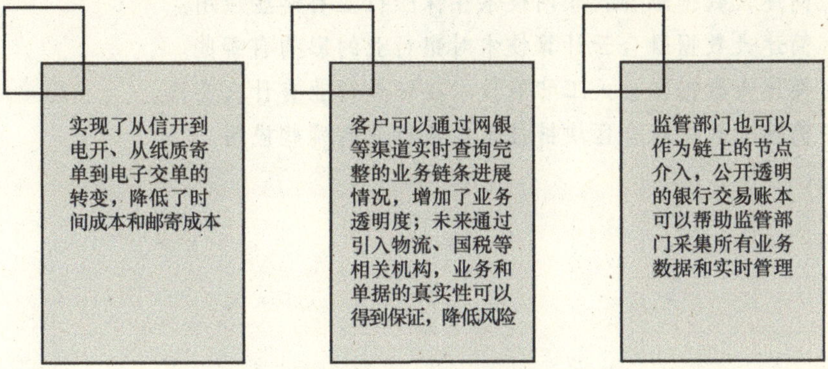

图 8-7　BCLC 系统特征

国内信用证信息传输系统是基于银行实务场景的区块链场景应用，该系统具有以下几大特点：第一，该系统可用于动态数据失效的恢复，其大大提升智能合约的执行效率；第二，该系统具有通容性，当银行在实务中发生业务规则的调整时，该系统不需要将数据进行迁移，只需将智能合约升级即可；第三，该系统的安全私密性较好，从数据的上传环节层层把关来看，系统通过数据加密、身份签名、准入控制、隐私隔离等手段，旨在提高数据安全性；第四，该系统实现了区块节点监控、合约管理的可视化，提高系统的安全性；第五，该系统具有定期自动归档的功能，由于其支持数据存储横向扩展，完美匹配日志管理机制。

【本章小结】

大数据分析和运算结果落地的重要承接力量；大数据融合云计算可以在降低成本、数据集中化管理等方面推动金融行业的发展；人工智能的应用提高了大数据背景下的金融行业服务的效率。它在前端可以应用于服务客户，在中台用于支持授信或各类金融交易的金融决策分析，而它在后台则能有效防控风险；区块链技术能够以较低的成本解决大数据背景下金融交易中存在的信任问题；同时，区块链技术加密算法的特性则能助推传统金融业进入新算法金融时代。

大数据与物联网、云计算、人工智能以及区块链技术相结合应用于金融行业的运营支持、内部管理、营销和客户管理、风险控制以及产品研发等业务线，推动金融行业数字化发展，并形成行业新格局。

【复习题】

1. 简述大数据融合物联网技术在保险行业有哪些应用。
2. 简述大数据融合云计算技术对银行业的影响有哪些。
3. 简述大数据融合人工智能技术在证券行业有什么实践。
4. 简述大数据融合区块链技术在银行业有哪些应用。

第九章

大数据与大湾区金融融合发展

【学习目标】

1. 了解粤港澳大湾区的金融科技发展方向；
2. 掌握大数据技术对粤港澳大湾区金融发展的战略意义；
3. 熟悉大数据技术目前在粤港澳大湾区金融发展中的应用进展。

【导入案例】

索信达数据公司助力湾区金融升级

大数据技术以及建立在其基础之上的区块链、云计算、人工智能等新兴技术的快速发展和广泛应用，促进了经济金融的进一步发展。金融业可以运用大数据等技术来提高运行效率，实现金融业的不断升级。而在粤港澳大湾区金融融合发展过程中，也需要大数据等技术的支持，通过对湾区庞杂的数据进行有效的整合、分析和利用，促进大湾区金融业的进一步发展。

2018 年 5 月 10 日，深圳索信达数据技术股份有限公司依靠其在大数据和人工智能技术方面的优势，与广东省粤港澳合作促进会金融专业委员会联合发起成立国内首家科技金融智库——粤港澳大湾区科技金融研究院。索信达数据技术股份有限公司在大数据金融服务与人工智能领域有着丰富的实践经验和应用案例，而广东省粤港澳合作促进会金融专业委员会有着较强的社会影响，特别是在大湾区金融领域有着较强的号召力和较多的行业资源，双方通过优势互补，加强协作，能够推进大数据技术和人工智能技术在大湾区金融业中的运用，推动大湾区金融科技快速发展，促进大湾区金融业运行效率的提高和金融融合发展。

第一节 粤港澳大湾区金融发展展望

粤港澳大湾区由港澳以及广东省的广州、深圳、珠海、佛山、惠州、东莞、中山、江门、肇庆组成，这11个城市有着不同的优势产业、优势资源、特色定位，既多样，又互补。粤港澳大湾区的建设就是要站在全局的高度，充分利用各城市的优势来提高湾区整体的综合竞争力，实现城市之间的优势互补、资源有效配置与产业互补。

从全球主要湾区的发展情况来看，金融创新与整合是其发展过程中重要的引擎动力，湾区内的金融市场与产业发展相互促进，金融与产业相结合的形式在湾区经济发展过程中发挥了重要的支撑作用。纽约湾、旧金山湾和东京湾全球三大湾区都经历了从港口经济到工业经济再到服务经济的发展历程，这些湾区的核心城市也逐渐发展成国际金融中心。目前，粤港澳大湾区正沿着以服务业为主导、科技和金融双轮驱动的产业发展方向，不断推动湾区的经济金融发展。

在经济体量、产业分布等方面粤港澳大湾区与全球三大湾区存在一些共同特征，如都是以第三产业为主、服务业占比都达到了80%以上，所以这三大湾区的发展模式和发展经验对于大湾区的发展有着比较强的可借鉴性。但粤港澳大湾区独特的一国两制和三套监管体系的多元化制度特征为粤港澳大湾区的发展带来了挑战也带来了机遇。粤港澳大湾区11个城市的产业体系完备，分工也各有特色，已经初步形成了具有国际竞争力的产业城市群，同时大湾区也初步形成了层次分明的以香港、广州和深圳为核心并向周边城市辐射的阶梯式金融发展态势。

近年来，粤港澳不断加强和深化金融合作，随着粤港澳大湾区发展规划的逐步实施，大湾区正成为内地金融体系和国际金融体系相连接的重要平台。大湾区内的股权、债权、外汇与跨境人民币等金融市场的协同发展正在不断加强，香港交易所也为大湾区实体经济发展提供了大量的资金支持。未来，大湾区应充分利用湾区内各城市的特色与优势，稳步推进大湾区金融融合发展。

在粤港澳大湾区金融融合发展的过程中，科技与金融的合作对于粤港澳大湾区建设有着显著的促进作用。中共中央、国务院在2019年2月18日印发的《粤港澳大湾区发展规划纲要》中提出了一系列发展规划及政策，在科技方面，提出了要将粤港澳大湾区建设成为国际科技创新中心；在金融方面，也明确了将粤港澳大湾区建设成为国际金融枢纽、发展特色金融产业、推进粤港澳金融市场互联互通三大任务。应充分利用科技的力量，将大数据技术等新兴技术与金融相结合，不断加快金融科技的发展，以科技创新拓宽大湾区金融融合发展的可能性边界，从而更好地促进大湾区金融融合发展。

一、加大金融创新力度

在大湾区金融融合发展过程中，首先要大力发展跨境金融，这就需要加大金融创新力度，并结合大数据等新兴技术，发展金融科技，开展跨境金融相关的金融业务创新，从而促进大湾区金融融合发展。粤港澳应聚焦创新驱动发展战略，开展湾区内各城市之间的创新合作，大力开展科技创新以及建立在科技基础之上的金融创新，将大湾区打造成为开放型区域协同创新共同体，不断完善创新制度、优化政策环境，促进科技与金融的融合发展，从而更好地促进金融创新。

1. 构建开放型区域协同创新共同体

大湾区各城市的科技实力各不相同，在粤港澳大湾区发展的契机下，湾区各城市应加强科技创新方面的合作，优势互补，共同发展，促进港澳融入国家创新体系，让科技为大湾区金融创新发展提供更强大的助力。在建设区域创新体系过程中要充分把握湾区科技和产业特点，充分利用湾区范围内的创新资源，促进创新发展过程中的区域协同。具体来讲，第一，要根据广深港澳在科技和金融上的优势，大力建设广深港澳科技创新走廊，促进资本和技术等创新要素的跨境流动，并且建设国际化创新平台和粤港澳大湾区大数据中心。第二，要加强大湾区内各城市之间创新方面的交流，实现创新资源的共享。为推动粤港澳大湾区建设，广东省将加强与港澳在科技创新方面的合作，如建设粤港澳联合实验室来对前沿技术和产业核心技术进行研究。第三，粤港澳各城市也应在国际范围内积极开展科技创新合作，充分利用国外的科技创新资源，与国外的高科技企业联合开展科技创新活动，在国外设立创新基地和研发机构，吸引国内外的企业或机构在湾区设立创新平台和研发机构。第四，充分发挥大湾区高校、科研机构以及企业在科技创新中的作用，引导其积极参与大湾区科技创新活动，加强产学研融合，推动其共同建设创新平台，不断促进科技创新的发展。

此外，大湾区应继续提高创新方面的基础能力。具体来说，应完善大湾区内的科技基础设施，推动科研机构和创新平台的进一步发展；应加强基础层面的研究，并积极响应国家重大科技项目和科技计划；湾区内各城市的科研基础设施也应相互开放和共享。

2. 打造科技创新载体和平台

科技创新载体以及科技创新平台在科技创新发展过程中起着重要的作用，大湾区的国家大科学工程、高新技术企业、科研院所和高校有着重要影响力，科技研发和转化能力较为突出，而且大湾区有着较强的创新要素吸引力，有望建设成为国际科技创新中心，未来应大力推进科技基础设施和研究平台的建设，推动科技产业的进一步发展，从而助力湾区金融创新。粤港澳大湾区应加大科技创新平台的建设力度，紧跟产业和科技的最新发展，通过发展新产业、新技术和新模式，把粤港澳大湾区建设成为创新为主要动力和支撑的经济体系。具体来说，为推动区域创新以及产业高端化发展，要充分利用创新资源，大力推进产业技术创新平台、企业技术中心和制造业创新中心的建设发展；推进国家自主创新示范区和高新区建设；推进港深创新及科技园、中新广州知识城等创新载体的建设。

3. 优化区域创新环境

良好的创新发展环境是创新发展过程中的重要保障和推动力量。为进一步优化创新环境，粤港澳大湾区将把创新体制机制改革向纵深推进，通过一系列政策措施来提高居住、工作、出入境等的便利程度，加强各城市之间科技和人才的交流合作；加强湾区内各城市高校、科研机构之间的科技项目合作；拿出专门的资金来支持湾区内部的联合创新，积极开展科研项目方面的合作；国家和广东支持创新的各项政策将覆盖港澳在广东的研发机构，并推动港澳参与广东科技计划。

此外，粤港澳大湾区还将促进科技成果转化。要将大湾区建设成为具有国际竞争力的科技成果转化基地，就要不断创新机制、完善科技发展的环境。在科技服务业、科技金融、创业孵化以及成果转化等领域，大湾区各城市将进一步深化合作，共同建设粤港澳青年创业就业基地和科技成果孵化基地等转化平台。为满足创新发展中产生的大量融资需求，应充分发挥广深港澳的金融优势，构建跨区域的多元化科技创新投融资体系；在区域性股权交易市场的基础上，充分发挥直接融资对科技创新的金融支持作用。通过大力推动科技创新发展，使科技能够更好地助力大湾区金融创新。

二、推动金融科技发展

科技与金融的融合也是粤港澳大湾区建设的重要内容，通过将科技与金融业务相结合，发展金融科技，能够大大提高金融服务效率，并通过大数据等技术实现大湾区内数据的互联互通，加强对庞杂数据的分析及处理能力，从而打通大湾区金融融合发展过程中的技术性障碍，促进大湾区金融融合发展。

就科技发展方面来看，粤港澳大湾区近年来已有一系列政策与合作协议，见表9-1。未来，大湾区将加快推进科技文献、科技信息等基础性科教资源的共享，开展区域科技项目以及成果转化平台等基础科创领域的合作。同时，充分利用科技创新资源，大力建设科技创新中心；加强粤港澳三地的创新发展合作，提升科技成果转化能力。粤港澳大湾区经济和产业转型升级的核心动力就是科技创新，湾区科技创新的融合发展能够有力的推动科技创新发展和实现湾区建设国际科技创新中心的目标。

表9-1 粤港澳大湾区科技方面的相关政策与合作协议

时间	政策文件或合作协议	有关科技方面的内容
2004.06	《泛珠三角区域合作框架协议》	加强城市间高校和科研院所在科技与教育资源应用方面的合作；对于科技信息、科技文献以及专家库等基础性科技教育资源，大力推进其联网共享；聚焦于高新技术及其产业化开发，建设区域科技项目合作机制和成果转化平台
2016.03	《国务院关于深化泛珠三角区域合作的指导意见》	通过以企业为主体、市场为导向、产学研相结合的发展路线，构建区域协同创新体系；深化深港创新圈等区域间的科技创新合作，不断优化区域创新环境；充分利用香港在文化、科技以及对外开放等方面的优势，将香港建设成为区域对外的知识产权贸易平台和科技交流合作基地，促进区域内企业品牌形象和产品质量的提升
2017.06	《内地与香港CEPA服务经济技术合作协议》	加强创新科技领域（包括技术贸易）的交流合作，继续举办内地赴香港的科技展览活动；香港大力发展机器人技术、智慧城市、金融科技等领域的创新科技产业，培育新兴产业
2017.07	《深化粤港澳合作推进大湾区建设框架协议》	充分利用全球科技创新资源，完善创新合作体制机制，优化跨区域创新发展模式，打造国际科技创新中心
2019.02	《粤港澳大湾区发展规划纲要》	建设国际科技创新中心，加强科技创新合作。发挥内地与香港、澳门科技合作委员会的作用，推动香港、澳门融入国家创新体系、发挥更重要作用
2019.08	《关于支持深圳建设中国特色社会主义先行示范区的意见》	支持深圳强化产学研深度融合的创新优势，建设综合性国家科学中心，在粤港澳大湾区国际科技创新中心建设中发挥关键作用

资料来源：作者整理。

近年来，科技与金融的结合促使金融科技快速发展，大大提高了金融服务效率。随着粤港澳大湾区市场融合、生产融合以及金融融合的不断深化，科技与金融的融合也正在持续加强。通过打通金融运行过程的一些技术性障碍，拓展了金融发展边界。尤其是在粤港澳大湾区金融发展过程中，面临着更大的服务覆盖范围和服务人群、更为庞大和复杂的数据量以及更高的金融风险监控和金融监管要求，为更好地实现金融融合发展并确保其稳健性，应充分发挥科技的助力作用，通过将科技与金融相结合，提高金融服务效率、扩大金融服务范围，促进大湾区金融融合稳健发展。目前，粤港澳的金融科技在大数据、区块链、人工智能、数字货币研究以及监管科技等领域已表现出领先优势。在此基础上，大湾区应统筹考虑各城市的技术优势和产业结构，充分利用香港在金融制度、创新人才等方面的优势以及深圳在金融科技方面的优势，推进大数据、区块链、数字货币等金融科技的融合发展。近年来，在粤港澳大湾区内已开始进行金融科技方面的合作，2017 年 6 月 2 日，香港金融管理局与深圳市金融办签署了谅解备忘录，就金融科技共同发展首次达成了共识，具体内容包括合作开展金融科技发展咨询和人才培训、举办金融科技论坛、设立金融科技孵化基地等。2017 年 10 月 25 日，香港金融管理局与深圳市金融办再次签署了合作备忘录，建立了深港金融科技软落地机制，鼓励深港金融科技开展跨境创新，深港金融科技的合作发展已经达成了共识。2018 年 9 月 5 日在第十二届泛珠三角区域合作与发展论坛上，泛珠三角区域发起了“数字泛珠行动”，旨在促进泛珠三角区域在大数据、互联网、数字经济以及电子政务等领域的发展并深化交流合作。2018 年 12 月 28 日，行业组织“大湾区金融科技促进总会”在香港注册，通过凝聚大湾区的金融和科技企业以及专业人士，推动大湾区金融科技融合发展。

金融业有着众多不同类型的客户和业务，产生的数据具有海量且复杂的特征。在数字经济时代，要发展金融科技和实现金融数字化，要靠数据的推动。大数据技术通过对数据的有效处理、分析、建模和应用，使数据能够充分发挥其作用，促进金融科技发展，提高金融运行效率，推动粤港澳大湾区金融融合发展。目前大数据技术在金融科技中的应用场景包括贷款、投资及资金管理等方面，大大提高了金融业务的效率。通过大数据等技术也能够实现金融业务范围的拓展，促进大湾区金融融合发展。为充分发挥大数据等技术对大湾区经济金融发展的促进作用，2019 年 7 月，广东提出要建设粤港澳大湾区全球大数据硅谷的顶层设计。在大湾区广东九市中，到 2019 年 8 月已有大数据产业园（创新孵化园）20 余个，正在大力发展大数据、云计算、物联网等新兴技术产业。2019 年 8 月 18 日，《中共中央国务院关于支持深圳建设中国特色社会主义先行示范区的意见》中指出，支持深圳建设粤港澳大湾区大数据中心。未来，大湾区应在对科技发展进行良好布局的基础上，不断深化科技与金融的融合发展，通过将大数据等新兴技术与金融相结合来促进金融科技的快速发展，并继续加强湾区各城市在金融科技方面的合作，从而从技术上更好地支持跨境金融的发展，稳步推进大湾区金融融合发展。

三、加强金融风险监控

近年来，大数据等新兴技术快速发展且得到广泛运用，这些技术与金融的结合也促使金融科技快速发展，但科技在金融效率提高的同时也使得金融风险不断提高，这给金融风险监控带来了新的挑战。粤港澳大湾区存在三套监管体系，可以在存在差异的基础上进行协调合作，达到优势互补，并充分利用大数据等新兴技术，发展监管科技，从而加强金融风险监控，提高金融监管效率。

1. 探索大湾区金融监管协调新机制

目前粤港澳大湾区存在三套不同的监管体系，大湾区内一国两制及存在三套监管体系的特征，使得大湾区的金融监管模式将全球其他三大湾区监管体系的部分特色集于一体，在融合发展方面具备独有的特点和优势，需要进一步探索适合大湾区金融发展的金融监管协调机制。

大湾区的监管协调机制将把市场化和行政化相结合。香港是完全市场化的国际金融中心，其金融监管机制的市场化程度也相应较高。而内地金融市场的发展历程相对较短，金融监管机制较为行政化。粤港澳大湾区内金融监管协调机制将市场化与行政化相融合，能够提高湾区金融监管效率，从而强化对金融风险的监控。此外，大湾区将探索多层监管体系的协调机制。美国金融监管模式的特征是双层多头，确保其金融监管有效性的关键在于统一的监管协调机构、不同监管主体之间顺畅的交流与沟通以及各监管主体专业的监管能力。粤港澳大湾区的监管体系相比美国监管体系有更多的层级，未来监管体系建设的重要举措将是构建统一的金融协调机构或者金融监管机构。

2. 强化科技在金融风险监控中的应用

通过将大数据等技术与金融相结合使金融业务向着数字化发展以及与金融监管相结合来发展监管科技，能够提高金融风险的监控能力，从而及时采取相应措施，提高金融监管效率。一方面，大数据等技术通过与金融业务相结合，实现了金融业务的数字化，金融机构通过对业务数据的处理分析和建模，能够提高对风险的监控和预测能力。大数据技术可以帮助金融机构缓解由于信息不对称而带来的欺诈和催收等风险问题。另一方面，金融监管机构通过利用大数据等技术，能够及时对金融机构的业务数据、征信数据等数据进行深入分析，实现对金融风险的实时监控，通过发展监管科技提高风险监控能力。

粤港澳大湾区利用科技来提高金融风险监控能力和金融监管效率。2017 年 8 月 25 日，广州市金融局宣布成立广州金融风险监测防控中心，通过运用大数据、云计算、区块链、人工智能等科技，对地方金融风险进行检测、预警及分析。2017 年 12 月，在 2017 中国深圳金融科技全球峰会上，深圳市发布了金融风险监测预警平台和地方金融监管信息系统两大金融科技创新平台，进一步提高了金融风险监控和金融监管能力。2017 年 12 月 18 日，深圳金融办开发的深圳市地方金融监管信息平台和深圳市金融风险监测预警平台上线试运行。2018 年 7 月 2 日，腾讯公司与深圳金融办合作建设的灵鲲金融安全大数据平台也正式上线。这三大平台通过对银行资金数据、政府行政资源数据、互联网舆情信息三大类数据进行整合，构建预警分析模型来实现大数据监测预警，从而实现对高风险企业的识别，达到对金融风险早发现、早预警、早处置。未来，应继续加强科技在金融风险监控方面的应用，从而提高金融风险监控能力，保证金融业的稳健发展。

3. 推动粤港澳三地金融科技监管互补合作

金融科技快速发展的同时，也带来了新的金融风险，要进一步加强对金融科技的监管，从而保证金融科技发展过程中的风险可控。大湾区金融科技监管应充分利用湾区金融科技已有的发展基础来发展监管科技，并充分发挥不同监管模式的互补优势。在 2013 年，内地对互联网金融就产生了“软法管理”和“柔性监管”的监管思路，并在逐步落实。香港对金融科技的监管也进行了积极探索，2016 年 9 月，香港金融管理局推出了金融科技监管沙盒，是继英国之后全球第二个推出监管沙盒的地区，目前香港金融管理局监管沙盒已升级到 2.0 版本。深圳前海也在积极开展监管沙盒研究，在前海范围内进行监管沙盒试验，对参与试验的金融科技创新产品采取较为灵活的监管措施，探索开展实践行为监管和功能监管，积极向国家争取先行先试政策，促进金融科技企业在前海的集聚发展。为此前海也专门成立了工作组，牵头对监管沙盒进行顶层设计，并学习其他地区的经验，建立健全相关的法律法规，制定监管沙盒的相关规定和操作指引。此外，深圳市金融主管部门加强了与港澳金融监管部门的交流合作，基于前海监管沙盒试点，积极探索深港澳金融科技监管沙盒合作机制，逐步实现金融科技的协同监管。未来粤港澳三地应继续加强对金融科技的联动监管，优势互补，积极推动金融科技产业创新发展，实现金融创新和金融风险防控的动态平衡，最终支持粤港澳大湾区建设成为国际科技创新中心，在全球市场竞争中抢占先机。

4. 促进大湾区金融监管和金融创新的差异性融合

从全球其他三大湾区及其国际金融中心形成和发展的历程来看，金融创新起着重要的驱动作用，在金融创新发展的过程中，金融监管对控制潜在金融风险有着重要意义。粤港澳三地的金融监管和金融创新分别有各自的特点，需要在取长补短的基础上进行差异性融合，充分发挥金融创新对建设国际金融中心和服务实体经济的促进作用，并通过强化金融监管来加强金融风险监控能力，从而保障金融创新发展过程中金融运行的安全性。

一方面，银行业作为内地金融业的主体，在注重风险的金融监管体系下其创新水平相对较差。尤其在目前的严监管之下，内地银行业的创新能力相对不足，业务创新会受到一定程度上的限制。而香港银行业的创新能力相对较高，这为粤港澳大湾区金融监管和金融创新的融合发展提供了空间，需要根据不同城市的特点，取长补短，充分发挥各自优势。

另一方面，金融监管与金融创新也处在不断博弈之中，由于内地金融市场的发展时间相对较短，监管当局对于金融创新的监管经验不足，对于伴随金融创新出现的金融风险事件的应对能力也有待提高。通过多年的发展，内地的金融体系不断壮大完善，金融产品也不断丰富，但同时也产生了潜在的风险。近年来迅速发展的互联网金融、融资融券、股指期货、量化交易、资产管理等金融创新带来的金融风险，给金融监管带来了新的挑战。总的来说，内地较为行政化的金融监管提高了金融运行的稳定性，但也在一定程度上抑制了金融创新，而香港金融监管体系国际化和市场化的特征，能够促进金融创新的发展，双方可以在存在差异的基础上充分利用自身的优势实现协同发展。因此在推动大湾区金融监管融合发展的过程中，应加强粤港澳三地监管部门的交流与合作，规范金融创新，加强金融风险监控，保证大湾区金融创新的安全性，从而促进湾区金融稳健发展。

四、推进金融融合发展

在大湾区金融融合发展过程中，金融创新、金融科技、金融监管起着重要的促进和保障作用。但具体来看，推进金融融合发展，就要不断推进账户体系建设、支付体系建设、信用体系建设以及交易所互通建设，在此过程中，数据的互通至关重要，可充分利用大数据等新兴技术，赋能于湾区金融融合发展。

1. 账户体系建设

在 NRA 账户体系的基础上，可以进一步开展跨境金融创新，从而深化粤港澳金融合作，促进粤港澳大湾区金融融合发展。NRA 账户是境内银行为境外机构开立的境内外汇账户，使用的是本外币一体化的管理模式，通过这一账户，国内银行可向境外机构提供服务。为了让 NRA 账户更好地服务于大湾区的跨境金融，应对在 NRA 账户体系基础上开展跨境金融创新的企业和金融机构的需求展开深入研究，以深化大湾区金融融合发展为中心，不断完善和改进 NRA 账户的功能。

此外，《粤港澳大湾区发展规划纲要》中强调要拓展离岸账户（OSA）功能，借鉴上海自贸区自由贸易账户体系（FTA），探索资本项目可兑换的有效路径。粤港澳大湾区应积极开展跨境金融创新，推动大湾区金融融合发展，此外，在人民币从支付结算货币到储备货币再到国际锚货币的国际化发展过程中，新加坡和伦敦等国外的人民币离岸市场进行对接，不断加强粤港澳大湾区的国际金融枢纽作用。

2. 支付体系建设

为加快支付体系建设，大湾区正在不断完善人民币跨境支付系统。人民币跨境支付系统（CIPS）是中国人民银行开发的独立支付系统，该系统通过整合现有人民币跨境支付结算的资源和渠道，提高了跨境清算效率。自 2015 年 10 月上线以来，其系统功能不断完善，业务量稳步提升，作为跨境人民币清算服务主渠道的作用正在逐步显现。截至 2019 年 6 月底，CIPS 已有 878 家参与者（31 家直接参与者，847 家间接参与者），业务范围覆盖了全球 160 多个国家和地区。

人民币跨境支付系统（CIPS）是为了在安全、稳定、高效的基础之上，满足各方面人民币跨境使用需求而建设的，能够实现人民币与其他币种的同步收付、境内金融市场的跨境货币资金清算以及人民币跨境贸易和投资的清算业务。新兴技术的快速发展将支付要素转化为数字化信息，通过使用新兴科技，CIPS 将技术与银行运营体系结合起来，便利了跨境支付业务。具体来看，CIPS 使用跨境支付报文传输平台，商业银行参与者与 CIPS 通过该平台进行支付业务的报文传递，新兴科技的使用保证了报文传递过程中的安全可靠；各类金融信息系统都可以通过接入该平台来发送和接收支付信息；境内外的直接参与者也通过该平台接入 CIPS。通过科技的应用能够大大提高跨境支付系统的安全性、稳定性和高效性，为客户提供更加优质的跨境金融服务。跨境支付系统是大湾区推进金融融合发展的重要基础设施，应充分利用大数据等新兴科技，促进大湾区支付系统的互联互通。

3. 信用体系建设

《粤港澳大湾区发展规划纲要》中指出要加快大湾区内地九市的社会信用体

系建设，探索对湾区内企业信用激励和失信惩戒措施的联动实施。社会信用体系建设是大湾区金融发展过程中的重点内容，应从湾区内企业入手，通过奖惩方面的联动来提高企业遵守法律和合约条款的意愿。此外，还应注重政务诚信建设，即注重依法行政、政务公开和失信惩戒，为大湾区营造良好的营商环境。未来，大湾区也应加大政务诚信建设力度，不断推进大湾区信用体系建设。

在信用体系建设中，大数据技术通过数据挖掘和对数据的处理分析，能够构建客户信用画像，提高信用评估效率。通过互联网记录个人行为信息，再利用大数据技术对海量数据进行分析，能够实现对个人信用的精确评分。信用体系的建立和完善在很大程度上也依赖大数据、面部识别和互联网等多项技术的整合。通过大数据等技术能够发现大数据的价值，为建设信用社会体系提供底层数据支持。具体来说，通过运用科技能够丰富信用体系所需数据的维度，在数字化时代，用户的借贷、交易、社交、喜好等行为可以被量化，多维度数据的存在使得能够对个人进行更加准确完整的信用画像；传统的信用评价主要依赖债务的历史数据，而通过运用新兴科技可以结合多维度的数据对个人的信用进行实时评价，也可以对未来的信用进行预期；通过运用科技，信用体系可覆盖以往未有效覆盖的低收入者、小微企业等群体。应推动大数据等技术更好地服务于信用体系建设，从而推动大湾区信用体系建设，为湾区金融融合发展提供更好的外部环境。

4. 交易所互通建设

深港交易所互通建设是粤港澳大湾区金融融合发展过程中的重要内容，通过建立技术连接，两地投资者可在规定范围内交易对方交易所上市的股票。由于香港国际金融中心的特殊地位，在大湾区金融未来发展过程中，一方面，香港应充分发挥金融中心作用，辐射带动整个大湾区的金融经济发展；另一方面，大湾区整体金融的发展又能够进一步巩固和提升香港国际金融中心的地位，使香港金融业在全球经济和金融发展中发挥更加重要的作用。具体来讲，应充分发挥香港全球融资中心的优势，通过畅通“深港通”“基金通”，吸引更多的内地上市公司和投资者，并加大力度吸引国外的优质公司来香港上市，从而进一步扩大香港的证券市场规模。其次，也应积极发展香港债券市场，充分发挥香港一国两制的制度优势和联系国内外经济体系的战略优势，发展具有多种货币计价的流通性高、规模大的债券市场。

在大湾区金融融合发展过程中，一方面，深圳应通过深港交易所互通建设加强其证券市场与香港证券市场的互联互通，进一步形成统一的市场，并加快证券市场的开放，吸引全球范围内的资金；另一方面，应加快深圳证券交易市场的发展，加大深圳市场IPO融资规模，并进一步扩大债券、基金交易的规模。在深港交易所互通建设过程中，大数据等新兴技术能够通过数据的互通及整合促进双方的深度合作，从而推动大湾区金融融合发展。

五、建设跨境金融合作示范区

要推动大湾区金融融合发展，首先需要大力开展跨境金融合作示范区的建设，逐步推进大湾区金融融合。

《粤港澳大湾区发展规划纲要》明确指出要建设澳门-珠海跨境金融合作示范区。珠海围绕规划纲要中的要求和定位，按照广东省政府在珠海横琴建设“粤澳跨境金融合作示范区”的部署，大力开展与澳门的金融合作，加快推动在珠海横琴的跨境金融合作示范区建设，以发展跨境金融为核心，并加强科技金融和金融科技合作，充分发挥科技在跨境金融合作中的促进作用。

《粤港澳大湾区发展规划纲要》也指出要充分发挥深圳前海重大合作平台的作用。前海合作平台侧重开展与香港金融业的合作，近年来，前海基于“依托香港、服务内地、面向世界”的总定位，不断推进粤港澳深度合作，已经成为粤港澳合作最紧密的区域之一。到2018年末，在前海注册的香港企业累计突破1万家，其经济总量、纳税额、固定资产投资以及实际利用外资分别占前海蛇口片区的22.96%、24.63%、34.6%和86.39%。前海通过深港产业合作，拓展了香港服务业的发展空间；通过政策优惠、平台建设等措施，吸引了香港的港交所、汇丰集团等企业在前海落户；与香港一同推进人民币国际化，加强与香港在跨境金融方面的合作，推动跨境资产转让、跨境双向股权投资、跨境双向资金池、跨境双向发债和跨境人民币贷款“五个跨境”的实现。前海是广深港澳科技创新走廊中的一个非常重要的节点，2019年1月10日，深圳金融科技垂直孵化平台举行了启动仪式。该平台通过对接创业创新企业和项目，按照市场化方式进行垂直孵化，解决金融机构对金融科技产品的需求。深圳每年有大量的科技创新项目，同时传统金融机构在新科技方面有迫切的需求，但由于金融机构与创新型企业之间的对接渠道不够畅通，导致这些需求往往得不到充分的满足。金融科技垂直孵化平台借鉴国外金融机构发展金融科技项目的先进经验，由金融机构提出需求，利用市场上科技创新团队的先进技术和创新理念，双方共同对所需的金融科技项目进行合作开发。2019年8月18日，《中共中央国务院关于支持深圳建设中国特色社会主义先行示范区的意见》发布，提出支持在深圳开展数字货币研究与移动支付等创新。深圳在数字货币研究领域早有布局，早在2017年1月人民银行就在深圳正式成立了数字货币研究所，这表明深圳应继续利用其科技方面的优势，进一步发展金融科技；在促进大湾区金融融合发展方面，深圳先行示范区意见中提出要促进与港澳金融市场的互联互通和金融（基金）产品的互认，支持深圳在人民币国际化方面的先试先行，探索创新跨境金融监管，通过粤港澳发展的契机，借助香港，促进人民币国际化，以香港和大湾区内地资本市场的互联互通为基础，建立更加开放的资本市场，并通过跨境金融监管保证大湾区金融融合发展的稳步推进。未来，前海应加快深港科技创新合作，探索协同开发模式，促进金融科技进一步发展，使科技更好地服务于湾区金融融合发展，并进一步深化跨境金融领域的合作与创新，强化大湾区跨境金融合作。

第二节 大数据技术助力大湾区金融发展

粤港澳大湾区金融进一步发展的关键在于推进大湾区金融融合发展，在此过程中，要大力发展跨境金融，从而促进湾区的金融融合发展。广东省各城市有着比较完备的产业体系和扎实的制造业基础，而香港的金融业具有明显的优势。通过实现互联互通，能够为大湾区内的实体企业提供更为广泛的投融资平台和更多的成长机会，而且借助港澳目前的开放优势，能够帮助企业走出去。在金融融合发展过程中，广深港澳作为大湾区发展的核心引擎，应在提高自身金融业效率的同时充分发挥对周边城市金融发展的辐射带动作用。

现今经济和互联网的快速发展产生了海量的数据，且大湾区金融融合发展过程中面临的数据更为庞杂，面对如此庞杂的数据分析、整合要求，传统的技术手段已无法胜任，需要使用大数据技术来打通大湾区金融融合发展中的技术性障碍。近年来，通过使用大数据技术，实现了金融服务系统中的海量数据和与业务相关的外部数据的融合，提高了金融服务效率、金融机构经营管理能力和监管部门的金融监管水平。此外，大数据技术背景下的物联网、区块链、云计算、人工智能等新兴科技通过数据收集、存储、分析及应用，进一步推动了大数据资产的形成。大数据技术拥有的对庞大且复杂的数据进行高效处理、分析的能力，能够为大湾区金融融合发展提供巨大助力。

大数据技术等科技与金融的融合发展为大湾区金融发展带来了机遇。在大数据、云计算、区块链、人工智能等技术与金融结合的基础之上，金融科技应用于信贷融资、保险、财富管理、零售银行、支付清算、交易结算等金融领域，是金融业未来的发展趋势。通过将大数据等技术应用在支付清算、存贷款、资本筹集、投资管理、市场设施及交易分析等方面，能够促进大湾区金融业效率的提高和金融融合发展。大数据技术的发展与运用对于突破粤港澳制度障碍，促进金融市场深度对接，加快金融科技发展，稳步推进大湾区金融融合发展有着重要的推动作用。大数据技术能够促进大湾区内的金融市场对接、金融产品互认、金融基础设施互联互通，从而促进粤港澳之间的优势互补、协同发展，助力大湾区金融进一步发展。

大数据技术等科技对大湾区金融进一步发展有着重要的推动作用，但大湾区目前的金融科技实力有待进一步提升。《2018全球金融科技中心指数（GFHI)》⊖中按照金融科技发展程度对全球26个经济区、40个核心城市进行了排名，粤港澳大湾区在各区域中排第五，前四名是长三角地区、旧金山湾区、京津冀地区和大伦敦地区。金融科技投资公司H2Ventures与毕马威金融科技联合发布的第五届年度《2018Fintech100》中，有10家中国企业入榜，粤港澳大湾区中仅香港的WeLab位列第36位。大湾区应根据自身的金融科技布局特点从全局的角度制定大湾区金融科技发展的顶层设计，并充分利用其现有优势，进一步推动金融科技的发展。

目前，粤港澳大湾区已经形成科创企业的集聚优势，再加上拥有深交所与港交所两大交易所，能为科创企业提供足够的资金来源，利用大湾区科技和金融方面的发展优势，将科技与金融相结合，大湾区内的金融科技发展潜力巨大。目前大湾区金融在区块链、人工智能、数字货币研究、量化投资平台、监管科技等领域已经表现出领先优势，继续推动大数据、云计算、区块链、人工智能等技术与金融的融合创新，将加快大湾区金融科技的发展步伐以及促进大湾区金融业的进一步发展。大湾区应充分把握深圳作为国际科创中心在科技领域的引领作用，以深圳作为大湾区金融科技发展的核心引擎，通过加强科技与金融的融合发展，进一步促进金融科技的发展，推动大湾区大数据等技术与金融的融合发展。广深港澳科技创新走廊连接珠三角核心区域，扩大了大湾区的创新、创业集群优势，这也将大大促进大数据、人工智能、区块链等新兴技术的发展。此外，大数据、云计算、区块链和人工智能等技术不是孤立存在的，大数据是基础资源，云计算是基础设施，区块链在计算分析能力和数据资源的基础之上为金融业务的升级创造了条件，人工智能则在云计算和大数据基础之上推动金融智能化发展。推进大数据技术及其相关新技术的普及和应用，能够促进粤港澳大湾区完善金融服务体系并实现金融融合发展，从而促进大湾区金融的进一步发展。所以应充分利用大湾区内的大数据、云计算、区块链以及人工智能等

⊖ 由浙江大学互联网金融研究院司南研究室联合浙江互联网金融联合会发布。

新兴技术及金融科技资源，稳步推进粤港澳大湾区的金融融合发展。

一、大数据技术助力大湾区内地金融转型升级

大湾区内地九市应充分把握粤港澳大湾区发展契机，进一步加快金融发展速度。根据规划纲要，在金融方面广州将继续完善现代金融服务体系和建设区域性私募股权交易市场、创新型期货交易所等。深圳作为大湾区发展的核心引擎之一，也将进一步发挥其作为经济特区、全国性经济金融中心的引领作用。其余的广东七市的经济金融发展水平较广州、深圳仍有较大差距，就2018年各市的GDP和本外币存款余额来看，深圳和广州的GDP以24221.98亿元、22859.35亿元排名第一和第二，其余城市的GDP都只在千亿元以上，且GDP数值与深圳、广州相差较大；深圳和广州的本外币存款余额也远远高于其余七市，具体情况见表9-2。目前，大湾区内地各个城市之间在产业布局上已初步形成了产业分工和优势互补，具体来说，广州市产业结构完整，尤其是制造业发展比较突出，金融、商贸等服务业也比较发达；深圳以金融和高新技术产业为核心；大湾区内地其他七市的产业结构则以制造业和农业为主，未来可通过与大湾区其他第三产业较为发达的城市加强合作来促进第三产业特别是金融业的发展，大湾区内地城市产业布局的具体情况见表9-3。而将香港和澳门纳入大湾区建设范围能够弥补珠江三角金融与服务业现存的缺陷，推动大湾区内的产业链整合与协同发展，提升整个大湾区的竞争力，打造一个层次丰富、产业协同的大湾区共同体。所以广东其余七市应抓住金融发展机遇，加强与大湾区其他城市的金融合作，根据自身经济发展特点，发展与地方特点及优势产业相一致的特色金融。

表9-2 2018年粤港澳大湾区内地城市GDP与本外币存款

城　市	GDP（亿元）	本外币存款（亿元）
深圳	24221.98	72550.36
广州	22859.35	54788.09
佛山	9935.88	15372.81
东莞	8278.59	14157.22
惠州	4103.05	6171.35
中山	3632.7	5930.49
珠海	2914.74	7542.91
江门	2900.41	4528.88
肇庆	2201.8	2495.8

数据来源：各城市2018年国民经济和社会发展统计公报。

表 9-3　粤港澳大湾区内地城市产业布局

区　域	所含地区	核心产业
西岸：技术密集型	广州北部、南部；佛山；中山；珠海；肇庆	制造业、农业：新材料，新能源，电子加工，制造外包，生物医药，农业产品等
东岸：知识密集型	广州东部、中部；东莞；深圳	新兴产业、高科技产业：互联网，人工智能，电子通信，科技创新，金融服务等
沿海：生态环保型	惠州；深圳；珠海；江门	制造业、现代服务业：油气开采，石油化工，医疗设备，教育培训，文化创新，商务休闲等

资料来源：作者整理

大数据等技术通过与金融相结合，不断推动金融科技的发展，能够促进内地九市提高金融服务效率。而且在广东，有比较完备的产业体系和较多的制造业企业，这为金融科技在实体经济发展中的应用提供了机遇，也有利于金融科技向更深层次发展。广东政府也已出台了多项政策支持金融科技发展，其中，包括顶层设计和具体实施两个层面：第一，在顶层设计方面，加强政策体系建设，探索促进科技与金融产业融合发展的新政策、新路径。第二，在具体实践方面，促进开展创新活动，如打造专门支持科技型企业发展的金融控股平台，设立战略性新兴产业创业投资引导基金来促进科创企业的发展。

（一）大数据技术助力广州发展现代金融服务体系

《粤港澳大湾区发展规划纲要》中指出广州作为国家中心城市和综合性门户城市应充分发挥其引领和带动作用，进一步提升国际商贸中心和科技教育文化中心功能。在金融方面，规划纲要中指出，广州应继续完善现代金融服务体系，不断提升国际化水平，建设区域性私募股权交易市场以及绿色金融改革创新试验区，并研究设立以碳排放为首个品种的创新型期货交易所。

广州目前正在积极推进大湾区的各项建设任务，金融业将不断完善现代金融服务体系，从而适应广州的大湾区核心引擎功能，推动大湾区对接金融规则以及实现金融市场的互联互通。而且广州有较多的创新型产业，但上市公司的数量、市值以及企业获得的创新投资、风险投资的资金数量与香港和深圳仍有一定差距，本地企业的直接融资需求仍有较大空间待满足，这就需要加强与湾区各城市的金融合作，更好地满足当地企业的融资需求。

大数据等技术与金融业务相结合，通过发展金融科技能够提高金融服务效率。广州实施“电子金融、数字金融、智慧金融”发展战略，把大数据等技术应用于支付清算、信贷融资、证券投资、保险理赔、财富管理、风险管理、应收账款融资等各个金融领域，不断优化金融生态环境，推动广州现代金融服务体系的数字化、电子化、智能化建设。基于广州先进制造业、战略性新兴产业及现代服务业等产业基础和优势，金融科技企业利用大数据技术来解决信用和担保等问题，利用区块链技术缓解信息不对称问题，搭建了不同的金融业务场景，在科技金融、产业金融、普惠金融、绿色金融等各个金融领域已初步形成了具有广州特色的线上金融模式。

金融业快速发展催生了强大的数据处理和风险防控需求，这给政府相关部门提出了新的考验。为此广州成立了专业化的金融风险监测防控中心，利用大数据、区块链、人工智能、互联网等技术来提升开展金融监管工作的能力和水平，维护金融稳定，建成了地方金融风险监测防控平台，此平台能够实现风险信息主动发现、持续监控预警、交易合同存证、风险事件应急处置等功能，实现对地方金融风险监测、分析、预警和处置，及时发现、化解金融风险。防控中心能够为相关政府部门提供P2P、私募股权投资机构、股权众筹等企业的非现场监管服务，且已经与阿里巴巴和腾讯互联网大数据库对接，可以对微信支付、支付宝的交易进行监测，主动发现、精准定性非法金融活动。此外，广州将金融机构、小额贷款公司、融资性担保公司、各类要素交易平台、私募投资基金等的相关业务信息进行了整合，利用大数据等技术建设了广州地方金融大数据系统，大力支持和服务于企业融资、金融机构开展业务、金融风险监测预警和化解，促进金融业稳健发展。

大数据技术除了提高金融服务效率，加强金融风险监控，从而促进广州金融业稳健发展之外，通过数据的共享与互联互通以及金融业务的平台化，广州可加强与香港、澳门、深圳的金融互动，并利用自身在金融服务上的优势，更好地带动广东其他七市的金融发展并推动湾区金融融合发展，从而更好地服务粤港澳大湾区国家战略。

（二）大数据技术助力深圳提高金融业运行效率

深圳的经济金融发展水平居内地九市首位，其直接金融产品和服务基本能满足本市和广东其他城市企业的直接融资需求，但与纽约、伦敦、香港、上海、北京等金融中心城市仍有明显差距，金融业的整体影响力和辐射力还有待进一步提升，应充分把握粤港澳大湾区发展机遇，促进自身金融业效率的不断提高。

大数据技术背景下的新兴技术能够通过推动金融科技的发展，实现数据的互联互通，提高金融机构服务客户的能力，并在客户群扩大以及业务复杂化的同时更好地控制金融风险，为深圳金融服务效率的提高以及辐射周边城市提供了技术基础和保障。

深圳作为全国科创中心，在科创方面的优势非常明显，有着较强的金融科技创新能力，并且探索组建了科技银行、科技保险等机构，为粤港澳大湾区建设国际科技创新中心提供了更好的现代化金融服务。在金融科技产业方面，深圳市的互联网银行、互联网保险产业在全国范围内位居第一；在用户体验方面，深圳市的金融科技使用者占比在全国范围内位居第二；拥有深交所和以腾讯、华为等为代表的优质 ICT 企业，信息科技上市公司共有 80 多家；第三方支付具有较大规模，支付宝和微信的城市第三方支付服务应用广度在全国范围内位居第一，涵盖了交通、医疗、住房、政务等多方面。深圳市还专门推出了金融科技扶持计划，对区块链产品、量化金融平台与系统、互联网金融服务平台、金融风险管理系统等的研发以及产业化进行重点支持。深圳的大数据、区块链、移动支付、智能投顾、数字货币等金融科技产业正在开拓新的发展模式，不断提升地区金融机构以及工商企业的运行效率。

深圳市现已将大数据等技术应用于风险监控、湾区贸易金融平台建设等方面，为金融监管机构提高金融监管效率提供了强大助力。首先，为进一步加强金融风险监控，在深圳市地方金融监管信息系统和金融风险监测预警平台的基础上，深圳市金融办联合腾讯共同打造了灵鲲金融安全大数据平台。这一平台能够监测预警深圳市工商企业的金融风险，可以准确监测和评估新兴金融企业的经营管理风险、信用风险和操作风险等风险，对新兴金融业态进行非现场监管。同时，通过基于数据挖掘的多维度信息关联，基于人工智能的平台识别，基于知识图谱的平台风险指数计算以及涉众人数增长异常规模预警，灵鲲平台能够对互联网上的类金融平台进行全面监测。平台基于深圳市金融办整合的市内 40 多个行政单位的数据，通过多源数据融合技术的运用，能够对外汇交易、投资理财、P2P 等十多个金融类别进行识别并计算其风险指数，从而及时发现高风险平台并向相关政府部门预警。其次，中国人民银行数字货币研究所已在深圳成立了全资子公司——深圳金融科技有限公司，该公司参与了贸易金融区块链等项目的开发。2018 年 9 月 4 日，湾区贸易金融区块链平台在深圳正式上线试运行，利用该平台可进行应收账款、贸易融资等多种贸易和融资活动，也为监管机构提供了贸易金融监管系统，能够实现对平台上各种金融活动的动态实时监测。

深圳利用自身在金融以及科技创新领域的优势，通过与大湾区其他城市建立良好的合作关系，能够使得大数据等新兴技术与金融业更好地结合，在提高自身金融服务效率的同时，促进粤港澳大湾区金融科技的更快发展以及大湾区整体金融服务效率的快速提高，从而更好地服务于粤港澳金融融合发展。

（三）大数据技术助力广东七市发展特色金融

广东七市的金融业较广、深、港、澳尚有较大差距，所以应根据地方的经济金融发展特色，把握大湾区发展机遇，积极发展与地方特点及优势产业相一致的特色金融，提升金融对实体经济发展的促进作用。大数据等技术通过技术层面上的支持，能够提高本地金融机构的金融服务效率，并通过数据的联通以及平台建设，使广东七市更好地承接广深港澳的优势金融溢出，助力其金融业的特色发展。粤港澳大湾区城市定位及产业布局见表9-4。

表9-4　粤港澳大湾区城市定位及产业布局

城市	发展定位	产业布局
香港	国际金融中心	金融服务、贸易物流、科技服务、旅游业
澳门	世界旅游休闲中心	博彩旅游、出口加工、建筑地产、金融服务
广州	国际产业服务中心	贸易物流、汽车制造、电子产品制造、造船业
深圳	国际科技、产业创新中心	电子信息、IT服务、生物医药、新能源、新材料
东莞	国际产业制造中心	电子信息、电气机械、纺织服装
惠州	世界级石化产业基地	石化产业、电子信息、汽车产业
佛山	国际产业制造中心	电子机械制造、陶瓷制造、金属加工
珠海	国际重大装备制造中心	电子信息、机械制造、石油化工、家电电气
中山	国家级先进制造基地	装备制造、电子电器、生物医药、五金家电
江门	国家级先进制造基地	轨道交通、石油化工、海洋装备、现代农业
肇庆	传统产业转型升级聚集区	机械制造、生物制药、林产化工、现代农业

资料来源：作者整理

广东七市的经济金融以及产业发展等的具体情况如下。珠海金融业的整体规模不大，但是作为毗邻澳门的城市，可充分利用区位优势与澳门开展密切合作，在澳门对接葡语系国家离岸人民币市场需求的过程中，珠海可以拓宽自身金融机构的业务空间，且珠海具有良好的产业基础、股权投融资活跃、信贷资金周转需求较大，能够为澳门的资金提供合适的投资项目。中山市为国家级先进制造业基地，主要的产业布局为装备制造、电子电器、生物医药、五金家电等技术密集型产业。江门是著名的侨乡，将与港澳合作建设大广海湾经济区，开展在金融、海洋经济、电子商务等领域的合作，将建设面向港澳居民、世界华侨华人的引资引智创业创新平台。珠海、江门、中山都位于珠江西岸，与澳门的地理位置最为接近，将与澳门在经济、社会、文化等方面开展深度合作。佛山是重要的制造业基地，为优化产业布局，将打造制造业创新中心，以珠海、佛山为核心建设珠江西岸先进装备制造产业带，深入开展制造业转型升级综合改革试点。肇庆的经济总量较小，将建设绿色农副产品集散基地，地理位置相近的佛山和肇庆已初步形成了一定的产业集聚效应，未来将大力推进大湾区先进制造业的转型升级。惠州在产业经济方面比较发达，创新能力也强，未来将对接深圳和广州的东扩发展态势，加快创新平台建设。东莞是世界知名的制造业城市，创新领域也有较好的发展，东莞、惠州的电子信息制造业发展水平排在深圳之后，能够共同发展电子信息等先进制造业，从而推动传统产业转型升级。

总的来说，内地七市的产业布局主要是发展先进制造业，而金融业发展水平相对广深有较大差距。广东七市应根据自身的优势产业和发展定位，运用大数据等新兴技术，发展能够促进自身产业发展的特色金融，并积极与广深港澳建立合作，发挥自身的优势，提高经济金融发展水平。

大数据等技术与金融业务相结合促使金融科技迅速发展。广东七市的金融科技也正在快速发展，通过金融科技提高其金融服务效率，提高金融服务于实体经济的能力，更好地支持当地优势产业的发展。

珠海横琴智慧金融产业园通过推进科技与金融的结合，以先进技术为核心，利用区位、政策、产业、科技等核心优势，有效聚集了金融科技、量化投资、第三方金融服务机构、天使创投、财富管理等要素，力图打造大数据、区块链、云计算、人工智能等技术与金融有效结合的金融科技集群，促进珠海市金融业发展。早在 2016 年珠海市金融工作局就开始运用大数据技术建设了大数据金融风险监测预警平台，该平台可以实现金融风险的常态化监测预警，运用大数据分析和数据挖掘技术对金融风险相关信息数据进行实时处理。此外，横琴也将与澳门一同建设、运营离岸数据中心和大数据交换中心，从而促进澳门—珠海的深度金融合作。

佛山市近年来在各个产业重镇陆续布局了多个大数据产业园区和应用平台，初步显现了大数据产业集聚的基础。大力推动大数据、人工智能、互联网等技术与制造业的深度融合，促进制造业的数字化、智能化、网络化发展。与此同时，佛山最重要的金融产业集聚区广东金融高新区正在加强大数据、云计算、区块链等先进技术的运用，力图为中小微企业提供成本较低、便利、高效的融资渠道，同时促进金融信用体系的建设与完善，为民营企业的发展创造良好的金融生态环境，促进佛山实体经济的高质量发展并加快建设国家制造业创新中心。中国农业银行佛山分行为对接小微企业贷款“时间短、金额小、频率高、需求急”的需求特征，使用大数据、云计算等技术以及创新的方式，打造了

“互联网金融服务小微”新模式，开发了小微企业在线供应链融资系统，推广应用线上供应链“数据网贷”产品，针对单户授信总额在500万元以下的小微企业，推出了纯线上操作的“微捷贷”产品。佛山市禅城区基于区块链的中小企业融资平台利用大数据、区块链、人工智能等技术，通过整合企业数据来构建中小企业评价模型，从而提高金融机构对中小企业的信用评价能力，更好地服务于中小企业发展。

东莞为推动科技与金融的融合发展，助力科技创新，建立了科技金融数据库，形成了面向科技创新领域的行业大数据平台，通过进行数据挖掘、模型评估、行业趋势分析和数据智能检索，对企业进行有效的评价，支持企业的科技创新，提升金融业服务能力，推动产业升级。此外，产业金融大数据服务中心于2017年6月入驻东莞，中心充分利用大数据技术，对企业的资金流、营收情况、人力资源状况等一系列指标进行大数据分析，并结合专业走访调研的情况，对企业进行合理、高质量的评级，从而给予企业不同额度的授信，帮助企业精准对接相应的金融机构，一定程度上解决潜在优质企业发展的融资需求。该中心还希望通过提供的特色金融服务，吸引深圳等大湾区城市的创新企业在东莞落户，通过创新和优质金融服务推动企业成长与发展。

中山市为深入贯彻落实中央关于做好小微企业金融服务的政策要求，借助大数据等新兴技术，积极探索服务于小微企业发展的金融新模式。近年来，通过利用大数据和互联网等新技术手段，中国建设银行中山市分行积极开展金融产品和金融服务模式的创新，落实普惠金融政策，为缓解小微企业的融资难问题提供新的金融方案，2017年11月，推出了“云税贷”产品，将涉税信息纳入“小微快贷”大数据体系，从而推动普惠金融发展。

惠州实施大数据发展战略，积极打造“数字惠州”。惠州市在现有的电子信息产业基础之上，结合大数据、云计算等技术的产业发展方向，不断推动大数据等技术的发展和数据的整合与共享，并促进大数据技术与金融等服务业的融合发展。中国邮政储蓄银行惠州分行开展了主要面向小微企业的“小微易贷”业务，利用大数据、互联网等技术，结合企业在该行的一系列信息数据，网络全自助式发放短期流动资金贷款，为缺乏足额抵押或保证的优质小微企业开辟了新的融资渠道。

江门市积极利用大数据等技术创新金融产品和服务，当地银行机构通过加强与税务部门的合作，为企业提供了良好的融资服务平台，促进了普惠金融和实体经济的发展。2016年，中国建设银行江门分行大力推广小微企业“税易贷”产品，该产品基于大数据产品设计理念，根据不同的区域、税种、客户纳税信用等级、在该行开立基本结算户及纳税账户情况等信息，实现差别化的贷款额度设计，对于按时足额纳税的小微企业可以发放可循环的信用贷款。中国工商银行江门分行于2018年6月推出线上贷款产品“税易通”，该产品基于客户的纳税信息，向生产经营状况稳定、经济效益良好、还款来源充足的小微企业发放短期、小额和线上化信用方式的流动资金贷款。中国邮政储蓄银行江门分行于2018年11月推出了“小微易贷”线上业务，利用大数据、互联网等技术，并结合企业的信息数据，开展短期网络全自助流动资金贷款业务，推动了小企业法人贷款业务模式转型。中国农业银行江门分行于2019年4月9日上线了“银税互动”小微融资产品——“纳税e贷”，该产品以企业涉税信息为主，结合企业的结算、工商、征信等内外部信息，运用大数据技术进行数据处理及分析，为优质小微企业提供在线自助循环使用的网络融资产品。

肇庆市金融业在大数据技术的应用下，能够更好地服务于实体经济发展。肇庆市融资超市服务平台利用大数据等技术对银行、小额贷款公司、资产评估公司、担保公司以及会计师事务所等相关机构的数据进行了整合，提供企业征信、信用评级、金融咨询等服务。肇庆市为助力本地农业的发展，开展涉农贷款业务创新，与深圳、广州等地的互联网机构合作，优化面向农户的小额贷款服务，实现了金融与农户的互利共赢。此外，利用大数据技术能够为企业进行精准的数字画像，2018年11月，肇庆启动了“百行服万企”小微（民营）企业融资专项行动，动员全市的24家银行共200多个网点，根据数字画像走访民营及中小微企业，寻找金融服务机会。由此可见，大数据等技术通过与金融相结合，在一定程度上解决了中小微及民营企业的融资难问题，也促进了肇庆优势产业农业的发展。

内地七市通过将大数据等技术与金融相结合，提高了金融业的服务效率，一定程度缓解了民营及中小微企业的融资难问题，也促进了本地优势产业的进一步发展。此外，应把握粤港澳大湾区的金融融合发展机遇，通过大数据等技术的运用，打通数据屏障，加强与广深港澳的金融合作，促进自身金融业的快速发展，从而更好地服务于实体经济发展。

二、大数据技术助力大湾区跨境金融发展

现阶段粤港澳大湾区应大力发展跨境金融，从而稳步推进大湾区金融融合发展。大数据技术及其背景下的众多新兴技术能在技术层面上打破跨境金融发展的障碍，助力跨境金融发展。金融科技建立在大数据等技术基础之上，是金融业快速稳健发展的重要驱动力，它不仅仅是互联网金融的深入发展，也不是

简单的金融与科技的组合，而是科技与金融服务的融合发展，是新兴技术与投资决策、信息收集、风险定价、信用中介等金融活动的深入融合。在信息技术的基础之上，金融科技行业将大数据、区块链、云计算、人工智能、生物识别等技术应用于银行、保险、证券以及金融监管等领域，这将以更加智能的方式重塑金融服务的各个环节，充分运用大数据等技术及金融科技手段能够拓展金融融合发展的可能性边界。

（一）大数据技术助力跨境金融业务创新

大数据等新技术与金融业务的结合使得金融科技快速发展，并促进金融业务的创新发展。而且粤港澳大湾区同时有三套监管体系，多个监管主体，这使得在同一个湾区的范围内就可以进行内地金融业务的国际化创新，为今后内地金融业务的进一步国际化拓展打下良好的基础，而且跨境金融创新也是粤港澳大湾区金融融合发展过程中的必经之路，所以粤港澳大湾区建设为跨境金融创新提供了丰厚的土壤。

要推进粤港澳大湾区的金融融合发展，首先就要进行跨境金融业务创新。国家赋予粤港澳金融管理部门探索金融创新的一定权限，允许其在一定额度内管理资金的跨境自由流动，核准金融机构在大湾区内开展有关跨境金融业务的创新。在跨境人民币业务的创新发展需求下，广东对接企业在融资、结算和资产转让方面的跨境需求，开展的五大跨境金融产品创新促进了粤港澳金融市场进一步提升融合水平。而香港有全球最大的离岸人民币资金池，大湾区可依托香港离岸人民币业务进一步开展离岸人民币业务创新。粤港澳大湾区各城市应把握大湾区建设和发展机遇，积极开展人民币跨境业务创新，促进离岸、在岸人民币资金的互通。而大数据等技术能够使这些跨境金融业务创新具有技术上的可行性，并提高其效率和安全性，从而助力跨境金融业务的创新发展。

随着大数据技术等新兴科技快速发展，人类社会正逐步走向数字化和智能化。大数据、区块链、云计算以及人工智能等科技在金融业的深入应用，不断强化了科技对于金融业发展的促进作用，出现了层出不穷的创新性金融解决方案。金融行业拥有庞大的数据资源，而且金融业务发展对数据的依赖程度较高，金融业运用大数据技术对数据种类和格式丰富的海量数据进行处理和分析，能够将有价值的信息从庞杂的数据资源中提取出来，有助于其进行金融产品创新和提高客户信用评估、预测的准确度，从而提高金融业运营效率。区块链技术的运用，能够提高交易处理效率，减少金融机构之间的清算成本，并且提高数据的安全性。云计算技术能够对金融机构的多个信息系统进行整合，并且在考虑信息数据安全和监管合规等要求的基础上，帮助金融机构应对新出现的业务需求，提高业务上线的速度，支持金融业务的改革和创新。人工智能技术可以代替人类进行重复性的工作，将人从枯燥的重复性工作中解放出来，提高了金融产品销售与金融服务能力，也提升了客户体验。通过与大数据技术相结合，人工智能现已广泛用于支付、风控、营销、客服、投顾等各类金融应用场景。

在大湾区跨境金融业务创新过程中，需要处理的数据量更为庞大，各金融机构之间的交易与清算更加复杂，信息安全与金融监管面临着更大的挑战，客户群与金融服务范围也在扩大，在这种情况下就需要运用大数据等新兴技术，不断提高金融服务效率、金融运营效率并保障金融业的稳健发展。

深圳前海就通过运用大数据等技术，促进了跨境金融业务创新。深圳前海金融资产交易所建立了全国首个人民币债权资产跨境交易平台，该平台能够完成融资租赁资产、商业保理资产人民币跨境转让交易，并提供信息撮合、资产审核、交易结算、资金监管、税务代缴等一系列服务，在跨境交易人民币计价和结算方面做出了有益探索。大数据、区块链技术的应用能够解决跨境支付结算过程中成本高、效率低的问题，交易双方可以在无须第三方信用中介的条件下开展交易活动。2017 年 3 月，国内首个区块链跨境领域项目在前海成功落地，招商银行通过首创区块链直联跨境支付应用技术，推动了前海企业实现跨境支付。

（二）大数据技术助力金融跨境合作

各城市之间的金融跨境合作对于粤港澳金融融合发展具有重要的促进作用。利用大数据技术能够分析粤港澳整体的金融聚集情况及金融需求情况，进行合理的布局或者设计一些合作。在金融跨境合作中，数据的互通是基础，大数据等新兴技术通过助力平台建设和在数据联通的基础上对海量的数据进行高效的处理、分析、利用，从而促进金融跨境合作。

澳门与珠海目前正在大力开展金融跨境合作，建设澳门—珠海跨境金融合作示范区。澳门的经济实力与特点为其发展特色金融提供了有力支撑，澳门将承接深圳和香港优势金融服务的溢出，发挥葡语系国家金融服务平台优势，充分利用与珠海的合作将金融服务辐射到粤西市场。而珠海有着较低的展业成本、宜居的生态环境、四区叠加的政策优势，而且在大数据及物联网运用等领域已有一定的基础，市内的居民对移动支付以及互联网投资理财等领域也有着比较高的关注度。目前珠海市已经同澳门金融管理局签订了合作备忘录，对协同发展特色金融、推动珠澳金融开放合作做出了全面的安排。同时，以发展跨境金融为核心，推动在横琴加快建设粤港澳跨境金融合作示范区，并探索建立珠港澳三地金融纠纷解决合作机制。

在澳珠金融跨境合作的过程中，大数据等技术以及金融科技起到重要的促进作用。珠海近年来不断推动大数据、云计算等技术的发展，并将其与金融相结合，大力发展金融科技，重点关注大湾区大数据联通、跨境支付以及跨境资产投资管理等核心领域，吸引大湾区的金融及科技资源，推动湾区内金融科技的合作，促进湾区金融、科技和产业的融合发展。为推动粤港澳大湾区建设，大湾区内跨境机动车辆保险业务便利化结算方案、港珠澳大桥银联移动支付应用平台、银行不良资产跨境转让业务试点相继启动。接下来珠海将进一步加强与港澳地区的交流合作，促进大湾区金融市场的双向开放和金融要素的流动，推动跨境人民币缴税、跨境人民币资金池、支付机构跨境人民币等业务的发展。

深圳前海作为粤港澳大湾区的重大合作平台，侧重开展与香港金融业的合作。而深圳利用自身的科技优势，通过将科技与金融结合，大力发展金融科技来促进跨境金融合作。深圳市现已将大数据等技术用于风险监控、湾区贸易金融平台建设等方面，大大促进了金融监管效率的提高。香港在金融基础设施、监管制度、金融机构等方面都达到了国际水平，而且设立了金融科技监管沙盒，这大大促进了科技与金融融合发展。利用香港在金融服务和深圳在科技创新领域的优势，加强合作，能够使得大数据等新兴技术与金融业更好地结合，促进两地金融科技的更快发展以及金融服务效率的快速提高，并提高金融监管效率，从而更好地服务于粤港澳金融融合发展。

（三）大数据技术助力金融基础设施互联互通

粤港澳大湾区金融融合发展过程中，金融基础设施建设的互联互通是基础性工作，大数据等技术在其中扮演着重要角色。

1. 加强金融监管合作

粤港澳大湾区是一个非常复杂的区域，拥有三个关税区，四个中心城市，在这样的复杂情况下，金融监管联动协同如果不到位，金融安全就会受到很大的挑战。随着金融科技的快速发展和广泛应用，金融产业正在发生深刻变革，出现了大量的以互联网金融为代表的金融创新。手动的、事后的、以传统结构性数据为基础的传统监管模式已不能满足当前的金融监管需求，而监管与科技的结合能够降低合规成本、有效防范金融风险。通过将大数据等技术与金融相结合，促进金融科技的研究和运用，能够助力金融监管体系的完善和升级；通过加强跨区域的数据信息共享，同时监管部门加强与大数据等技术企业的密切合作，对数据进行有效的处理、分析、利用，推动大数据等新技术在防范风险方面的应用，能够强化风险监控、化解能力；监管部门也应制定完善大数据规范，确保数据的安全合理利用。目前，利用大数据、区块链等技术已为大湾区金融融合带来了一些成果与进展，通过安全的数据交换，使监管科技成为可能。通过监管科技的使用，能够帮助金融监管机构进行更加快捷、高效和精准的合规性审核，实时监控金融市场变化，随时对监管政策和风险防范手段进行调整。监管科技还能够使金融机构与监管政策进行更好地对接，及时对自身的经营行为进行自测与核查，主动识别、控制风险，从而节约合规成本、提高合规能力、防止金融犯罪。

利用大数据等新技术来促进金融监管合作，就是要发展金融监管科技。在金融服务牌照方面，可在大数据等技术运用基础上通过开办通行证、发布负面清单以及建立异地分支等形式允许经大湾区监管互认机制认可的大湾区内金融机构跨境提供金融服务。人民银行联合商业银行推动的“湾区贸易金融区块链平台”也为贸易融资提供了一套监管系统，可以对各种金融活动进行实时监控，该平台还有助于形成市场信任机制，缓解中小微企业的融资贵、融资难问题，从而更好地服务于实体经济发展，此外还能够服务于银行开展的业务真实性审核，提高效率，降低成本，防控风险，丰富监管部门的监管手段，提高金融监管效率。大湾区通过共享数据及利用大数据技术对金融相关数据进行有效的分析，利用区块链技术提供的开放、信任和公平的环境，可以降低监管成本，由于信息的公开、透明、可信，能够大大提高跨境金融监管效率。实现高效率的跨境金融监管，首要的就是数据的互联互通，在此基础上的大数据等新兴技术的运用能够有效提高跨境金融监管效率。

2. 推动支付系统互联互通

支付系统的互联互通是粤港澳金融市场互联互通并实现金融融合发展的基础，数据的互联互通在此之中尤为重要。要实现支付系统的互联互通，首先要不断完善跨境支付体系的建设，而大数据等技术的产生和发展促进了跨境收付系统的建设，提高了跨境收付的效率。

大数据技术主要应用于跨境支付领域的用户行为分析、交易欺诈识别和反洗钱等方面。基于大数据、云计算等技术，第三方支付能够更加适应小额、快捷、灵活的支付模式和风控需求，从而更好地应对大湾区内日益增长的跨境支付需求。此外，建立在大数据运用基础之上的区块链、云计算和人工智能等技术也有效地提高了跨境支付的效率。区块链技术在分布式账本、共识算法、非对称加密、智能合约方面具有技术上的先进性，它也是一种无法篡改的分布式数据库、公共账本，具有可追溯、公开透明、不可篡改等特点，能够促进对数据的安全有效利用。分布式账本等区块链技术的应用能够大幅度降低跨境支付的成本，并且使得交易记录具有高透明度和不可篡改的特征，从而提高跨境支付的资金效率和运营效率。云计算技术与跨境支付相结合，能够强化对海量跨境支付需求的满足能力，提高跨境支付服务系统的服务效率。人工智能技术应用在跨境支付的清算领域，可以达到跨境支付业务的智能清分和处理，减少了人工干预和运营成本，增加了效率，有利于保证跨境交易的信息透明。

通过大数据等技术支撑跨境支付平台建设，并推动大湾区统一电子支付标准，可最终提高跨境收付效率，便利居民的跨境支付。广东银保监局大力开展跨境金融创新来推动粤港澳三地的互联互通，开展了跨境住房按揭抵押贷款试点，推出了跨境公交金融 IC 卡项目和支持多币种支付的大湾区主题借记卡和信用卡。目前，大数据等技术以及金融科技手段在粤港澳大湾区的运用，使得湾区的跨境金融支付体系不断完善，且跨境收付效率也不断提高。

2018 年以来，粤港澳大湾区内已开展了多项金融科技跨境应用。2018 年 9 月 4 日，中国人民银行深圳市中心支行与数字货币研究所联合金融机构搭建了“湾区贸易金融区块链平台”，该平台基于区块链技术主要开展应收账款、贸易融资等活动。2018 年 10 月，香港微信钱包正式为香港用户提供内地移动支付服务。2019 年 3 月起，港版支付宝用户在大湾区消费时可以通过扫码方式进行跨境支付，深圳市公共交通领域实现了金融 IC 卡 · 云闪付应用的全覆盖。

为了满足大湾区内居民移动支付的需求，应推进账户统一管理，通过手机银行等实现跨境资金转账，促进大湾区的电子支付系统互联互通。可以综合自由贸易账户、非居民境内账户和离岸账户的功能，实现本外币账户一体化，提高跨境结算的便利化程度，并通过加强大湾区内的规则对接，进一步提升跨境收付的便利化水平。此外，移动支付与 E 证通等金融科技的应用将加快推动大湾区跨境支付体系的建设，香港微信钱包、乘车码等产品的落地能够惠及粤港澳大湾区的所有用户，促进粤港澳金融支付体系的不断完善，为湾区金融融合发展打下良好基础。

（四）大数据技术助力金融市场互联互通

金融市场互联互通是粤港澳金融融合发展的核心，即港澳与大湾区内地城市通过市场规则的对接，使双方的投资者可在对方的金融市场上进行交易，从而促进资金和金融产品的互通。大数据等技术能解决金融市场互联互通所需的技术层面的问题，促进大湾区金融市场互联互通。

为加强粤港澳大湾区金融市场互联互通，就要稳步扩大互联互通的范围。《粤港澳大湾区发展规划纲要》指出，要拓宽跨境投资的空间，在保证依法且合规的基础之上，稳步推进粤港澳跨境金融产品交易的发展，建立资金和产品的互通机制，不断丰富投资产品类别。首先，湾区内人民币的跨境使用范围和规模应逐步扩大。湾区内的金融机构应在相关规定基础之上开展跨境人民币拆借、人民币即远期外汇交易、人民币相关衍生品以及人民币债券的跨境发行等业务，尤其是香港应在离岸业务优势的基础上开发更多的跨境人民币业务，从而促进大湾区范围内的人民币跨境使用。其次，应推动湾区内居民及机构之间进行跨境投融资，允许三地居民交易对方的金融产品，目前自贸区南沙、前海蛇口以及横琴片区内的试点允许港澳居民使用闭环账户购买人民币理财产品。借鉴现行的境内外股票、债券、基金等市场的互联互通安排，大湾区建立了“理财通”机制，正在逐步提高跨境理财产品投资操作的便利程度并实现风险可控。然后，探索建立湾区跨境资产管理联动合作机制，加强粤港澳金融机构在以人民币计价的债券、股票、基金等方面的合作。最后，应加强大湾区内部的保险跨境服务，推动符合条件的港澳银行以及保险机构在大湾区内地城市设立机构经营保险业务，促进跨境保险业务的开展。

粤港澳的跨境金融发展过程中提供的多元化、专业化的融资服务，为珠三角企业的资金需求提供了更多的选择，促进了珠三角城市群产业结构的转型升级。2018 年 4 月 24 日，香港交易所通过修改上市制度，进一步拓宽了内地企业的香港上市渠道，为内地新经济企业与国际资本对接提供了新机遇，此外港交所既为多元化的产品服务，也为湾区内投资者探索多样性的投资策略提供了条件。通过上市渠道改革，港交所有望把国际金融资源吸引到大湾区有活力的新经济公司中，为大湾区的发展提供更有力的金融支持。而以香港为中心的跨境投融资体系，也进一步使得粤港澳大湾区成为连接中国内地与全球金融系统的核心枢纽。

为加强大湾区资本市场互联互通和以金融为主的服务业合作，就要将金融与科技、大数据信息相结合，达到人才流、资金流、信息流的互联互通，充分利用大数据等技术提升服务能力，扩大服务范围，控制金融风险。大数据技术带来的金融业务平台化以及带来的“刷脸”技术等生物识别技术实现的远程账户开立，也为金融业务的跨境开展提供了可能。运用大数据、区块链等技术，实现数据的充分流动和充分利用，在数据互联互通的基础上，促进金融市场的互联互通。为加快粤港澳大湾区金融的互联互通，平安银行利用大数据、区块链、人工智能等技术，结合在客户身份识别、信息共享与风险控制等方面的经验，承办了由深圳人民银行发起、人民银行数字货币研究所统筹规划的“湾区贸易金融区块链平台”，打造了一个具有一级和二级市场、兼顾商业与监管、打通境内外、线上与线下相结合的全功能区块链贸易金融商业服务平台。为实现跨境业务延伸服务，满足跨境平台企业的现实需求，平安银行充分发挥在供应链金融、互联网金融等方面的资源优势，打造并持续完善跨境 e 金融平台，为企业提供更好地跨境交易及贸易增值服务。

为加快大湾区金融市场互联互通，应继续将大数据等技术与金融业务相结合，充分发挥金融科技的作用，通过数据的互联互通和对大湾区企业的信用画像，为粤港澳三地金融机构提供股权、债券等相关的投融资服务，支持三地金融机构开展跨境服务和开发跨境业务，稳步推进大湾区金融融合发展。

（五）大数据技术助力跨境金融风险监控

在大湾区金融融合发展过程中，要格外警惕跨境金融中的风险问题，大数据等新兴技术恰好为跨境金融风险监控提供了技术上的支持。

金融风险防控是保证金融稳健运行的重要手段，科技可助力金融业重新识别、发现、防控和应对风险。在科技不断发展的今天，在科技基础之上的金融创新层出不穷，金融安全面临着更大的挑战。对于粤港澳大湾区来说，随着跨境金融的不断发展，要格外警惕随之而来的金融风险。而跨境金融业务的复杂性，以及当前大湾区存在的不同监管体系，给金融风险监控带来了很大的挑战。这就要求监管当局突破传统的风险管理与监管模式，不断优化其风险管理和监管模式，并加强合作，从而提高跨境金融风险监控能力，保证跨境金融的稳健发展。利用大数据技术，能够使得金融机构以及金融监管部门扩展数据维度，使得数据更加具体化和准确化，实现多时点、多类型、多维度的海量数据的处理、运算、分析，从而满足大湾区跨境金融发展过程中庞大且复杂的数据处理需求。大数据技术通过实现客户信息共享，促进跨区域的信息数据联通，避免了传统风险监控流程中相关职责分布在不同的部门以及部门间相互推诿的风险管理问题，能够促进大湾区各城市之间的信息交流与共享，优化跨境金融风险管理流程。利用区块链技术去中心化、信息透明共享的特点以及大数据、机器学习和人工智能等技术，金融监管部门能有效提升对逃税、跨境套利、洗钱等非法外汇业务的识别能力，从而强化金融风险监控。

目前，粤港澳大湾区已在利用大数据等新技术来加强金融风险监控。深圳前海积极推动金融科技创新，将大数据、区块链等技术与金融监管相结合，通过发展监管科技来维护前海金融市场的稳定。深圳市前海数据服务有限公司早在 2016 年就开发了基于大数据的金融风险评估预警系统，通过该系统，前海能够更有针对性地进行金融业风险监控与排查，实时掌握金融业运行情况，促进了前海金融监管效率的提升。2017 年 12 月，前海正式上线国家互联网金融风险分析技术平台，为前海金融风险监控及预警体系建设提供了强大助力。广州也在利用大数据等技术来强化风险监控，2017 年 8 月，广州市设立了金融风险监测防控中心，建立了运营金鹰系统，通过利用大数据、云计算等技术主动识别金融风险并进行监测预警，从而提高广州市的金融风险识别及监控能力。

未来，粤港澳大湾区应充分利用大数据等新技术，不断探索建立和完善大湾区金融风险监控、预警、防范和化解体系。运用大数据、云计算、人工智能等技术，建立跨境风险监测平台，通过提升机器运算能力，对跨境金融业务的交易信息数据进行实时共享，及时识别跨境金融业务中的违规行为，提高跨境金融风险的识别速度和精度，通过跨境监管合作和风险识别的智能化来提高跨境金融业务监管效率，并适当赋予商业银行和支付机构一定的应急处理权限，使得他们当发现违法活动苗头时，能够采用技术手段及时进行锁定和处理，从而避免重大危机的发生。对跨境金融风险实施有效的监控和预警，并及时采取相应的应对措施，也有利于粤港澳大湾区更加系统、更加快速、更加安全地开展跨境金融创新，从而促进大湾区金融融合发展。

【本章小结】

本章对粤港澳大湾区未来的金融发展，特别是金融融合发展进行了展望，并介绍了大数据技术对大湾区金融发展的助力作用。粤港澳大湾区建设的关键就在于实现融合发展，对于金融来说就是要实现金融融合。而在金融融合发展过程中，要先进行跨境金融业务创新，开展跨境金融合作，逐渐实现金融市场互联互通，并对跨境金融风险进行有效监控，从而促进大湾区金融融合发展。在此过程中，通过大数据技术等新兴技术与金融业相结合，大力发展金融科技，不但能够提高金融服务效率，还能够促进跨境金融的融合发展。大湾区跨境金融业务中需要处理的数据量更为庞大，各金融机构之间的交易与清算更加复杂，所以在跨境金融创新、金融合作、金融基础设施建设以及金融市场互联互通过程中，需要借助大数据等新兴技术来处理庞杂的数据，通过技术使错综复杂的跨境金融链条变得清晰，提高金融机构的跨境金融服务效率。在跨境金融发展过程中，也伴生着金融风险，金融监管面临着更大的挑战，所以要充分利用大数据等技术来提高跨境金融风险监控和管理能力，保障大湾区跨境金融的稳健发展，稳步推进粤港澳大湾区金融融合发展。

【复习题】

简述大数据等技术在粤港澳大湾区跨境金融各个方面的作用。

参考文献

[1] 叶子雨．大数据技术原理与应用概念、存储、处理、分析与应用［M］．2版．北京：人民邮电出版社，2017.

[2] 孟宪伟．大数据导论［M］．北京：人民邮电出版社，2019.

[3] 中国信息通信研究院．大数据白皮书（2018）［EB/OL］．（2018-04-18）［2019-09-15］．http：//www. caict. ac. cn/kxyj/qwfb/bp/201804/t20180426_158555. htm.

[4] 工业和信息化部电信研究院．大数据白皮书（2014）［EB/OL］．（2014-05-12）［2019-09-15］．http：//www. caict. ac. cn/kxyj/qwfb/bps/201804/t20180426_158186. htm.

[5] GUPTA S. 实时大数据分析——基于Storm. Spark技术的实时应用［M］．张广骏，译．北京：清华大学出版社，2018.

[6] Wrox国际IT认证项目组．大数据技术与编程基础［M］．顾晨，译．北京：人民邮电出版社，2018.

[7] hellowuxia. 大数据可视化研究应用［EB/OL］．（2016-07-23）［2019-09-15］．https：//blog. csdn. net/hellowuxia/article/details/52006224.

[8] 学术君．人工智能之图计算［EB/OL］．（2019-09-29）［2019-09-15］．https：//www. aminer. cn/research_report/5c75eb54d1ea9ca237c9c204？download = true&pathname = GraphComputing. pdf.

[9] 曹世宏．Pregel（图计算）技术原理［EB/OL］．（2018-06-02）［2019-09-15］．https：//blog. csdn. net/qq_38265137/article/details/80547763.

[10] CHEN C L P，ZHANG C Y. Data-intensive applications，challenges，techniques and technologies：A survey on Big Data［J］．Information Sciences，2014，275（11）：314-347.

[11] MCAFEE A，BRYNJOLFSSON E. Big Data：The Management Revolution［J］．Harv Bus Rev，2012，90（10）：60-66.

[12] YAQOOB I，HASHEM I A T，GANI A，et al. Big data：From beginning to future［J］．International Journal of Information Management，2016，36（6）：1231-1247.

[13] LEFAIVRE S，BEHAN B，VACCARINO A，et al. Big Data Needs Big Governance：Best Practices From Brain-CODE，the Ontario-Brain Institute's Neuroinformatics Platform.［J］．Frontiers in genetics，2019（10）：191.

[14] 李东荣．大数据时代的金融人才培养［J］．中国金融，2013（24）：9-10.

[15] 孙国峰．金融大数据应用的风险与监管［J］．清华金融评论，2017（10）：93-96.

[16] 许洪斌，侯进．大数据时代的银行数据管理研究［J］．中国金融电脑，2019（6）：

66-72.
[17] 杨志国. 试论基于大数据时代的商业银行金融业务创新 [J]. 现代营销（下旬刊），2019（5）：50-51.
[18] 赵维平. 大数据为金融创新插上翅膀 [J]. 中国金融，2019（4）：21-22.
[19] 贾拓. 大数据对征信体系的影响与实践研究 [J]. 征信，2018（4）.
[20] 李紫荆. 浅析票据业务服务小微企业融资的难点与对策 [J]. 金融经济，2018（2）：33-34.
[21] 孟琳. 大数据背景下证券监管制度的变革——以防控内幕交易为例 [J]. 法制博览，2015（31）：198-199.
[22] 杨叶平. 基于互联网的信托公司业务转型发展研究 [J]. 中国市场，2017（14）：23-24.
[23] 张清. 互联网金融模式及对信托业的影响 [D]. 上海：上海交通大学，2015.